KB156665

장 미생물과 프로바이오틱스

건강한 장이 사람을 살린다

THE
GOOD
GUT

Taking Control of Your Weight, Your Mood,
and Your Long-term Health

장 미생물과 프로바이오틱스

건강한 장이 사람을 살린다

초판 1쇄 발행 2016년 5월 30일
초판 2쇄 발행 2016년 10월 10일

지은이 | 저스틴 소넨버그, 에리카 소넨버그
옮긴이 | 김혜성   감수 | 통합의학임상연구회
펴낸이 | 김태화   펴낸곳 | 파라사이언스
기획편집 | 전지영   디자인 | 김영민

등록번호 | 제313-2004-000003호   등록일자 | 2004년 1월 7일
주소 | 서울특별시 마포구 와우산로29가길 83 (서교동)
전화 | 02) 322-5353   팩스 | 070) 4103-5353

ISBN 978-89-93212-78-5 (03470)

*값은 표지 뒷면에 있습니다.
*파라사이언스는 파라북스의 과학 분야 전문 브랜드입니다.

*이 도서의 국립중앙도서관 출판예정도서목록(CIP)은 서지정보유통지원시스템
홈페이지(http://seoji.nl.go.kr)와 국가자료공동목록시스템(http://www.nl.go.kr/
kolisnet)에서 이용하실 수 있습니다. (CIP제어번호: CIP2016011679)

THE
GOOD
GUT

Taking Control of Your Weight, Your Mood,
and Your Long-term Health

장 미생물과 프로바이오틱스

건강한 장이
사람을 살린다

저스틴 소넨버그, 에리카 소넨버그 지음 | 김혜성 옮김 | 통합의학임상연구회 감수

파라사이언스

이 책을 쓰도록 영감을 불어넣어준 두 딸, 클레어와 카밀
그리고 우리 안에 사는 수많은 세입자들에게.
녀석들이 간직한 비밀이 미래 인류를 깨우치기를.

THE GOOD GUT
by Justin and Erica Sonnenburg © 2015
All rights reserved

Korean translation copyright © 2016 by PARABOOKS
Korean translation rights arranged with InkWell Management, LLC
through EYA (Eric Yang Agency)

이 책의 한국어판 저작권은 EYA (Eric Yang Agency)를 통한 InkWell Manage-
ment, LLC 사와의 독점계약으로 (주) 파라북스에 있습니다. 저작권법에 의하
여 한국 내에서 보호를 받는 저작물이므로 무단전재 및 복제를 금합니다.

미생물, 정복에서 공존으로

우리가 먹는 음식이 우리 몸속으로 들어오는 순간이 언제일까요?

꿀꺽 삼킨 음식이 대변으로 배설되기까지 많은 과정을 거치지만, 우리가 의식할 수 있고 또 의식적으로 할 수 있는 행위는 입에서 음식을 씹어 삼키는 것뿐입니다. 삼킨 다음 음식은 우리의 의식에서 사라지고, 위와 장에서의 소화과정은 몸이 알아서 해줍니다. 그래서 우리는 소화관을 우리 몸의 내부라 생각하고, 꿀꺽 삼킨 그 순간 음식이 우리 몸속으로 들어온다고 느낍니다.

하지만 우리가 먹은 음식은 식도를 거쳐 위에 이르러도 아직 우리 몸속으로 들어오지 못한 상태입니다. 심지어 소장과 대장을 거친 후에도 몸속으로 들어오지 못하는 경우도 많습니다. 그래서 토하면 먹은 음식이 다시 나오기도 하고, 위세척을 통해 잘못 먹은 음식을 다시 꺼내기도 합니다. 또 채소의 세포벽을 이루는 셀룰로스는 인간이 끝까지 소화하지 못하기 때문에, 우리가 먹은 채소의 일부는 대변으로 그대로 나오기도 합니다. 심지어 치과에서 치료 도중 잘못 삼킨 물질들을 내시경으로 다시 꺼내거나 대변으로 나오기를 기다리는 경우도 있습니다.

　실제로 우리가 먹은 음식이 우리 체내로 들어오는 순간은, 음식이 잘게 부서지고 소화효소에 의해 탄수화물은 단당류로, 단백질은 아미노산으로, 지방은 지방산과 글리세롤이라는 분자 단위로 분해된 다음입니다. 분해된 다음 장을 둘러싸고 있는 여러 면역세포들의 검증을 받은 이후 혈관을 통해 흡수되어 전신을 순환하는 그 포인트가 체내로 들어오는 순간입니다.

　그렇게 보면 입에서 항문에 이르는 소화관은 내부도 외부도 아닌 묘한 공간입니다. 우리 몸을 소화관을 중심으로 생각해보면, 앞뒤가 뻥 뚫린 하나의 튜브라 할 수 있습니다. 음식은 그 튜브를 통과하는 동안 부서지고 소화되고 흡수되어, 튜브를 이루는 인체의 모든 세포들과 그 속의 박테리아들에게 영양소와 에너지원을 공급합니다.

　내부도 아니고 외부도 아닌 소화관은 그래서 늘 긴장상태에 있습니다. 외부에서 음식물과 함께 들어오는 미생물을 포함한 여러 물질들이 자신을 공격할까 봐 방어하고 경계합니다. 동시에 생명유지에 절대적으로 필요한 영양소와 에너지원을 점검하고 흡수해야 합니다. 이렇게 경계와 소통, 방어와 흡수를 동시에 해야 하는 이 절묘한 공간에, 인간을 포함한 모든 생명체는 면역이라는 독특한 시스템을 만들어낼 수밖에 없었습니다.

　입부터 항문까지 덮고 있는 점막과 그것을 코팅하는 뮤신도 소화관의 면역 시스템의 일부입니다. 입속에서 분비되는 침에는 리소자임을 포함한 항균물질이 있어 외부 미생물을 방어하는 동시에 아밀라아제와 리파아제라는 소화효소를 통해 탄수화물과 지방의 흡수를 준비합니다. 방어와 흡수를 동시에 하는 것입니다. 강산strong acid의 호수인 위는 혹여나 음식물에 섞여 들어올 미생물을 격퇴하는 강력한 해자입니다. 성채를 쌓을 때 주변을 파서 물을 넣어 적군의 침략을 방어하던 역사의 지혜는 진작부터 우리 몸속에서 시현되던 방법이었습니다. 동시에 위에서도 펩신이라는 소화효소를 분비해서 음식물의 단백질 흡수를 준비합니다. 소장, 그 중에서도 소장의 입구인 십이지장은 소화효소가 집중되는 공간입니다. 간과 담낭, 췌장에서 준비한 소화효소들이 십이지장으로 쏟아지며 음식을 훨씬 더 잘게 분해합니다.

소장과 대장의 표면을 이루는 세포들은 가장 많은 박테리아들과 만나며 삽니다. 특히 대장은 그저 만나는 정도가 아니라 대장관 자체가 외부물질과 박테리아가 우글거리며 서식하는 가장 밀도 높은 공간입니다. 그런 공간이 200제곱미터의 테니스 코트만한 넓이로 펼쳐집니다. 장을 이루는 세포들은 이 공간에서 세균을 방어하면서도 필요한 수분과 영양분들은 흡수해야 합니다. 그래서 장관을 이루는 세포 안에는 면역기능이 필수이고, 그 때문에 양적으로 보면 70%가 넘는 면역세포들이 장 주위에 분포합니다.

이렇게 복잡하면서도 신비로운 소화과정에서 미생물은 독특한 존재입니다. 몸속 미생물은 인체를 이루는 10조의 세포보다 10배나 많은 100조로 추정됩니다. 유전자로만 보아도, 인간이 가진 31억개의 염기서열과 거기에 기록된 2만 5,000개 정도 되는 유전자의 100배가 넘는 유전자를 몸속 미생물이 가지고 있습니다. 어찌 보면 인간은 자기 몸속 미생물들에게 일정 부분 자신의 기능을 외주를 주고, 자신의 생명과 직결되는 유전자의 진화에 힘써왔는지도 모릅니다. 또 몸속 장 미생물들은 인간이 스스로 소화시키지 못하는 복합탄수화물을 분해해 영양소를 만들고 단쇄지방산^{SCFA}과 같은 면역촉진물질을 만들어줍니다. 인간 스스로 진화시키지 못한 유전자를, 함께 살아가는 박테리아의 유전적 공진화력$^{coevolution\ force}$을 통해 해결한다는 것입니다.

1980년대에 제가 치과대학을 다닐 때 배웠던 미생물학은 참 재미없는 과목이었습니다. 외워야 하는 미생물 이름이 가득했던 기억만 납니다. 아마도 지금 현장에서 근무하는 의사나 간호사, 치위생사 분들도 저와 비슷한 느낌일 것입니다. 그러다 최근 들어 미생물학은 크게 두 가지 큰 변화를 겪고 있는 것으로 보입니다.

하나는 그간 인간이 얼마나 박테리아에 대해 몰랐나를 깨달아가는 과정이라는 것입니다. 2003년 발표된 인간 게놈 프로젝트는 DNA의 염기서열을 읽어내는 기술을 급속도로 발달시켰습니다. 31억에 달하고 책으로 만들어도 1,000페이지 책 1,000권에 달해서, 인간의 힘으로는 도저히 읽어내지 못하는 염기서열을, 지금은 단 하루 만에 컴퓨터를 이용해 읽어내게 되었습니다. 그리고 그 기술은 이제 미생물에 적용되고 있습니다. DNA 분석기법으로 어떤 환경에 있는 미생물 전체를 한꺼번에 밝혀내게 된 것입니다. 1998년에 첫 발표된 메타지노믹스^{metagenomics}라 불리는 이 기술은 과거에 배양을 통해 밝힌 미생물의 종류가 얼마나 적었는지, 그래서 인류의 미생물 지식이 얼마나 협소했는지, 병원성 미생물에만 집중된 과거의 미생물학이 얼마나 편협했는지를 보여줍니다.

생각해보면 배양이란 것은 인간이 미생물의 성장에 좋을 것이라 짐작하며 만든 영양소로 미생물을 키우는 것인데, 그런 식으로 생장 가능한 미생물이 있을 수도 없을 수도 있는 것은 지극히 당연한 이치입니다. 또 공기중 산소가 없던 태초의 지구부터 진화해온 박테리아 경우 산소를 싫어하는 혐기성이 많아, 공기 중에 노출되자마자 죽어서 배양이 안 되기 때문에 그간의 미생물학이 놓친 미생물이 얼마나 많았을지 짐작이 됩니다. 실제로 어떤 연구는 배양 가능한 미생물이 전체의 1%에 지나지 않았다고 합니다. 이 주장에 의하면, 지금까지의 미생물학은 1%를 100%로 주장하며 자신을 구성해왔다는 말입니다.

또 하나의 큰 변화는 그간 병원성 미생물에만 집중되던 연구가 지평을 넓혀 오랫동안 우리 몸에 상주해온 미생물, 나아가 건강에 보탬이 되고 치료에 쓰일 수도 있는 미생물에까지 접근하고 있다는 것입니다. 조금만 생각해보아도 우리 몸에 살고 있는 미생물 모두가 우리의 적일 수 없다는 것은 자명합니다. 김치나 된장, 치즈나 요구르트 등으로 오랫동안 먹어온 발효식품들이 우리 건강에 보탬이 되는 것은 분명하고, 그것이 거기에 들어 있는 미생물 덕이라는 것도 19세기 말부터 밝혀진 사실입니다. 나아가 인간과 몸속 미생물의 공존과 공진화는 생명 발생 때부터 시작한 생명의 본질일 수도 있습니다. 그런 사실을 병은 세균으로부터 생긴다는 세균설과 그 세균을 박멸하는 항생제에 환호하던 20세기 내내 인류는 잊고 살았는지 모르겠습니다.

인간이 외부의 우주인 자연을 정복의 대상에서 공존의 대상으로 인식을 바꿔가며 새로운 삶을 모색하는 것과 똑같이, 내부의 우주인 박테리아를 정복의 대상에서 공존의 대상으로 생각하고 접근할 때가 왔습니다. 병원성 미생물에 대한 연구와 그로부터 우리의 건강과 생명을 방어하기 위한 약물의 개발은 지속적으로 이루어져야 합니다. 동시에 극히 일부인 병원성 미생물을 제외한 다른 모든 미생물, 특히 인간의 생명유지와 진화의 과정을 함께하며 공존해온 유익한 미생물에 대한 연구 역시 중요하게 다뤄져야 합니다.

항생제를 의미하는 안티바이오틱스[anti-biotics]와 생균제를 의미하는 프로바이오틱스[pro-biotics]는 용어에서부터 미생물에 대한 세계관의 차이를 느끼게 합니다. 둘 다 중요합니다. 하지만 문제의식의 크기와 근본, 미래지향성의 측면에서는 프로바이오틱스는 안티바이오틱스와는 비교할 수 없을 만큼 더 광범하고 자연과 역사에 가깝습니다. 인체에 대한 미생물의 위협에 대항하기 위한 항생제의 개발만큼 우리 몸속 우주와 순응하는 프로바이오틱스 미생물이 활성화되기를 기대합니다.

이 책은 최근 미생물에 대한 접근방식이 바뀌어온 그간의 과정을 매우 쉽고 재미있게 설명하고 있습니다. 미생물의 연구 시초부터 건강한 사람의 대변으로 과민성 장증후군을 치료하는 대변이식술에 이르는 최신 이론까지 소개합니다. 무엇보다 이 책이 좋아 보이는 것은, 정크푸드와 고지방 식단의 서양식 음식문화를 서양인인 저자들 스스로 반성적으로 표현하고 있다는 점입니다. 서양식 음식이 과일이나 채소의 비중이 높은 우리나라를 비롯한 동아시아나 아프리카 음식에 비해 장내 미생물총의 다양성을 떨어뜨려 건강에 좋지 않습니다. 종의 다양성이 확보되어야 생태계의 안정이 지속 가능하듯이, 장내 미생물총도 다양해야 인체 건강의 안정성이 지속 가능하기 때문입니다. 저자들은 서양인들의 장내 미생물총이 잔해만 남았다고 안타까워합니다.

고혈압, 당뇨, 잇몸병을 포함한 현대의 거의 모든 만성질환은 생활습관과 식이습관에서 옵니다. 20세기 들어 급격히 바뀐 덜 움직이고 더 많이 먹는 인간의 식이습관과 20만년이 넘는 호모사피엔스의 진화적 유전자 사이의 괴리에서 나온 것입니다. 원인이 그렇다면, 해결책도 그래야 합니다. 우리의 건강을 지키기 위해서는 먹는 것을 잘 먹어야 합니다. 이 책을 통해, 인간의 장 건강, 그로부터 파생되는 정신건강을 포함한 전체 건강에 먹는 것이 얼마나 중요한지를 깨닫는 계기가 되기를 바랍니다.

얼마 전 갔던 한 식당에 이런 문구가 붙어 있었습니다.

"음식은 종합예술입니다. 음식은 약이고 과학입니다."

저는 이 말에 충분히 공감합니다.

김혜성

두서없는 궁금증과 벅찬 기대

1960년대 중반에는 의대에서 사람의 대장에 박테리아가 엄청나게 많은 것이 다 음식물 소화와 영양분 흡수를 위해서라고 가르쳤다. 그래서 항생제를 오래 사용하면 나쁜 미생물이 과다증식해 배탈을 일으킨다는 거였다. 그 시절에는 장 건강을 위해 요구르트를 먹거나 유산균 영양제를 챙기는 사람들은 건강 노이로제에 걸린 괴짜 소리를 들으며 눈총을 받았다. 장 미생물총이 위장관 말고 다른 곳에 영향을 주리라고 상상조차 못한 것은 정부 보건당국도 마찬가지였다. 그때는 인체 내에 존재하는 모든 미생물의 유전물질을 총칭하는 마이크로바이옴이라는 개념이 없었다. 이 미생물 DNA를 합하면 사람 자체의 DNA보다 훨씬 많은데도 말이다.

오늘날에는 마이크로바이옴이 의학계에서 가장 인기 많은 연구주제 중 하나다. 전문가들은 전에 없던 방식으로 건강관리와 질병치료를 가능케 할 인체 생리학의 진정한 혁명이라며 크게 기대하고 있다. 사람 장에 무리를 이루어 사는 박테리아와 곰팡이는 인체와 외부환경이 주고받는 상호작용에 관여하고, 알레르기와 자가면역 반응을 억누르기도 하고 재촉하기도 한다. 장 미생물 상태에 따라 어떤 사람은 비만이 되거나 당뇨병에 걸릴 위험이 더 높아진다. 장 미생물은 체내 염증 반응을 억제하기도 하고 반대로 심화시키기도 한다. 녀석들은 인공감미료에 민감하게 반응해 인슐린 저항성과 체중 증가를 유발한다. 심지어는 사람의 정신적 기능과 감정 상태도 녀석들 때문에 변한다.

이렇게 내가 마이크로바이옴을 새롭게 조명하게 된 것은 다 이 책의 필자 저스틴 덕이다. 소넨버그 부부는 스탠퍼드 의과대학 면역미생물학 분과의 연구실에서 활발한 연구활동을 펼치고 있다. 나는 지난 2013년 애리조나 대학교 통합의학센터가 개최한 제10차 연례 영양건강학회Nutrition and Health Conference에서 저스틴을 처음 만났다. 학회는 시애틀에서 열렸는데, 수백 명의 의사, 전문영양사, 기타 보건의료 관계자들이 참석한 대규모 행사였다. 그럼에도 내게는 학회 기간 동안 저스틴의 얘기만큼 마음을 사로잡는 게 없었다. 그와 대화하는 동안 그가 인간 마이크로바이옴을 발견했을 때의 흥분감이 그대로 느껴졌고, 어쩌면 고민거리였던 다양한 질병 관련 수수께끼들을 마이크로바이옴이 풀어줄 수도 있겠다는 기대가 나에게도 생겼다.

최근 북미 지역과 기타 선진국들에서 천식, 알레르기, 자가면역질환이 급증하고 있다. 내가 꼬마였던 1950년대보다 지금 땅콩 알레르기가 훨씬 잦은 이유가 대체 뭘까? 글루텐 민감성 체질이 갑자기 흔해진 것은 또 무엇 때문일까?

요즘 나는 특히 이 글루텐 때문에 골치가 아프다. 글루텐 과민증은 객관적인 검사법이 없어서 환자 본인의 자가진단에 의지하는 실정이지만 환자 수는 계속 증가하고 있다. 식단에서 글루텐을 완전히 뺐을 때 증상이 사라졌다가 다시 먹으면 재발하는 소동을 겪고서야 자신의 병을 확신하는 식이다. 그런데 나는 곡물, 특히 밀이 주범이라는 통념에 반대한다. 유전자 개량 밀이 이 사태를 초래했다는 주장도 믿지 않는다. 내가 그러는 데에는 다 근거가 있다. 글루텐 민감성은 유독 북미 사람들에게 흔하다. 중국에서는 대다수의 식당 요리에 글루텐 덩어리인 춘장이 들어간다. 하지만 중국은 글루텐 민감성 때문에 시끄럽지 않다. 일본도 마찬가지다. 그렇다면 왜 북미 사람들만 유별나게 그러는 걸까?

저스틴 소넨버그는 북미 사람들의 마이크로바이옴이 변한 탓이라고 설명했다. 네 가지 요소 때문에 지난 수십 년에 걸쳐 미국 사람들의 장 미생물총이 드라마틱하게 변했다는 것이다. 이 네 가지는 바로 대량생산된 가공식품 소비의 증가, 항생제 남용, 현재 전체 분만의 3분의 1을 차지할 정도로 빈번한 제왕절개술, 그리고 마지막으로 모유수유의 감소다. 이 책에서 필자들은 이들 요소 각각이 인간 마이크로바이옴을 어떻게 변화시키는지를 자세히 설명한다. 필자들은 다양한 만성질환뿐만 아니라 자폐증과 우울증 등의 정신 및 기분장애가 옛날보다 훨씬 흔한 것도 궁극적으로 다 이런 변화 때문이라고 추측한다.

그런 맥락에서 소넨버그 부부는 마이크로바이옴 분석을 새로운 진단검사법으로 활용하는 미래를 제시한다. 마이크로바이옴을 고쳐 질병의 위험을 낮추고 건강을 도모할 수 있을지, 만약 그게 가능하다면 어떻게 해야 할지도 필자들이 고민하는 주제에 포함된다. 구체적인 방법은 사람마다 다를 것이다. 그뿐 아니라 같은 사람이라도 나이가 들어감에 따라 전략을 바꿔야 한다. 프로바이오틱스 영양제를 먹어야 할까? 그게 과연 효과적일까? 어떤

게 나에게 가장 잘 맞을까? 발효식품은? 동아시아 사람들처럼 먹는 게 좋을까? (개인적으로는 발효식품을 더 자주 만들어 먹어야 한다고 생각한다.) 두서없이 튀어나와 마음을 어지럽히는 이 모든 궁금증에 대한 답이 이 책 한 권에 다 담겨 있다.

이 책은 모든 의료인과 건강하고 만족스러운 삶을 추구하는 모든 이가 반드시 읽어야 할 필독서다. 독자는 이 책을 통해 우리의 일부라고 해도 과언이 아닌 이 미생물 집단에 관해 새로운 사실을 배우게 될 것이다. 그렇게 눈을 뜨고 나면 필자들과 내가 느꼈던 것과 똑같은 벅찬 기대감을 안고 세상을 달리 보게 될 것이라 나는 확신한다.

2014년 10월
애리조나 주 투스칸에서
의학박사 앤드루 웨일 Andrew Weil, 《자연치유》의 저자

차 례

INTRODUCTION
책을 시작하며 …… 21

CHAPTER 1
미생물이 뭔데 중요하다는 걸까 …… 33

미생물이 지배하는 세상 ● 인체는 박테리아가 득실거리는 튜브 ● 잔해만 남은 서양인의 장
미생물총 ● 불가피한 협력관계 ● 박테리아, 누명을 쓰다 ● 미래는 장 미생물총의 시대 ●
잊힌 장기 ● 장 미생물총, 주인공이 되다 ● 장 미생물총이여, 번성하라

CHAPTER 2
평생의 동반자, 장 미생물 대모집 …… 65

생애 첫 만남 ● 조산과 뱃속 세상 ● 미생물 세계를 뒤흔드는 임신 ● 장 미생물의 교과서,
모유 ● 배앓이를 일으키는 장 박테리아 ● 평생 건강과 이유기 ● 생태계를 일망타진하는
방법 ● 장 미생물과 헛살 ● 갓난아기의 부모를 위한 다섯 가지 조언

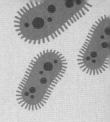

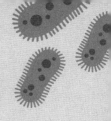

INTRODUCTION
책을 시작하며

한 인간이 얼마나 건강한 삶을 살지는 태어나기도 전에 유전자에 의해 거의 결정된다. 한편 잘 먹고 꾸준히 운동하고 스트레스 관리를 충실히 하면 건강을 지킬 수 있다는 것도 사실이다. 세상에는 수많은 건강관리 비결이 떠돌지만 모두가 하나같이 체중 관리나 심장 건강에 집중하는 것이다. 그런데 그에 못지않게 중요한 요소가 있다. 몸무게뿐만 아니라 당장의 기분을 좌우하고, 나아가 나중의 몸 상태에까지도 영향을 미치는 '독립적 개체'가 우리 몸 안에 공생하고 있다! 나의 작은 습관 하나로 종족 전체가 멸망하기도 번성하기도 하는 그런 존재가 내 안에 살고 있는 것이다. 그렇다. 우리 몸에 그런 생명체가 실제로 존재한다. 바로 장 속 박테리아다.

장 박테리아는 인간의 건강하고 행복한 삶에 없어서는 안 되는 평생의 동반자다. 최근 들어 학계에서도 우리 몸속의 이 작은 생태계가 우리의 생로병사에 얼마나 복잡다단하게 얽혀 있는지에 주목하기 시작했다. 그에 따라 인간이 지배하는 듯 보이는 이 세상에서 장 미생물총^{장 속 미생물 무리 전체}이 갖는 의미도 조금씩 달라지고 있다.

서구 사회가 암, 당뇨병, 알레르기, 천식, 자폐증, 염증성 장질환 등의 각종 질병에 시달리는 원인을 파헤치는 연구활동이 학계에서 활발하다. 그 과정에서 이들 질환의 발병과 각종 건강 관련 문제들의 중심에 장 미생물총이 있다는 것이 점점 확실해지고 있다. 한마디로, 인간이 살아 숨 쉬는 평생 동안 이 자그마한 우리 몸속 서식자가 육체적인 모든 측면에 직접적으로든 간접적으로든 참견한다는 소리다.

장 박테리아는 수천 년에 걸쳐 진화를 거듭해오면서 살아남은 베테랑이지만, 오늘날에는 인류 역사를 통틀어 최대의 생존 위기를 맞고 있다. 현대 사회는 음식과 생활습관을 비롯해 인간의 모든 것을 완전히 바꾸어놓았다. 우리는 공장에서 대량생산한 고칼로리 가공식품으로 포식하고, 가정집을 비롯한 모든 건물의 입구에서는 항균 손 세정제가 우리를 맞이하며, 병원에서는 항생제 처방전을 남발한다. 인간이 기분 좋게 하는 이런 행동들이 장 미생물총에게는 치명적이다.

인간의 소화기는 지난 몇 끼에 먹은 음식의 잔해를 감싸고 있는 세포들 그 이상이다. 이곳에는 장 미생물총이라는 또 하나의 작은 우주가 존재한다. 피부와 각종 구멍, 곳곳의 빈 공간들에도 미생물이 살고 있지만, 집락의 규모 면에서 어느 곳도 대장에 미치지 못한다. 장 박테리아는 능력이 많지만 특히 화학물질을 분비해서 식이섬유를 잘게 끊어내는 탁월한 재주를 갖고 있다. 식이섬유는 인간 스스로는 소화시키지 못한다. 박테리아가 소화가 되도록 바꿔 주어야만 대장에서 흡수된다. 따라서 인간 입장에서는 박테리아의 도움을 받는 것이 이 소중한 영양소를 섭취하는 유일한 길이다. 그런 까닭에 우리는 우리 자신의 건강을 위해 장 박테리아들을 잘 먹이고 길러야 한다.

장 미생물총은 인체 면역계에 생각보다 훨씬 큰 영향력을 발휘한다. 감염을 물리치고 악성종양을 싹부터 잘라내려면 면역계가 튼튼해야 한다. 면역계가 비실거리면 각종 병에 걸린다. 장 미생물총이 건강할 때는 면역계도 정상적으로 돌아가지만 그렇지 않을 때는 우리 몸 안에 각종 자가면역질환ㆍ면역기능 이상으로 우리 몸의 면역세포들이 우리 몸의 장기나 조직을 공격하여 발생하는 질환ㆍ이 발병하기 쉬운 환경이 조성된다. 몸에 상처가 나거나 몸이 외부의 위험신호를 감지하면 면역계가 염증반응을 일으켜 붓거나 벌겋게 달아오르거나 욱신거리고 따가운 증상으로 나타난다. 그런데 장 박테리아가 만들어내는 화학물질이 위장관뿐만 아니라 전신에서도 이 염증반응을 증폭시킬 수 있다. 더 큰 문제는 염증이 출발 신호가 되어 연쇄작용으로 이어지면 사태가 걷잡을 수 없게 악화된다는 것이다.

이렇게 장 미생물총이 만들어내는 화학물질 중 몇몇은 심지어 장과 뇌를 연결하는 중추신경계를 통해 뇌에 직접 명령을 내린다. 이것은 요즘 학계에서 가장 뜨거운 연구 주제이기도 하다. 장과 뇌를 연결하는 신경축은 단순히 끼니때를 일러주는 것을 넘어서 우리 삶의 질을 뿌리째 뒤흔든다. 바로 이 메커니즘을 통해 장 박테리아가 인간의 기분과 행동을 조종하고 신경계 질환의 진행을 재촉하기도 늦추기도 하는 것이다.

우리는 태어나는 순간부터 미생물과 동맹관계를 맺는다. 자궁 안에서 고요히 지내는 동안 인체는 순결한 처녀지와도 같다. 그러다 바깥세상에 나오면 우리 몸은 순식간에 내 어머니, 친구, 가족, 생활환경 곳곳에서 이주해온 각종 미생물로 시끌시끌해진다. 생물학자 스탠 폴코프Stan Falkow가 말했듯, "세상은 똥 찌꺼기로 덮여 있는" 셈이다. 이 어감이 거북하다면 박테리아 찌꺼기로 덮여 있다고 말해도 좋다. 하지만 이것은 조금도 걱정할 상황이 아니다. 그러니 다음에 갓난아기가 물건을 입에 넣고 빠는 모습을 본다면 쏜살같이 달려들어 빼앗아 세정제로 빡빡 닦아낼 것이 아니라, 성실한 미생물들이 하루빨리 자리 잡아 견고한 생태계를 구축하기를 기쁜 마음으로 소망할 일이다. 장 박테리아의 생태계 구축 작업은 아기가 성장해가면서 한동안 계속되는데, 여러 인자에 의해 복잡하게 변해간다. 우리는 자연분만으로 태어났는지 제왕절개술의 도움을 받았는지, 모유를 먹는지 분유를 먹는지, 항생제를 얼마나 자주 사용하는지, 애완동물을 기르는지, 어떤 음식을 먹는지에 따라 각자 개성적인 소우주를 몸 안에 지니게 된다.

장 박테리아가 사람의 건강한 일생을 사실상 좌우한다는 사실은 탄탄한 증거를 통해 뒷받침된다. 따라서 우리가 어떻게 살고, 어떤 약을 쓰고, 무슨 음식을 먹을지 결정할 때마다 내 몸 안의 장 미생물총도 배려할 필요가 있다. 21세기의 혁명적인 DNA 서열분석 기술 덕분에 200만 개가 넘는 박테리아 유전자가 거의 다 밝혀져 이른바 마이크로바이옴microbiome이라고 명명되었는데, 이것이 시사하는 바가 상당히 중요하다. 첫째, 우리는 마치 지문처럼 각자 고유한 장 미생물총을 갖고 있어서 여러 병에 걸리는 성향이 사람마다 다르다. 둘째, 장 미생물총이 잘못되면 우리 몸에 병을 일으키고 예전에는 잘못된 생활습관 탓으로만 돌렸던 비만과 같은 만성적 상태를 야기한다. 하지만 다행히도 장 미생물총은 눈치가 빠르고 환경 변화에 대한 적응력이 뛰어나다. 이 점을 잘 활용하면 우리가 늙어가더라도 그때그때 몸 상태에 맞게 건강을 지킬 수 있다.

그러려면 먼저 장 미생물총을 잘 알고 세심히 관리해야 한다. 아마도 다음 질문들에 하나씩 답해가다 보면 대충 가닥이 잡힐 것이다. 우리의 아이들에게 최초 정착 집락을 어떻게 조성시켜야 기초를 탄탄히 닦을 수 있을까? 성장기에 장 미생물총을 어떻게 관리해야 면역기능을 강화하고 자가면역질환과 알레르기의 위험을 낮출까? 장 미생물총을 건강하게 살찌우려면 식습관을 어떻게 바꿔야 할까? 피치 못하게 항생제 치료를 받고 나서 손상된 장 미생물총은 어떻게 복원할까? 나이가 들면서 장 미생물총 개체수도 감소하는 것을 어떻게 막을까? 나에게 어떤 장 미생물총 조합이 최선인지 어떻게 알까?

장 미생물총에 관해서는 밝혀진 것보다 앞으로 알아내야 할 사실이 아직 더 많다. 그래도 지난 10년 사이에 연구가 폭발적으로 이루어져 장 미생물총과 인류 건강 간 연결고리의 많은 부분이 드러났다. 예전에도 미생물의 중요성 자체는 대체로 인정되었지만, 구체적으로 인체 생리와 어떤 관련이 있는지는 안개에 싸인 미지의 영역이었다. 이렇게 학계에 산적한 물음표들이 개척자를 꿈꾸는 과학자의 눈에는 탐나는 옥토로 보였고, 많은 미생물학자가 장 미생물총이 여러 측면에서 인류 건강을 좌지우지하는 핵심이 될 것이라고 확신했다.

우리의 장은 100조 박테리아 집단의 터전이다. 아마 녀석들을 한 마리씩 한 줄로 세워놓으면 달에도 닿을 것이다. 장 미생물총이 될 박테리아는 소화기를 쭉 따라 이동하면서 정착할 곳을 물색한다. 일부는 소장이나 혹독하고 강한 산성을 띠어 모두가 피하는 위를 선택하지만, 대개는 대장에 자리를 잡는다. 종류로는 수백 종, 개체 수로는 100조 마리가 운집한 대장의 개체군 밀도는 대장 내용물 1티스푼당 5,000억 개에 이른다.

이것은 결코 부족하다고 말할 수 없는 숫자다. 그런 의미에서 장 박테리아가 멸종위기 생물종 목록에 올라 있다는 사실에 의아하지 않을 수 없다. 미국 성인은 평균적으로 1,200종의 장 박테리아와 함께 살아간다.[1] 대부분은 이 정도로도 이미 충분하다고 느낄 것이다. 베네수엘라 아마소나스 주에 사는 아메리카 원주민의 뱃속에는 3분의 1이나 더 많은 1,600종의 장 박테리아가 존재한다는 사실을 알기 전에는 말이다. 비슷하게, 인류의 조상과 비슷한 생활방식과 식습관을 가진 다른 집단들도 미국인에 비해 더 다양한 장 미생물총을 보유하고 있다. 무엇이 이런 차이를 만드는 걸까? 범인은 서구식 가공식품, 항생제 남용, 과한 위생이다. 문명이 인류 건강과 사회 안정을 도리어 해치고 있는 것이다.

재미있는 상상을 하나 해보자. 장 박테리아가 동네 식료품점에 들어가 장을 본다고 치는 것이다. 이것은 우리가 공구 전문점에서 식재료를 찾는 것과 다름없는 모습이다. 계산대 옆 선반에 진열된 사탕은 엄밀히 말해 음식이 아니라, 마이클 폴런^{Michael Pollan}의 표현을 빌면 "먹을 수 있는 화학물질"이니 제외된다. 현대인의 일상적인 식단 때문에 우리의 장 박테리아는 굶어 죽고 있다. 게다가 우리는 평균 1년에 두 번 정도 '항생제'라는 이름의 극약을 장 박테리아에게 처방한다. 그뿐이 아니다. 보통 가정이 집안을 수술실 만큼이나 소름 돋도록 청결하게 유지하기 위해 세척제와 소독제를 구매하는 데 미국 기준으로 1년에 무려 700달러나 지출한다.[2] 또 각종 상점, 도서관, 학교 등에 손 소독제가 비치되어 있는 것은 일일이 언급하기도 입 아픈 일상적인 광경이 되어버렸다.

이런 식으로 계속 가다가 우리가 어떤 미래를 맞게 될지는 아무도 장담하지 못한다. 머지않은 미래에 장 박테리아의 종류가 원시시대 수준의 절반보다도 적어질 수도 있을까? 그러면 어떤 일이 벌어질까? 서구식 생활양식이 우리의 건강을 좀먹어 비만과 당뇨병, 각종 자가면역질환을 얼마나 증가시켰는지는 이미 모두가 알고 있다. 장 미생물총의 다양성이 잘 보존된 사회에서는 이 질환들이 이렇게까지 흔하지 않다. 곳곳에서 점점 더 많은 이가 장 미생물총에는 해롭기 그지없는 서구식 생활을 선택하는 가운데, 미래에는 사람들이 더 어릴 때부터 더 자주 아프고, 전 세계가 각종 현대병으로 뒤덮이게 되지 않을까? 인간의 건강을 지키던 장 박테리아들이 차츰 사라져 멸종해버릴 수도 있을까? 아니면 몹시 희귀해져 몸속 풍경이 우리 선조들의 그것과 완전히 달라져버릴 수는? 어쩌면 종말은 이미 시작되었는지도 모른다.

이 세상은 정크푸드에 찌들었고, 우리는 장 미생물총이 스러져가는 이 위태로운 환경으로 젊은 세대를 자연스럽게 몰아넣는다. 순진무구한 아이들은 자신도 모르게 희생양이 되어 늘 아프고 제 명을 다하지 못한다.

학계에서는 장 미생물총에 관한 논문이 하루가 멀다 하고 쏟아져 나온다. 그러나 안타깝게도 대부분은 대중에게 닿지 못하고 중간 어디쯤에선가 잊히고 만다. 이유는 간명하다. '지나치게 전문적'이기 때문이다. 과학자는 모든 것을 극도로 회의적으로 바라보도록 훈련된 종족이라 철저히 비교 검증한 여러 건의 연구를 통해 두 번, 세 번 증명될 때까지 웬만해서는 이러쿵저러쿵 말을 꺼내지 않는다. 그럼에도 우리 부부는 직장에서 보고 들은 게 하도 많은지라 집에서만큼은 온 가족의 식단과 생활습관을 뜯어고쳐 오래 전부터 실천해왔다. 그러다 딸들이 자라 또래가 있는 다른 집들과 왕래하게 되면서 부모들이 아이에게 건강한 먹을거리를 주기 위해 얼마나 열심히 노력하는지 알게 되었다. 그런데 그들은 아이 뱃속에 살고 있는 장 미생물총의 건강한 성장은 전혀 생각하지 않았다. 장 미생물총이 한 사람의 건강에 얼마나 중요한 존재인데 말이다. 하지만 그런 정보의 존재 자체를 모른다면 누구라도 그럴 수밖에 없지 않을까. 그때 우리는 우리 부부의 사고방식이 특이한 것임을 깨달았다. 우리 부부만이 나와 내 아이에게 무엇을 먹이고 하루하루를 어떻게 살아갈지 결정할 때 인체 생리와 그 안에 거주하는 생명체들을 우선적으로 생각했던 것이다.

그래서 우리는 보다 많은 일반인이 기하급수적으로 쌓여가는 이 분야의 연구성과를 접하고 알차게 활용하기를 바라는 마음에서 이 책을 쓰기 시작했다. 되도록 최신 자료를 참고해 올바른 식단과 생활습관 정립을 위한 현실적인 조언과 실천법을 제안했는데, 핵심 목표는 인체 생리의 최고 지휘관 중 하나인 장 미생물총에 초점을 맞추어 건강을 가장 효율적으로 관리하는 것이다.

우리는 사람의 일생에 영향을 미칠 만큼 중요하면서도 흥미로운 연구들만 엄선해 이 책의 내용을 꾸렸다. 일단은 장 미생물총이란 무엇이며 사람 몸 안에 어떻게 정착하는지 알아볼 것이다. 그런 다음에는 장 미생물총이 어떻게 생장하며 어떤 능력을 가지고 있는지 배울 것이다. 초창기에는 이 분야에서 어떤 방향으로 연구가 이루어졌는지도 알아볼 것이다. 더불어 시간이 지나면 장 미생물총이 어떻게 변하는지, 사람과 함께 늙어가는 장 미생물총을 어떻게 관리해야 하는지도 살펴볼 것이다.

이렇게 개론을 짧게 익힌 다음에는 텅 비어 있던 위장관이 영유아기를 거치면서 장 미생물총 무리들로 시끌벅적해지는 과정을 생생하게 들여다볼 것이다. 그리고 나면 이유기를 지난 우리 아이들과 그 안의 장 미생물총 모두를 건강하게 살찌우는 식습관을 간단히 맛볼 차례다. 초보 부모나 예비 부모라면 평생 건강의 기초를 어릴 때 닦아놓는 것이 얼마나 중요한지 미리 새기는 기회가 될 것이다. 이어지는 주제는 장 미생물총이 인체 면역계와 대사에 미치는 영향이다. 현대사회는 장 미생물총을 관리하는 방법 면에서 많은 오류를 범하고 있다. 이 오류를 바로잡고 우리의 식탁과 생활을 올바르게 바꾸면 장 미생물총을 살리고 동시에 우리도 큰 병 없이 오래오래 건강하게 살 수 있다.

현재 학계에서 초미의 관심사를 하나 꼽으면 뭐니 뭐니 해도 장 미생물총과 뇌의 연결고리일 것이다. 그런 의미에서 다음으로는 어떻게 장 미생물총이 사람의 기분과 행동을 좌우할 정도로 뇌와 긴밀히 소통하는지를 밝힌 따끈따끈한 연구결과들을 모아 살펴본다. 이어서 챕터 7에서는 말썽을 일으키는 장 미생물총을 치료해 사람의 건강을 회복시키는 최신 의료기술을 소개하고자 한다. 대변이식으로 비뚤어진 장 미생물총을 교화한다는 소리를 들어본 적이 있는가? 사실 이 분야는 전도유망한 혁신 치료영역으로 기대를 모은다. 챕터 8에서는 사람이 나이를 먹으면 장 박테리아의 개체 수가 감소한다는 얘기를 할 텐데, 이것을 막아 노년을 청춘처럼 사는 비결을 함께 제시할 테니 끝까지 주목하기 바란다. 마지막으로, 그동안 이 책 여기저기에 드문드문 던져놓았던 모든 팁을 그러모아 하나의 체계적 계획으로 만들었다. 이 계획대로만 실천하면 누구나 장 미생물총을 최상의 상태로 관리해 평생 건강을 도모할 수 있을 것이다.

다시 한 번 강조하건대, 장 미생물총 연구는 아직 걸음마 단계에 있다. 그럼에도 지금까지의 성과는 개개인의 삶을 바른 방향으로 인도하고 보편적인 권장 지침을 마련하는 데에 충분하다. 단, 실행에 옮기기 전에 먼저 의사와 상담하는 것이 좋다. 특히 이미 다른 건강 문제가 있는 사람이라면 말이다.

궁극적으로 우리가 바라는 바는 이 조그만 녀석들 무리가 인류의 건강에 얼마나 큰 역할을 하는지 모두가 알게 되는 것이다. 우리는 이 책이 독자들에게 최신 연구결과를 정확하게 해석하여 풀어주는 번역기가 되어, 사람들이 이 정보를 토대로 깨달은 바를 현재의 생활에 적극적으로 녹여내길 소망한다. 게놈이 태어나기 전에 이미 대부분 고정되는 인간과 달리 미생물은 유전적 조성을 유연하게 바꾸는 전략을 구사하며 환경변화에 발 빠르게 적응한다. 그리고 이 전략의 통제권은 우리 인간의 손 안에 있다. 따라서 유연한 장 미생물총의 성질을 잘 이용하면 인류 건강에 최대의 득이 되는 쪽으로 상황을 만들어갈 수 있다.

인간적인 면과 미생물학적인 면을 모두 지닌 복잡한 생물인 우리 인간은 이 두 측면이 얼마나 긴밀하게 얽히고설켜 있는지 잘 알아야 한다. 평생을 우리와 함께하는 장 미생물총은 잘 먹이고 보살피면 그만큼 보답한다. 인간의 몸은 그들에게 집이자 터전이기 때문이다.

CHAPTER 1
미생물이 뭔데 중요하다는 걸까

미생물이 지배하는 세상

우리는 이 세상을 인간이 지배한다고 생각한다. 인류는 복잡한 사회를 이루고 세련된 도시를 짓고 화려한 문화와 예술을 꽃피웠다. 인간의 흔적은 도처에 퍼져 있다. 고속도로와 댐, 밤하늘을 수놓은 눈부신 스카이라인은 우주에서도 보일 정도다. 인류가 지구의 겉모습을 엄청나게 바꿔놓은 것은 부인할 수 없는 사실이다. 하지만 인간은 지구 생태계를 통틀어 거의 꼴찌로 등장한데다가 수적으로도 확실히 열세인 동물종에 불과하다. 사실 우리는 미생물의 세상에 살고 있다. 미생물이 지구 전체를 뒤덮은 지는 벌써 수십억 년이나 되었다. 미생물이란 현미경으로나 볼 수 있을 만큼 작은 생명체를 말한다. 박테리아와 곰팡이처럼 말이다.

사람 손에는 세계 인구보다 많은 미생물이 살고 있다. 만약 세상에 존재하는 모든 박테리아의 개체수를 하나하나 센다면 지구상의 동식물을 전부 합한 것보다 훨씬 많을 것이다. 그러니 항생제를 장전하고 미생물 박멸전쟁에 나서기 전에 이 사실을 머릿속에 단단히 새겨둘 일이다. 한 통계에 의하면, 지구에 존재하는 박테리아의 규모는 500만 조의 1조배, 즉 500양[※]이라는 평생 듣도 보도 못한 숫자라고 한다. 이것을 굳이 받아 적고 싶다면 5 뒤에 0을 서른 개 이어붙이면 된다.

박테리아는 어디에나 존재한다. 남극의 얼음 아래 싸늘하고 캄캄한 수심 800미터에도, 수온이 섭씨 93도에 이르는 심해 열수분출공에도, 박테리아가 이렇게 많구나 하고 새삼 놀라는 이 순간 당신의 입 안에도 말이다. 만약 인류가 외계생명체 발견에 성공한다면, 그 정체는 십중팔구 미생물일 것이다. 실제로 화성의 환경이 미생물이 살아가기에 적합하다는 단서를 찾는 것이 탐사팀의 임무 목록에 들어 있다. 이 지구에서 가장 나이 많은 미생물은 35억 살 먹은 단세포 미생물이다. 반면에 인간이 지구상에 처음 등장한 것은 20만 년밖에 되지 않았다. 딱 자정에 지구 행성이 만들어졌다고 치고 지구의 역사를 하루 24시간으로 압축한다면, 미생물은 새벽 4시를 막 지나 등장했고 인류는 다음 날로 넘어가기 불과 몇 초 전에 태어난 셈이다. 인간은 미생물 없이는 한순간도 살아갈 수 없다. 하지만 인류가 멸종해도 지구는 언제 무슨 일 있었냐는 듯 여전히 평온할 것이다.

모양새는 다소 원시적이지만 미생물은 수십억 년에 걸친 진화의 성과물이다. 따라서 미생물이 인간보다 덜떨어졌다고는 절대로 말할 수 없다. 미생물은 분 혹은 시간 단위로 생식하므로 지나온 세대 수로 따지면 환경 적응력이 오히려 우리보다 훨씬 뛰어나다고 말할 수 있다. 체르노빌 원전사고 현장에서 살아남은 곰팡이를 생각해보자. 녀석은 진화를 통해 단 몇 십년 만에 방사능에서 에너지를 수집하는 능력을 획득했다.[1] 만약 대재난이 이 지구를 덮친다면 미생물은 틀림없이 새로운 환경에 금세 적응해 번성해나갈 것이다. 그러나 우리 인간은 그러지 못한다.

신생아는 모두 미생물 입장에서 탐나는 입주지 후보다. 미생물은 개체 수가 워낙 많은데다가 상상을 초월하는 환경 적응력을 지니고 있다. 그런 까닭에 괜찮은 자리를 찾았다 싶으면 사람이든 아니든 지구상의 살아 숨쉬는 온갖 생물체의 몸뚱이에 재빠르게 둥지를 튼다. 미생물은 우리의 피부와 귀, 입은 물론이고 소화기계 전체를 포함해 뚫려 있는 모든 구멍에 살고 있다. 처음에 인간을 집으로 삼은 이유는 그저 음식과 쉴 곳을 제공해준다는 것뿐이었지만, 진화를 거듭하면서 미생물은 이제 어엿한 인체의 기본 구성요소가 되었다.

인체는 박테리아가 득실거리는 튜브

사람의 몸은 본질적으로 입에서 시작해 항문까지 한 길로 통하는, 고도로 정교한 튜브다. 이 튜브의 안쪽 면은 우리가 소화관이라고 부르는 것이다. 그런 의미에서 사람은 메리 로치Mary Roach가 《꿀꺽, 한 입의 과학》에서 쾌

활하게 말했듯 지렁이와 별반 다르지 않다. 음식이 한 끝으로 들어가 긴 통로를 지나면서 소화되어 반대쪽 끝으로 나오는 방식이다. 실망스러운가? 사람의 소화관이 얼마나 '미개한지' 실망하기엔 아직 이르다. 훨씬 더 오래 전에 구멍이 하나였다가 양 쪽 모두 뚫린 튜브 구조가 된 것은 사실 엄청난 발전이니 말이다. 일례로, 티끌보다도 작은 수생동물 히드라의 몸에는 구멍이 입 하나뿐이다. 즉, 히드라는 음식을 먹는 구멍으로 똥을 싼다는 소리다. 자 어떤가. 이젠 우리 인간이 튜브라는 사실이 덜 부끄럽지 않은가?

하지만 우리의 튜브는 완전 통짜인 지렁이와는 다르다. 사람의 몸에는 튜브를 비옥하고 강건하게 보호할 각종 기구가 달려 있다. 손과 팔은 길게 뻗어 음식을 잡아 끌어와 튜브에 차곡차곡 넣는 데 사용한다. 발과 다리로는 음식을 찾기 위해 여기저기 돌아다닐 수 있다. 예민한 오감과 고성능 두뇌는 굳이 없어도 되지만, 있으면 튜브를 더 잘 먹이고 위험으로부터 보호하며 또 다른 튜브를 잉태하는 데 큰 기여를 한다. 그렇게 해서 태어난 튜브들은 더 많은 미생물의 새 보금자리가 된다.

장 미생물이 음식 소화에 미치는 영향력이 엄청남에도, 음식물이 거대한 장 미생물총 무리와 실제로 만나는 것은 소화관을 거의 다 지나온 후다. 일단 입으로 들어간 음식은 식도를 거쳐 위에 이른다. 위에 도착한 음식은 위산과 효소로 출렁이는 깊은 웅덩이에 푹 잠기고, 소화와 영양소 추출이 본격적으로 시작된다. 위의 혹독한 산성 환경에서 대략 3시간에 걸쳐 기계적으로 뒤섞는 과정이 끝나면 거칠게 뭉개진 음식물이 소장으로 천천히 밀려 내려간다. 소장부터는 모양새가 말 그대로 튜브와 똑 닮았다. 물컹물컹한 이 튜브 부분은 길이가 6.7~7미터 정도 되고 지름이 약 2.5센티미터인데,

접시에 올린 스파게티처럼 이리저리 돌돌 말려 사람 몸통 한가운데에 똘박하게 담겨 있다. 소장의 안쪽 면은 융모라는 손가락 모양 돌기들로 덮여 있다. 융모는 영양분을 흡수해 혈액으로 운반하는 일을 한다.

소장에서는 음식이 췌장에서 분비된 소화효소에 흠뻑 젖은 상태로 이동하는데, 그동안 음식물 안에 들어 있는 단백질과 지방, 탄수화물이 효소에 의해 소화된다. 소장에 사는 미생물의 수는 '불과' 1티스푼 당 5,000만 마리다. 즉, 아직까지도 음식이 장 미생물총과 제대로 만났다고 말할 수는 없다는 말이다.

쥐의 소장을 뒤덮고 있는 융모를 주사전자현미경으로 들여다본 모습
© Justin Sonnenburg, Jaime Dant, Jeffrey Gordon

50시간에 이르는 험난한 여정의 종착지는 바로 대장, 정확히는 결장이다. 이곳에서 음식물 덩어리는 굼벵이처럼 천천히 움직인다. 평균 길이가 1.5미터인 대장은 소장만큼 길지 않지만 지름이 약 10센티미터로 통이 커 대장이라고 부른다. 대장의 안쪽 면은 끈적끈적한 점액으로 코팅되어 있다. 바로 이곳에서 곤죽이 된 음식 찌꺼기가 드디어 처음으로 왁자지껄하고 게걸스러운 장 미생물 무리와 마주한다. 대장의 미생물 밀도는 소장의 1만 배에 달한다. 대장에서 장 박테리아들은 건질 게 없어 보이는 음식 찌꺼기만으로도 부족함 없이, 아니 사실은 배터지게 잘 먹고 산다. 녀석들의 주식은 흔히 식이섬유라고 하는 식물성 복합 다당류다. 씨앗이나 옥수수알 껍질처럼 박테리아가 소비할 수 없는 것들은 식도를 지난 지 24~72시간이면 몸 밖으로 배출된다. 이 배설물에 적지 않은 수의 박테리아가 함께 섞여 나오는데 일부는 죽은 것이고 일부는 살아 있지만 어쩌다 휩쓸려 나온 것이다. 이렇게 배설되는 박테리아의 양은 대변 덩어리의 절반이나 되지만, 몸 안에 남은 형제들이 아직 많기 때문에 튜브는 여전히 미생물로 바글댄다. 하수관을 타고 바깥세상으로 멀리 쫓겨난 미생물 중 일부 살아 있는 녀석들은 인근 수원지에 잠시 머물다 기회를 노려 또 누군가의 튜브에 새 집을 짓기도 한다.

그런데 애초에 박테리아는 어떻게 사람 소화관에 들어오게 된 걸까? 사람들은 보통 위장관을 몸 안이라고 생각한다. 하지만 사실 위장관 안쪽 면은 피부와 똑같이 외부 환경을 향해 있다. 바로 그래서 사람 몸을 튜브라고 하는 것이다. 우리가 우리의 손, 음식, 애완동물을 통해 미생물에 반복 노출되면서 튜브도 미생물과 쉬지 않고 접촉한다. 이때 몇몇은 잠시 들렀다 떠나지만 일부는 아예 뿌리를 박고 몇 년 혹은 평생을 튜브에 머문다.

대장은 미생물이 가장 많이 모여 사는 곳이다. 그렇다고 이곳에서의 삶이 그리 평탄하기만 한 것은 아니다. 우선 이곳에 이르기까지 위산 호수를 무사히 통과해야 한다. 그리고 어찌해서 마침내 대장에 잘 도착했다 해도 어두컴컴하고 축축한 동굴 같은 이곳에서 이미 천여 종의 박테리아가 텃세를 부리는 가운데 자신만의 보금자리를 찾아야 한다. 식량이 규칙적으로 들어오긴 하지만 경쟁이 몹시 치열하다. 사느냐 죽느냐는 먼저 음식을 낚아채느냐 경쟁자에게 빼앗기느냐에 달려 있다. 공급이 없을 때는 간혹 바닥에 얕

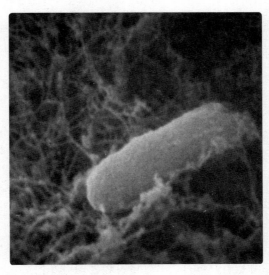

사람 장 미생물총 중 점액에 묻혀 있는 막대 모양 박테리아
© Justin Sonnenburg, Jaime Dant, Jeffrey Gordon

게 깔린 점액을 빨아먹는 녀석도 있다.

장 미생물총에게 살아남는 게 쉬웠던 적은 역사상 한 순간도 없었다. 하지만 현재 서구 사회에서 장 미생물총 생태계는 그 어느 때보다도 심각한 위기를 맞고 있다.

잔해만 남은 서양인의 장 미생물총

추락해 산산조각 난 잔해의 사진이 어떤 이가 태어나서 처음 본 비행기의 모습이라고 가정해보자. 비행기의 'ㅂ'자도 모르는 그로선 온전한 비행기의 모습이 어땠을지 짐작하기 어렵다. 사람 몸속 장 미생물총의 신비를 밝히려는 과학자들도 이와 똑같다. 장 미생물 연구는 대부분이 미국이나 유럽에서 수행된 터라, 서구형 질병에 걸리기 쉬운 사람들에 관한 자료만 차고 넘친다. 염증성 장질환을 앓는 사람과 그렇지 않은 사람을 비교할 때 후자를 소위 '건강한' 대조군이라 간주하지만, 그들이 서구식 생활방식을 따르는 한, 장 미생물까지 '건강'하지는 않을 수도 있다. 현대인은 누구나 염증성 장질환에 걸릴 위험이 높다. 다행히 아직 이 병에 걸리지 않았더라도 장 미생물은 이미 시름시름 시들고 있어서 병들기 일보직전인 경우가 많다. 따라서 서양인끼리 비교하는 연구는 마치 감기에 걸려 고열과 기침에 시달리는 사람을 열이 있지만 아직 기침은 나지 않는 사람과 비교하는 것이나 다름없다. 이 대본대로라면 열이 있는 것은 정상, 즉 '건강한' 것이고 기침만 문제가 된다. 현재 통용되는 '건강한 미생물'의 정의가 미국과 유럽 연구에서 왔기 때문에, 정상과 비정상을 구분 짓는 이 시각은 심각하게 비뚤어진 것이다.

인류가 탄생하고 약 1만 2,000년 전까지, 그러니까 대략 20만년 동안 인간은 사냥과 채집을 통해서만 식량을 구할 수 있었다. 이 시절 먹을 것이라고는 시큼텁터름하고 질긴 생풀과 기름기가 거의 없고 비린내 나는 생고기 혹은 날생선뿐이었다. 하지만 농사를 짓기 시작하면서 인간의 식단에 큰 변화가 찾아왔다. 당도와 식감을 더 좋게 만든 개량종을 포함해 직접 심어 기른 과채와 곡물 사료를 먹인 가축, 가축으로부터 얻은 유제품, 쌀과 밀로 대표되는 곡식이 진화한 인류의 밥상을 한층 풍성하게 만들었다.

그러다 지금으로부터 400년 전 산업혁명을 계기로, 인류의 음식 문화는 유례없이 급속한 전환기를 맞는다. 대량생산 식품에 대한 의존도가 크게 높아진 것이다. 특히 지난 50년간의 식품공학기술 발전은 모든 식료품점을 가공식품으로 꽉꽉 채우는 결과를 낳았다. 가공식품은 너무 달고 칼로리는 높으면서 식이섬유 함량이 매우 낮다. 심지어는 유통기한을 늘리기 위해 살균처리까지 한다. 이런 새로운 형태의 먹을거리로 가득한 식탁은, 진화의 역사 대부분을 차지하는 그 긴긴 세월 동안 인류가 먹어온 음식들에서 얼마나 멀어졌는지를 여실히 보여준다. 그럼에도 장 미생물은 지금까지 인류와 동행해 수차례의 상전벽해를 묵묵히 겪으며 식품기술이 발전하고 사람들의 식습관이 달라지는 고비마다 환경에 잘 맞춰왔다. 그런데 불행히도 이제는 한계에 다다른 듯 보인다.

장 미생물총의 놀라운 특징 중 하나는 식이환경 변화에 적응하는 속도다.

장 속 박테리아는 전광석화와 같이 분열해 매 30~40분마다 개체 수를 두 배씩 늘린다. 몸을 빌려준 주인이 매일 먹는 음식이 입에 맞는 박테리아 종은 순식간에 엄청나게 큰 집단으로 번성한다. 반면에 흔히 접할 수 없는 특별한 음식이 필요한 녀석들은 소외되어 장 점액을 핥아먹으며 간신히 연명하거나 최악의 경우 멸종한다. 생물학에서는 이렇게 무리의 구성을 융통성 있게 조절하는 능력을 가소성plasticity라고 하는데, 장 미생물총은 가소성이 매우 특출하다. 수렵과 채집이 전부였던 선사시대에 계절마다 식단이 극과 극으로 바뀌어도 인류가 어떤 음식에서든 영양분을 최대한 뽑아낼 수 있었던 것은 모두 이 미생물의 적응력 덕분이다.

그런데 이런 적응력은 한때 자연친화적 식단에 최적화되어 번성했던 미생물종이 현재는 자취를 감췄다는 의미도 된다. 요즘은 햄버거와 감자튀김에 익숙한 미생물이 인간의 장, 특히 서양인의 장에서 지배영역을 점점 더 넓혀가고 있다. 현대인은 누구나, 심지어 스스로 건강하다고 자부하는 사람조차도 뱃속을 들여다보면 이런 미생물이 득시글거린다. 그런 광경은 안타깝게도 여유 있게 활공을 가르는 온전한 비행기의 모습보다는 산산조각난 고철 조각들에 더 가깝다.

그렇다면 진짜 정상적인 장 미생물총의 세상은 과연 어떻게 생겼을까? 그 답은 아프리카에서 찾을 수 있다. 탄자니아의 그레이트 리프트 밸리Great Rift Valley는 수백만 년 전의 것으로 추정되는 유적이 남아 있어 인류 진화의 요람에 비유되는 곳이다. 바로 이곳에 인류 최후의 수렵채집인인 하드자Hadza 족이 산다. 그들이 무엇을 먹고 그들의 뱃속에 어떤 미생물이 사는지를 들여다보면 농경사회가 도래하기 전 우리 선조들의 모습을 비슷하게 추측할 수 있다.

하드자 부족은 사냥한 동물과 나무열매, 바오밥 나무의 열매와 씨앗, 꿀, 식물의 덩이줄기를 먹고 산다. 땅속에 있는 덩이줄기는 몹시 질기기 때문에 한참 씹다가 딱딱한 찌꺼기는 뱉어버린다.

연구에 의하면, 하드자 족은 하루에 100~150g의 섬유질을 섭취한다고 한다. 이에 비해 미국인의 하루 섬유질 섭취량은 10~15g에 불과하다. 장 속 미생물의 다양성은 서양인보다 하드자 족이 훨씬 뛰어나다.[2] 장 미생물 총을 콩 모양 젤리로 그득한 유리병이라고 치면, 수렵채취인의 장 미생물총은 맛도 향도 다 다른 색색의 젤리가 골고루 섞인 병과 같다. 그 중에는 몹시 희귀한 것도 간간히 눈에 띌 것이다. 반면에 서양인의 장 미생물총은 맛도 색도 몇 종류 안 되는 비슷비슷한 것들만 들어 있어 우중충하고 단조로워 보일 게 틀림없다.

전통 농경사회 스타일로 사는 사람의 뱃속은 1만년 전 인류 조상의 뱃속과 닮아 있어 요즘 서양인에 비해 장 미생물총 구성이 훨씬 다양하다.[3] 이런 라이프스타일에 따른 차이는 비단 성인의 몸속에서만 관찰되는 현상이 아니다. 아프리카 부르키나파소Burkina Faso의 시골과 방글라데시 빈민가에 사는 아이들을 조사했더니 이들이 가진 장 미생물총이 유럽과 아메리카 대륙에 사는 아이들과 사뭇 다른 것으로 드러났다.[4] 성인 대상 연구와 마찬가지로, 이번에도 서양 아이들의 장 미생물 종류가 더 적었다. 서양인의 장 미생물총이 가공식품을 거의 먹지 않고 항생제를 달고 살지 않으며 가방에 손 세정제를 넣고 다지니 않는 사람들에 비해 더 단조롭다는 증거는 꾸준히 증가하고 있다.

다양성은 중요하다. 장 미생물총과 같은 생태계에서 다양성은 시스템 붕괴를 막는 완충제 역할을 한다. 여기 각양각색의 곤충과 새로 이루어진 생태계가 있다고 치자. 그런데 어느 한 곤충종이 사라졌다. 그래도 새들은 문제없이 살아간다. 선택의 폭이 좁아지긴 했지만 다른 곤충을 잡아먹으면 되기 때문이다. 하지만 만약 곤충종이 계속 하나둘씩 멸종해간다면 새들은 언젠가 굶어죽게 될 것이다. 이것은 생태계 내에서 종의 고갈이 얼마나 심각한 문제인지 잘 보여주는 예시다. 그런데 서양인의 장 미생물총에서 이 다양성이 감소하고 있다. 따라서 장 미생물총 생태계는 붕괴의 위기에 처했다고 볼 수 있다. 그리고 이 붕괴는 이 생태계에 터전을 제공한 인간에까지 영향을 미칠 것이다.

불가피한 협력관계

인간은 다양한 동물이 장 미생물과 사이좋게 지낼 방법을 쉬지 않고 궁리하면서 영겁의 세월 동안 진화를 거듭해서 등장한 생물사의 집결체다. 사람의 장에 미생물이 둥지를 트는 것은 피할 수 없는 일이었으므로 인체는 어떻게든 녀석들과 잘 지낼 방법을 배워야 했다. 자연선택이라는 냉혹한 현실때문이다. 그렇게 인간과 미생물은 강제로 협력관계를 맺었다. 어차피 같이 살지 않으면 안 되기에 우호관계를 맺음으로써 서로 돕기로 한 것이다.

살모넬라^{Salmonella}, 비브리오 콜레라$^{Vibrio\ cholera}$, 클로스트리듐 디피실리에

Clostridium difficile와 같이 흔히 병원균이라 부르는 몇몇 박테리아 종은 인간과 적대적인 관계이기는 하지만, 이는 소수의 예외일 뿐 대부분은 사람 몸에 기거하면서 땅 주인과 사이좋게 지낸다. 안타까운 점은 일부에 불과한 병원균이 항생제 남용을 부추겨 대다수인 착한 녀석들까지 몰살시킨다는 것이다. 현대인 대부분이 그러듯 우리가 항생제를 생각 없이 마구잡이로 사용함으로써 장 미생물을 침입자 혹은 거슬리는 불청객으로 간주하고 싹 쓸어내 버리는 것은, 이 생태계 전체 나아가 우리 자신까지 해하는 것이다.

우리 몸속 미생물은 종마다 고유한 유전자 코드를 가지고 있다. 이렇게 장 미생물 각각이 지닌 유전자들을 한데 묶어 마이크로바이옴microbiome이라고 한다. 말하자면, 미생물에서 비롯된 우리의 '두 번째 게놈'이다. 게놈이 사람마다, 물론 일란성 쌍둥이는 예외지만, 제각각이듯 두 번째 게놈인 마이크로바이옴도 다 다르다. 따라서 마이크로바이옴이 한 인간의 정체성 확립에 큰 기여를 하는 셈이다. (이것은 특히 일란성 쌍둥이에게 의미가 더욱 클 것이다.) 마이크로바이옴은 몸속에 있는 또 다른 지문이라고 생각하면 이해하기가 쉽다.

마이크로바이옴은 다른 사람에게는 없는 특정 종류의 탄수화물 분해 능력을 그 사람에게만 선사할 수 있다. 예를 들어, 일본인의 장에는 해조를 먹이로 먹는 박테리아가 살지만, 서양인의 장에는 없다. 일본인의 식탁에 해조가 워낙 자주 오르는지라 장 미생물총 자체가 이것을 식량원으로 활용할 수 있도록 진화한 것이다. 바라건대, 서양인의 장 미생물이 자랑할 만한 능력이란 게 핫도그를 잘 먹는 것 따위가 아니면 좋겠다.

우리에게는 장 미생물총이 필요하다. 거대한 미생물 집단을 몸에 들이는 것 외에는 달리 방도가 없었기 때문에, 진화론적으로 성공한 다른 모든 생물들이 그랬듯, 우리도 까마득한 옛날에 호혜적인 공생을 시작했다. 한 마디로 장 미생물총에게 치외법권을 허락한 셈이다.

공생이란 둘 이상의 생물종이 긴밀하고도 광범위한 관계를 맺고 함께 살아가는 것을 의미한다. 공생관계에는 여러 종류가 있다. 먼저 기생parasitism은 한 생물이 다른 생물을 희생시켜 이득을 취하는 것이다. 마치 언제 떠날지 기약도 없이 냉장고를 싹쓸이하고 집안을 더럽히는 불청객처럼 말이다. 십이지장충이 그런 불청객의 대표적인 예다. 한편 편리공생commensalism이라는 것도 있다. 이 공생관계의 생물은 어느 한쪽이 다른 한쪽의 덕을 보지만 이용당하는 쪽은 상대방에게 완전히 무심하다. 음식 쓰레기를 뒤지는 떠돌이 개를 떠올리면 이해하기 쉬울 것이다. 세 번째로 상리공생mutualism은 양쪽이 서로를 돕는 경우다. 아까 그 떠돌이 개가 음식 쓰레기로 허기를 해결하면서 병균을 퍼뜨리는 쥐떼를 쫓아내 주었다고 생각하면 된다. 사람과 장 미생물총 간의 공생관계는 바로 이 세 번째에 해당한다.

장 미생물총이 사람에게 주는 가장 큰 선물은 아마도 장에서 발효작용을 하는 동안 분비하는 화학물질일 것이다. 사람은 이 물질을 흡수해 아깝게 그냥 버려질 뻔한 칼로리를 음식에서 뽑아낸다. 칼로리를 얻을 먹을거리가 흔치 않았던 우리 조상들을 살린 것은 바로 이 화학물질이다. 요즘에는 칼로리를 효율적으로 추출하는 것이 예전만큼 중요하지 않지만, 이 화학물질들은 인체 면역기능을 보존해 언제든 병원균을 물리칠 수 있게 하고 대사 속도를 조절하므로 여전히 인체 생리에 중요하다.

이에 대한 보답으로 장 미생물총이 인간으로부터 받는 것은 안정적인 식량 공급이다. 먹거리가 때가 되면 알아서 내려오므로 그냥 앉아서 기다리기만 하면 된다. "내 등을 긁어주면 나도 네 등을 긁어줄게"가 아니라 "날 위해 먹어주면 나도 널 위해 음식물 소화를 도와 너에게 필요한 분자들로 분해시켜줄게"라는 식이다.

그런데 애초에 인간 게놈이 소화에 필요한 유전자를 다 갖고 있으면 될 것을 왜 굳이 미생물에게 맡길까? 장 미생물은 언제 홀연히 떠날지 알 수 없는 식객인데 말이다. 가장 큰 이유는 인간에게는 장 미생물총과 완전히 동떨어진 삶이 불가능하다는 것이다. 미생물로 뒤덮인 지구에서 무균청정 상태를 유지하려면 인체 면역계는 쉴 새 없이 치고 들어오는 각종 미생물을 막는 데 지쳐 초주검이 되고 말 것이다.

또 다른 이유는 장 미생물의 유전자가 인간 게놈의 보조 유전자처럼 기능한다는 것이다. 인간 게놈에 들어 있는 유전자는 모두 종국에는 주어진 몫을 톡톡히 하지만 그러기까지의 과정에서 엄청난 수고와 노력이 든다. 인체 세포 하나가 분열할 때마다 인간 게놈에 들어 있는 유전물질, 즉 약 2만 5,000개의 유전자를 전부 복제해야 하는 까닭이다. 하지만 장 미생물의 유전자를 이용하면 인간 게놈으로는 벅차거나 불가능한 여러 작업을 간단하게 끝낼 수 있다. 예를 들어, 마이크로바이옴은 사람의 장 자체는 소화시키지 못하는 음식을 특별한 분자로 분해시킨다. 이 분자물질은 염증 억제나 잉여 칼로리 저장 등 인체 생리의 다양한 측면을 조절한다. 이와 같은 노동 분업은 영겁의 세월 동안 수많은 생물들이 생존 전략으로 채택했을 만큼 매우 효과적인 진화의 메커니즘이다.

벚나무깍지벌레라는 진딧물의 몸속에 사는 트렘블라야 프린셉스Tremblaya

princeps라는 박테리아가 있다. 그런데 이 녀석은 뭔가 특별하다. 현재까지 알려진 것 중 가장 작은, 어쩌면 생명을 유지하는 데 필요한 최소한도일 것으로 보이는 유전자만 담긴 게놈을 가지고 있다는 점에서다. 미생물의 게놈이 단출하면 유전자를 조작해 바다에 유출된 기름을 걷어내거나 옥수수대를 연료로 만드는 것과 같은 다양한 작업에 활용할 수 있다. 그런 까닭에 학계에서는 작은 게놈에 대한 관심이 뜨겁다. 그 중에서도 특히 트렘블라야 프린셉스의 게놈 유전자 서열 연구가 중요한데, 특별한 이유가 있다. 가장 기본적인 인체 세포 기능에 필요하지만 아무도 못 찾고 있던 유전자가 바로 이 미생물 게놈에 들어 있었던 것이다. 그런데 재미있게도 트렘블라야 프린셉스 안에는 모라넬라 엔도비아Moranella endobia라는 또 다른 박테리아가 산다.[5] 이 박테리아는 트렘블라야 프린셉스에게 필요하지만 녀석에게는 필요 없는 유전자를 가지고 있다. 생명 유지에 필요한 유전자를 모두 혼자 짊어지지 않고 공생하는 다른 박테리아로부터 빌려쓰는 것은 양쪽 모두 상생하는 매우 영리한 전략이다.

오늘날 인간들은 경쟁사회에서 성공하려면 어떻게 해야 하는가를 두고 끙끙대며 씨름하고 있지만 자연은 이 문제를 아주 오래 전에 평화롭게 해결했다. 답은 간단하다. 서로에게 의지하고 협동하면 된다.

트렘블라야 프린셉스와 모라넬라 엔도비아의 관계는 우리 인간과 장 미생물총의 사이와 많이 닮았다. 우리는 녀석들에게 집과 일을 주고 그 대가로 게놈을 깔끔하게 관리한다. 요는, 우리는 우리를 건강하게 살아 숨쉬게 하는 요 기특한 녀석들을 잘 돌봐야 한다는 것이다.

인간은 인간 게놈의 부족한 면을 마이크로바이옴에 들어 있는 유전자에 의탁해 채운다. 채소에 들어 있는 다양한 섬유질을 모두 소화시키려면 다양한 장 미생물종의 유전자가 필요하다. 인간은 인류 역사를 통틀어 이 공생관계를 이어오는 동안 녀석들이 몸 구석구석에서 보내는 화학적 신호를 민감하게 포착할 수 있게 되었다. 평생 이어지는 이런 긴밀한 의사소통 덕분에 우리의 위장이 튼튼해지고 면역계가 질병을 절도 있게 물리치며 대사 기능이 적시에 가동했다가 적시에 쉬어 항상성이 유지된다. 이런 미생물 유전자가 없었다면, 인간은 게놈에 300만~500만 개의 유전자를 더 얹어 무겁게 이고 다녀야 했을 것이다.

박테리아, 누명을 쓰다

미생물이 사람의 건강에 그렇게 중요하다면 우리는 왜 그 사실을 지금에서야 알게 되었을까? 그것은 지금까지 의학미생물학 연구의 초점이 나쁜 박테리아, 즉 병원균에만 맞춰져 있었기 때문이다. 뇌수막염, 콜레라, 결핵 등 다양한 질병을 일으키는 병원균들은 수많은 사람을 괴롭히고 죽게 만들었다. 따지고 보면 의학계에서 지피지기 백전백승의 심정으로 병원균에 집착하는 것도 그렇게 이상한 일이 아니다. 1800년대 중반, 유명한 미생물학자 루이 파스퇴르Louis Pasteur는 미생물이 음식을 상하게 하고 발효를 일으키는 주범이 아닐까 하는 생각에 실험을 시작했다. 참고로 우유가 요구르트가 되거나 포도주스가 와인으로 변하는 것이 모두 발효 반응이다. 파스퇴르 이전에는 우유 자체에서 자연적으로 생겨나는 어떤 존재가 우유를 변성시킨다는 게 학계의 지배적인 가설이었다. 하지만 파스퇴르는 실험을 통해 부패와 발효가 정체불명의 유령이 아니라 주변 환경에서 유입된 실존하는 무언가 때문임을 증명해냈다. 그 무언가가 바로 미생물이다.

파스퇴르의 연구는 매균설細菌說의 유행에 불을 붙였다. 그는 미생물이 우유를 상하게 하듯, 사람이 병에 걸리는 것도 병원균 침입 때문이라고 추측했다. 이런 파스퇴르의 이론은 몹시 파격적인 발상의 전환이었다. 당시에는 다들 사람에게 질병을 일으키는 범인이 유기물이 썩으면서 피어오르는 악취이고 이것에 독성이 있다고 믿었으니 말이다. 사회 전체가 이 믿음에 따라 냄새를 모든 위생관리의 기준으로 삼을 정도였다.

1800년대 중반은 사람들이 개인 위생의 중요성을 꽤 많이 인지한 시대였다. 그러던 차에 수세식 변기가 발명되자 요강을 만지면서 손을 더럽히고 싶지 않았던 가정집들은 앞 다투어 이 신문물을 집안에 들였다. 그러자 새로운 문제가 생겨났다. 당시 런던에는 체계적인 하수도 시스템이 없었다. 요강을 사용할 때에는 골목마다 비치된 오물통에 요강의 내용물을 쏟아버리면 그만이었다. 수세식 변기도 내용물을 오물통까지 보내는 것은 똑같았지만, 빨리 내려가라고 함께 쓸어보내는 물 때문에 늘어난 오물량이 문제였다. 런던 시민의 식수원인 템스 강은 순식간에 오수로 더럽혀지고 말았다. 1800년대 중반까지 콜레라로 인한 사망률이 런던의 하수 배출량과 비례해 꾸준히 증가하고 있었다.

그러다 유난히 무더웠던 1858년 여름에 일이 터졌다. 이상고온으로 푹푹 익어가는 하수 때문에 런던은 도시 전체에 악취가 진동했다.[6] '대악취Great

Stink'라는 별명이 생길 정도였다. 구린내가 어찌나 지독했던지 런던 시민들은 괜히 밖에서 악취에서 독성이라도 묻혀올까 대문을 걸어 잠그고 집 안에만 틀어박혀 있었다. 콜레라의 유행과 함께 악취가 날로 심해지자 누구라도 템스 강의 악취가 콜레라를 일으킨다고 여길 만했다. 사실 콜레라는 비브리오 콜레라라는 박테리아가 일으키는 감염병이지만, 당시 이 사실을 아는 사람은 한 명도 없었다. 콜레라의 대표 증상이 설사이고 분변을 통해 비브리오 콜레라가 확산되기 때문에 이 박테리아는 전염성이 강하다. 하수도와 상수도가 만나는 곳에서는 특히 더했다. 19세기 중반에 이르면 템스 강 하류의 물을 생활용수로 사용하는 지역에서 콜레라에 걸리는 사람이 강 상류에 비해 4배나 더 많았다.

대악취는 낮은 위생 수준의 지표였을 뿐, 당시 사람들이 믿었듯 콜레라 창궐의 원인은 아니다. 그럼에도 결과적으로 하수도 악취와 질병 전파력이 비례하는 것은 사실이기 때문에 누구라도 콜레라가 악취 탓이라고 의심할 수밖에 없었다. 이 사태를 도저히 묵인할 수 없게 된 런던 시는 결국 템스 강 주변을 중심으로 대대적인 도시정화 작업에 착수했다. 그렇게 상수원이 깨끗해지자 비브리오 콜레라의 개체 수가 감소했고 콜레라의 기세도 자연스럽게 꺾였다.

런던에서 일어난 이 대소동은 인류문명이 그 오랜 세월 동안 통증과 수난을 안기고 심하면 목숨까지 빼앗는 병원균이라는 보이지 않는 적과 얼마나 힘겹게 싸워왔는지를 단적으로 보여주는 사례다. 하지만 독일 과학자 로베르트 코흐Robert Koch가 탄저병, 콜레라, 결핵의 원인이 박테리아임을 확실하게 증명해낸 것은 시간이 조금 더 흐른 1880년의 일이다. 코흐의 원칙Koch's

Postulate이라고 하는 그의 획기적인 실험 기법은 아직도 어떤 병원균이 특정 질병의 원인균임을 입증하는 기준 논리로 사용된다. 코흐는 이 연구로 노벨상을 수상하고 베를린 대학교 교수직과 위생연구소 소장직을 겸직하게 되었다. 그의 이런 깜짝 출세는 다가오는 한 세기 동안 서양이 청결에 얼마나 과민할지 예견케 하는 전조이기도 했다. 어쨌든 코흐의 발견에 한때 득세하던 악취 가설은 소리 소문 없이 잊혔고 의학미생물학이라는 새로운 분야의 문이 열렸다.

그때부터 150년 동안 미생물학계는 병원균 연구에만 매달렸다. 감염성 질환은 인류 역사를 통틀어 그 무엇도 대적할 수 없는 최강의 살인자다. 이 때문에 박테리아를 죽여야 병을 치료하고 목숨을 살린다는 논리에 따라 항생제가 발명되었다. 이런 역사적 배경을 알면 어떻게 박테리아가 싸잡아 나쁜 놈 취급을 받게 되었고 왜 온 사회가 그토록 위생에 집착하게 되었는지를 단숨에 이해할 수 있다.

사람 뱃속에 엄청난 규모의 박테리아 집단이 살고 있다는 사실이 알려진 것은 1990년대 초반을 넘어가면서였다. 20세기 초에 아서 켄들Arthur Kendall 이 명성 높은 학술지 〈사이언스Science〉에서 "실험결과, 사람의 위장관에 박테리아 군집이 존재하는 것으로 보인다"는 말을 했지만 안타깝게도 세간의 주목을 받지 못했다.[7]

설사 사람 몸속에 박테리아가 산다는 것을 알더라도 녀석들이 그 안에서 무슨 일을 하는지, 또 그게 우리 건강과 무슨 상관인지는 여전히 안개 속에 묻혀 있었다. 병원균은 누가 봐도 모를 수 없게끔 요란하게 병을 일으키는 반면, 장 미생물은 장기적으로 티 안 나게 야금야금 몸 상태를 변화시킨다.

그동안 학계에서 연구비가 결과를 바로 알 수 있는 병원균 연구에만 집중된 것도 그런 이유에서다. 그러다 최근에 들어서야 장 박테리아가 인체 생리의 모든 방면에 엄청난 영향을 미친다는 사실이 제대로 인식되기 시작했다. 이제는 아서 켄들의 말을 약간 고쳐, 사람의 위장관에 박테리아 군집이 존재하기만 하는 것이 아니라 사람 자체가 이 군집이 빚어낸 결과물이라고 말할 수 있을 것이다.

미래는 장 미생물총의 시대

그 와중에도 선견지명이 있던 일부 미생물학자들은 1960년대와 1970년대에 장 박테리아를 연구하기 시작했다. 왜 그들이 더 드라마틱한 병원균이 아니라 이 순하디 순한 장 미생물에 관심을 가졌는지는 짐작만 할 따름이지만, 어쨌든 우리에게는 참 다행한 일이 아닐 수 없다. 그들 중에 애비게일 샐리어스Abigail Salyers는 박테로이디스Bacteroides라는 특정 종류의 장 박테리아에 주목했다. 이 박테리아가 여러 면에서 인체 건강과 밀접하게 연관되어 있다는 사실이 연구를 통해 밝혀지기 한참 전부터 말이다. 그래서 우리 부부는 2005년에 일리노이 대학교 어배너-샴페인Urbana-Champagne 캠퍼스에 있는 그녀의 연구실을 찾아갔다.

직접 만난 샐리어스는 두려움을 모르는 개척자이자 실용적 경험주의자였다. 그녀는 우리에게 연구실을 구경시켜주고 초창기 실험의 증거들이 가득 쌓여 있는 어둑어둑한 복도를 따라 회의실로 안내했다. 자리를 잡고 앉은 우리는 그녀에게 연구 주제를 왜 박테로이디스로 잡았는지 물었다. 그렇게 현명한 선택을 한 배경에는 특별한 통찰이 있었다는 답을 기대하면서 말이다. 그런데 그녀는 이 균주는 산소에 노출되어도 살기 때문에 다루기가 쉬웠다는 싱거운 답을 내놨다. 다른 중요한 장 미생물도 많지만 산소가 희박한 몸속에 있다가 밖으로 나오면 죄다 죽어버렸다는 것이다. 그리고 그녀는 산소에 취약한 이 녀석들이야말로 식이섬유 소화를 돕는 일등공신이라고 말했다.[8] 샐리어스와 동료들은 많은 박테리아 균주가 장에서 사람이 처리하지 못해 그냥 내려보내는 풀포기에 기대 살아간다는 기본 정보를 널리 알리는 데 큰 기여를 했다. 하지만 딱 거기까지였다. 당시에는 과학자들이 장 미생물총 연구에 사용할 도구가 별로 없었고 미생물이 실험실에서 조작하기에 여간 까다로운 게 아니기 때문이었다. 여기서 앞으로 더 나아가려면 새로운 과학기술이 필요했다.

이 갈증을 해소해줄 도약의 발판은 1980년대 후반, 인간 게놈 프로젝트Human Genome Project가 시작되면서 마련되었다. 인간 게놈의 유전자 서열을 전부 분석하기 위해 전 세계 여러 나라가 손잡고 추진한 이 프로젝트에는 엄청난 시간과 노력이 들었다. 서열 분석을 끝마치는 데에만 대략 13년이 걸렸고, 여기에 들어간 사업비는 10억 달러에 육박했다. 그렇게 해서 인류는 약 1테라바이트 규모의 유전자 서열 정보를 손에 거머쥐었는데, 현재 학계는 이 정보가 인류에게 새롭게 던진 수수께끼를 해석하는 데 또다시 비지땀을 흘리고 있다. 이 연구가 과학발전을 크게 앞당긴 것은 부인할 수 없는 사실이지만, 프로젝트의 성공적인 완수와 거기에 들인 노력에 비해 우리의 삶이 크게 나아지지 않았다고 느끼는 이가 많다. 인간 게놈이 몇몇 치료법 개발에 기여하고 질병에 대한 이해를 넓히긴 했어도, 애초에 인간 게놈 프로젝트가 약속했던, 개개인의 게놈 정보에 딱 맞춘 치료를 제공한다는 '개인 맞춤 의학'이 실현되는 것은 아직도 요원해 보인다.

인간 게놈 연구의 성과는 느리게 진행되었지만, 대신 학계는 예상치 못한 곳에서 엄청난 부차적 효과를 덤으로 얻었다. 바로 DNA 서열분석 기술이 비약적으로 발달한 것이다. 인간 게놈 프로젝트 덕분에 확립된 지금의 유전자 서열분석 기술을 사업 초기부터 활용했다면 전체 계획을 5,000달러에 일주일 만에 끝냈을 것이다. 머지않은 미래에는 누구나 1,000달러를 내면 자신의 게놈 정보를 단 하루 만에 알 수 있게 될 것이다. 이 모두가 인간 게놈 프로젝트가 견인차 역할을 해서 이룬 과학기술의 놀라운 발전 덕분이다.

인간 게놈을 전부 분석했다는 것은 분명 과학계에나 의학계에나 엄청난 사건이다. 그런데 인간 게놈 정보는 과학자들로 하여금 사람이 사람 유전자에 의해서만 만들어진 결과물이 아님을 차츰 깨닫게 했다. 인간 게놈을 완전히 이해하려다 보니 사람 몸속에 사는 세입자들의 게놈 정보도 알아야 했던 것이다. 그렇게 해서 피부, 콧구멍, 입속, 비뇨생식기뿐만 아니라 위장에 사는 미생물까지 게놈 연구의 주제로 급부상했다. 실제로 미국 국립보건원 National Institutes of Health은 인간 게놈 프로젝트가 완결되자 2007년에 인간 마이크로바이옴 프로젝트Human Microbiome Project에 새롭게 착수했다. 이 프로젝트는 인간 게놈 프로젝트가 낳은 최첨단 과학기술들을 활용해 사람 몸속에서 박테리아가 어떤 일생을 사는지 규명하는 것을 목표로 했다. 인간과 공생하는 미생물의 유전 정보량을 따지면 우리는 우리와 관련된 모든 게놈의 서열 분석이라는 목적지까지 아직 100분의 1밖에 오지 못한 셈이다. 이 두 번째 게놈 프로젝트가 5년차에 접어드는 현 시점에 인류는 사람 몸을 편안한 집으로 생각하는 미생물을 그 어느 때보다도 더 잘 알아감으로써 진정한 개인 맞춤 의학이라는 최종 목표에 한 발짝씩 다가가고 있다.

기술이 지금보다 더 발전하면 인간 게놈보다 100배 이상 더 많은 마이크로바이옴이 뱃속 세상에 관한 엄청난 정보를 우리에게 안겨줄 것이다. 그런 미래를 상상하자니 벌써 여러 질문이 자연스럽게 떠오른다. 특정 질병을 앓는 사람의 장 미생물총은 건강한 사람과 어떻게 다를까? 개를 기르고 해조류를 먹는 등의 차이가 장 미생물총에 어떤 영향을 미칠까? 식습관을 바꾸면 장 미생물총이 여기에 얼마나 빨리 적응해 변할까?

현재 장 미생물총 연구가 진행되는 모습은 과거 인간 게놈 프로젝트와 평행곡선을 그린다. 지금 이 순간에도 전 세계의 수많은 연구실에서 각종 서열 분석 기술이 총동원되어 장 미생물총 인구조사가 동시다발적으로 이루어지고 있다. 연구 속도에 박차를 가하기 위해서는 DNA 서열 분석과 무관한 최첨단 기술들도 사용된다. 이 기술로는 장 미생물이 만들어내는 다양한 화학물질의 정체처럼 장 미생물총 생물학의 다양한 특질을 알아낼 수 있다. 앞으로 10년 후면 사람과 장 미생물총의 관계를 웬만큼 파악해 여러 질병을 선제적으로 예방하는 수준에 이를 것이다.

학계는 이 연구가 신기원을 열 것이라고 기대하지만 인간 게놈 프로젝트 때 그랬던 것처럼 모든 게 하루아침에 바뀔 거라고 호언장담하는 것은 경솔한 짓임을 이제 잘 안다. 기대가 크면 실망도 큰 법. 게다가 장 미생물총처럼 복잡한 생물계라면 새로 발견한 지식을 완전히 실용화하는 데까지는 상당한 시간이 걸릴 수밖에 없다. 하지만 과학자든 일반인이든 장 미생물총이 인류에게 어떤 선물을 줄지 알면서 흥분되는 마음을 억지로 꾹꾹 눌러 감추는 것은, 곧 고등학교를 졸업하는 아이에게 주려고 페라리를 사서 주차장에 대놓고 차키는 몇 년 뒤에 받아가라고 말하는 것과 같다. 과학자의 입장에서 한번 생각해보라. 자폐증 자식을 둔 부모 면전에서 이런 말을 아무렇지 않게 말할 수 있겠는가? "아, 네. 귀 자녀가 앓는 병과 장 미생물총과의 관계를 밝혀냈죠. 하지만 우리는 매우 신중하고 싶으니 10년 정도만 더 기다려주십쇼."

잊힌 장기

10여 년 전 장 미생물총 연구가 막 걸음마를 뗐을 때, 학계는 마치 아무도 몰랐던 인체 장기를 새로 발견한 것처럼 느꼈다. 그런데 실제로도 장 미생물총은 '잊힌 장기'라고 불린다. 처음에는 장 미생물총 생태계가 어떻게 돌아가고 어떤 박테리아들이 존재하며 이 '장기'가 인체 건강에 어떤 기여를 하는지는 알려진 바가 거의 없었다. 그럼에도 장 미생물총이 어떻게든 사람의 병을 낮게 할 것임은 틀림없는 사실이었다.

과학계에서 모든 신생 분야는 말하자면 출석부부터 만드는 기초 작업이 필요하다. 장 미생물총 연구의 경우, 수많은 연구팀이 지난 몇 년 동안 장 박테리아의 종류를 파악하는 데 총력을 기울였다. 그 과정에서 인간 게놈 프로젝트가 단단히 한몫을 했고 이를 발판으로 이제는 다음 단계로 넘어갈 준비가 한창이다.

장 미생물 분포 지도를 그리는 가장 쉬운 방법은 대변 검체를 채취하는 것이다. 사람 대변의 건조중량 중 무려 60%를 장 박테리아가 차지하기 때문에 대변 한 티스푼만으로도 DNA를 추출하고 유전자 서열을 분석해, 뱃속에 어떤 종류의 박테리아가 사는지 알아낼 수 있다. 대변 검체와 결장 내시경을 통해 수집한 검체를 분석해 비교하면, 박테리아 구성이 거의 똑같게 나온다.[9] 하지만 누군가에게 대변을 조금 나눠달라고 부탁하는 것은 여간 망설여지는 일이 아니다. 사교성 없기로 둘째가라면 서러운 과학자들이라면 더더욱 말이다. 그래서 초창기에는 많은 연구자가 본인의 검체를 실험에 사용했다. 며칠에 한 번씩 퇴근할 때 플라스틱 밀폐용기를 가져갔다가 '과학 발전을 향한 헌신의 증거'로 채워 다음날 가져오곤 했던 것이다. 배설물에 대한 오명이 벗겨졌든 과학자들의 성격이 외향적으로 변했든 아니면 그저 끓어오르는 참을 수 없는 개인적 호기심에 스스로 문화적 금기를 깬 것이든, 요즘은 99달러와 약간의 대변 검체만 있으면 누구나 내 뱃속에 어떤 박테리아가 사는지 알 수 있다. 이미 수천 명이 생돈을 들여 이 서비스를 이용한 걸 보면 세상이 달라진 것은 틀림없다.

차세대 서열분석 기술만큼이나 장 미생물총 연구에 애용되는 도구가 하나 더 있다. 바로 무균 쥐다. 여기서 '무균'이란 몸속에 이미 파악한 균종 외에 다른 미생물이 하나도 존재하지 않는다는 뜻이다. 무균 쥐의 장점은 연구자가 장 미생물총 프로파일을 완벽히 알고 원하는 대로 조작할 수 있다는 것이다. 장에 사람의 장 미생물을 심은 무균 쥐를 일명 '인간화된' 쥐라고 하는데, 이를 이용해서는 크론병, 당뇨병, 염증성 장질환, 비만 등 다양한 질병을 연구한다. 어떨 때는 어느 박테리아든 단 한 마리도 존재하지 않는 진정한 무균 상태를 유도하기도 한다. 장 미생물총의 모든 기능을 정확히 파악하는 데는 이런 완전무균 쥐보다 나은 실험대상이 없다. 그렇게 해서 지금까지 밝혀진 바로는, 장 미생물총은 음식에서 칼로리를 추출하는 것이나 면역계 균형을 유지하는 것은 기본이고, 기분과 행동까지 좌우한다. 이걸 어느 누가 상상이나 했겠는가.

완전무균 쥐는 기본적으로 완전무균 쥐 암수 한 쌍을 교배시켜 탄생시키지만, 그 전에 시조가 되는 기원 개체를 만들어야 한다. 그러기 위해서는 먼저 임신한 암컷의 배를 제왕절개해 꺼낸 자궁을 통째로 묽은 소독액에 담근다. 그러면 악착같이 매달려 있던 마지막 박테리아 한 마리까지 남김없이 죽는다. 그런 다음에는 혹시 모를 균 전파 위험을 원천봉쇄하기 위해 새끼들을 생모로부터 완전히 떨어뜨려야 한다. 어미와 영영 생이별한 녀석들은 멸균 사육실에서 사람이 물려주는 멸균 젖병에 담긴 멸균 우유를 먹고 자란다. 어떤 의미에서 과학자가 대리부모 역할을 하는 셈이다.

무균 쥐는 열과 압력을 가해 소독한 사료만 먹고 살균한 물만 마시며 멸균된 짚 위에서 잔다. 이렇게 하루 24시간을 박테리아 한 마리 침입할 수 없는 무균 플라스틱 통 안에서 생활한다. 이 플라스틱 통, 일명 격리사육실 안은 바깥과 완전히 차단된 다른 세상이다. 심지어 공기조차도 오염을 막기 위해 필터를 통과해 정화되어 들어간다. 하지만 이 쥐의 면역기능 자체는 중증 복합면역결핍증을 앓는 환자와 달리 전혀 이상 없이 제대로 작동한다. 단지 장 미생물총을 가져본 적이 없어 비정상적인 상태에 있을 뿐이다. 이 내용은 뒤에서 더 자세히 다룰 것이다. 실험실에서는 녀석들을 주기적으로 검사해 무균 상태가 잘 유지되는지 확인하는데, 이때 대변 검체를 이용한다. 대변에서 새 박테리아가 검출되지 않으면 합격이다. 짐작이 가겠지만, 많은 실험동물 개체를 평생 무균 상태로 사육하려면 엄청난 노력과 돈이 든다. 깜빡하고 살균하지 않은 물을 주거나 공기필터가 눈곱만큼 찢어지는 것처럼 사소한 실수로도 전체 군집을 더럽히고 수개월의 연구를 망치며 수백만 원의 연구비를 한순간에 날리게 된다. 그럼에도 이것 말고는 장 미생물총을 연구하는 더 좋은 방법이 달리 없기 때문에 과학자들은 이 고생을 기꺼이 감내한다.

장 미생물총, 주인공이 되다

우리 부부가 멘토로 생각하는 제프리 고든$^{Jeffrey\ Gordon}$ 박사는 공식적으로는 소화기내과 전문의지만 그의 혈관에는 장 미생물에 깊은 애정을 가진 과학자의 피가 흐른다. 동료 연구자들이 그를 '장 미생물들의 교황'이라고 부를 정도다. 고든 박사의 실험실에는 플라스틱 격리사육실들이 철제선반 위에 층층이 쌓여 있다. 모두 무균 쥐의 집이다. 어떤 녀석은 장 박테리아가 한 마리도 없는 완전무균 쥐이고, 어떤 녀석은 정상적인 장 미생물총을 가진 보통 쥐며, 또 어떤 녀석은 사람의 장 미생물을 인공적으로 주입한 이른바 '인간화된' 쥐다. 무균 쥐를 돌보다보면 장 미생물이 전혀 없는 녀석들이 보통 쥐보다 더 많이 먹지만 몸무게는 더 가볍다는 것을 알게 된다.[10] 또 비만인 놈들의 뱃속에는 더 날씬한 놈들과는 다른 종류의 박테리아가 산다.[11] 여기까지만 들어도 누구나 장 미생물총과 체중 증가가 연관되어 있음을 단번에 짐작할 수 있다. 문제는 '어떻게'다. 비만이 장 미생물총을 변화시키는 걸까, 아니면 장 미생물총이 비만을 일으키는 걸까?

이 닭이 먼저냐 달걀이 먼저냐 식의 논쟁은 과학계에서 드물지 않지만 명쾌한 답이 없는 경우가 많다. 두 인자, 즉 장 미생물총과 비만이 우연히 시간적으로 일치했을 뿐, 어느 하나가 다른 하나의 원인이 아닐 수도 있기 때문이다. 바로 이 대목에서 무균 쥐가 진가를 발휘한다. 고든 박사의 연구팀은 비만 쥐의 장 박테리아를 날씬한 완전무균 쥐의 장에 이식했다. 그러자 바로 다음날부터 날씬했던 녀석들의 몸무게가 불어나기 시작했다.[12] 먹는 것이나 활동량에는 조금도 변화가 없었는데 말이다. 이 실험은 장 미생물총을 조작하는 것만으로도 늘씬하고 완벽하게 건강했던 쥐를 뒤룩뒤룩 살찌울 수 있다는 것을 보여준다.

이 연구는 우리 뱃속에 있는 장 박테리아를 보는 학계의 시각도 바꿔놓았다. 장 미생물총은 단순히 우리의 장에 주저앉아 빌어먹고 사는 무력한 박테리아들의 무리가 아니다. 녀석들은 숙주 몸 상태를 뿌리째 뒤흔들 수 있다. 나아가 서구사회 전반의 문제로 떠오른 다양한 현대병과도 결코 무관하지 않을 것이다.

장 미생물총과 비만 간의 관련성은 더 큰 사건을 예고하는 빙산의 일각임이 최근 연구를 통해 확실해졌다. 크론병, 대사 증후군, 결장암, 자폐증 등 다양한 질병군의 환자들은 몸속 미생물의 균형도 깨져 있는 것으로 관찰된다. 이제는 장 미생물총 불균형과 관련 없는 질병을 찾는 것이 더 어려울 정도다. 우리는 여전히 장 미생물이 이들 질병에 얼마나 기여하는지 정확히 모르지만, 우리 자신이 누구인지에 대한 지금까지의 관념을 바꿔야 한다는 것만은 분명하다. 장 미생물은 우리가 짐작하는 것 이상으로 훨씬 깊고 넓게 우리의 건강과 관련되어 있다. 장 미생물총 연구가 한 단계씩 앞으로 나아갈수록 심혈관계부터 정신 건강까지 우리 몸 곳곳에 장 미생물총의 입김이 닿지 않는 곳이 없다는 것이 분명해질 것이다.

장 미생물총이여, 번성하라

장 미생물총이 하는 일을 속속들이 파악하기까지는 아직 갈 길이 멀지만, 장 속 생태계의 건강을 지키고 나아가 우리 자신의 건강을 도모하기 위해 식습관과 생활방식을 고쳐야 한다는 것을 이제는 많은 사람이 안다. 우리 가족만 해도 장 미생물을 알기 전과 알고 난 후의 사는 모습이 완전히 다르다. 전 세계에서 들어오는 검증된 정보와 우리 부부의 직장인 연구실에서 직접 얻은 교훈은 우리 가족의 식탁과 아이들의 점심 도시락, 집안을 청소하는 방법 그리고 여가시간을 보내는 요령까지 바꿔놓았다. 사람이 세상에 태어나 백발이 성성해질 때까지, 장 미생물총이 평생을 함께하며 어떻게 변해가는지는 웬만큼 파악되었다. 이것을 바탕으로 이제 미생물이 처음에 어떻게 사람 몸에 들어와 그 안에서 무엇을 어떻게 먹고 살며, 면역계를 비롯한 각종 신체 기능과 어떻게 얽히고, 항생제가 한바탕 휩쓸고 지나가면 그들에게 어떤 일이 벌어지는지에 주목할 차례다. 그래야만 우리가 우리 목숨만큼 중요한 세입자들을 정확히 알고 그들의 건강과 생태계 복원력을 증진할 올바른 선택을 할 수 있다.

CHAPTER 2

평생의 동반자, 장 미생물 대모집

생애 첫 만남

자궁 안에 있는 사람 태아에게는 미생물이라고는 구경할 기회조차 없다. 이 9개월은 사람이 온전히 인체 세포만으로 살아가는 유일한 시기다. 그러다 자궁을 떠나는 순간, 인간은 죽는 날까지 상대해야 할 각종 미생물로 시끌벅적한 세상에 내던져진다. 태아가 산도産道에 들어서면 듣도 보도 못한 작은 존재들이 이 거대한 여행객을 반긴다. 그렇게 순도 100%의 인체 세포 덩어리는 인간과 미생물이 융합한 초개체superorganism라는 새로운 정체성을 덧입고 인생의 첫 발을 내딛는다. 검푸른 바닷물뿐이던 대양에 섬 하나가 떠오르면 순식간에 각종 동식물이 번성하듯, 신생아의 몸뚱이도 자석처럼 미생물을 끌어들인다. 비옥한 청정부지에 토지개발 붐이 시작되는 것이다.

태아는 많은 면에서 미숙하다. 흔히 전체 임신 기간을 꽉 채운 1년으로 볼 때, 생후 세 달을 마지막 3개월이라고 한다. 이때는 아기를 강보에 단단히 감싸고 백색소음을 자주 틀어준다. 자궁 안과 최대한 비슷한 환경을 만들어주려는 것이다. 신생아와 잠시라도 함께 있어 보면 이 작은 인간이 준비가 덜 된 채로 너무 일찍 세상에 나왔다는 생각을 하게 된다. 신생아의 소화기관은 발달이 덜 되어, 위장내벽을 감싸 보호해야 할 점액층이 너무 얇고 성기다. 그래서 못된 박테리아가 침투하기 쉽다.

그런데 완전무균 쥐의 장 점막도 처음에는 이처럼 엉성하다.[1] 하지만 여기에 장 미생물을 심으면 점막이 순식간에 두터워진다. 신생아도 똑같다. 이 청정구역의 빗장이 마침내 열리면 위장 내벽을 꼼꼼하게 코팅할 점막을 빨리 만들려고 모든 유전자와 세포가 분주해진다. 그러고는 장이 평생 제 기능을 하기에 적합한 수준으로 점막의 점도와 두께를 조절한다. 쉽게 말하면, 몸 안에 끈적이는 갑옷을 입는다고 보면 된다. 이 갑옷은 박테리아가 신생아의 장 세포에 직접 닿지 않게 안전거리를 유지하게 함으로써 균이 혈류로 들어가 전신 감염을 일으키는 불상사를 미연에 방지한다.

장내벽을 점막으로 덮는 것은 생각보다 중노동이다. 아무리 조그마한 신생아라도 장 길이가 거의 1미터나 되므로 표면을 다 덮는 것은 160제곱미터의 집 바닥 전체에 카펫을 까는 것과 같다. 160제곱미터 카펫을 매일 깨끗하게 쓸고 닦는 것도 만만찮게 끔찍한 일이겠지만 말이다. 이렇게 무대가 마련되면 드디어 박테리아 선발대가 등장한다. 녀석들은 갓 덮은 점막의 성능을 검증하는 역할을 한다. 면역계가 병을 일으키는 박테리아, 바이러스, 기생충, 알레르기원 등을 물리치려면 우선 '착한' 박테리아부터 처리할 수 있어야 한다. 만약 이 점막이 부실하면 틈새로 균이나 독소가 침입하게 된다.

성인과 달리 신생아의 장에는 엄마 자궁에 있을 때 마신 산소가 아직 남아 있다. 이 산소를 소모해서 무산소 환경을 만드는 것 역시 선발대의 임무다. 그러려면 선발대 구성원은 산소를 어느 정도 참을 수 있는 녀석들이어야 한다. 선발대는 말하자면 밭을 갈아 혐기균^{에너지를 대사할 때 산소를 이용하지 않고 발효하는 혐기성세균}이라는 씨앗을 심을 자리를 만든다. 혐기균은 산소가 없는 이곳에서 개체수를 급속히 늘리고 평생을 살아간다. 하지만 어떤 박테리아가 선발대로 뽑히느냐는 아기가 태어나는 방식에 따라 달라진다.

산도를 지나오면서 아기가 처음 맞닥뜨리는 박테리아는 바로 엄마의 질과 항문에 있던 놈들이다. 보통 여성의 질에는 락토바실러스^{Lactobacillus}라는 산소를 견뎌내는 균이 상당수 존재한다. 그런 까닭에 자연분만으로 출생하는 아기의 장에도 이 락토바실러스가 많다. 아기가 뒤로 돌아누운 자세로 질을 내려오면 엄마의 결장^{대장의 막장과 직장 사이의 잘록한 부분}이 치약 짜듯 짓눌리면서 신생아가 엄마의 장 미생물총에 무더기로 노출된다. 언뜻 보면 비위생적일 것 같지만, 이것은 소중한 아기가 미생물 세상과의 조우를 검증된 엄마의 장 박테리아를 통해 시작하게끔 철저히 계산된 진화의 산물이다. 엄마가 친구나 배우자까지 일일이 골라주지는 않겠지만, 뱃속 반려균만큼은 무슨 일이 있어도 결정해주는 셈이다. 대변에 묻어 엄마의 장에서 밀려 내려온 박테리아는 한 인간을 후세를 생산할 나이가 될 때까지 건강하게 보좌

했다는 훌륭한 이력을 갖고 있다. 이 베테랑 장 미생물이 신세계 개척이라는 영광을 거머쥔 데에는 다 이유가 있는 것이다. 신생아의 장 미생물이 생모의 질 미생물과 더 비슷하기 때문에 세상의 모든 어머니는 유전자 절반과 함께 장 미생물도 물려준다고 말할 수 있다.

반면 제왕절개로 태어난 아기는 완전히 다른 경로로 박테리아와 처음 대면한다. 바로 피부를 통해서다. 자연의 이치에 순응한다고는 할 수 없는 이 접촉 경로로는 엄마의 유산만을 고스란히 받는 자연분만과 달리 처음부터 타인의 균도 상대하게 된다. 산도에서 미생물을 처음 만나는 자연분만 아기처럼 엄선된 최상품을 물려받는 것이 아니라는 소리다. 정확한 이유는 아직 밝혀지지 않았지만, 신빙성 있는 추측은 많다. 그 중 하나는 병원 물건이나 의료진의 피부에서 옮아온 박테리아가 신생아의 장에 자리를 잡는다는 것이다. 그러면 아기의 장 미생물총에서 친모가 준 박테리아의 비중이 크게 줄어든다. 일반적으로 제왕절개로 태어난 신생아의 장에는 자연분만 아에 비해 프로테오박테리아^{Proteobacteria}가 더 많고 비피도박테리아^{Bifidobacteria}가 더 적다.[2] 뒤에서 더 자세히 설명하겠지만, 이것은 별로 이상적인 조합은 아니다.

현재 미국에서는 제왕절개술이 전체 출산 가운데 3분의 1 이상을 차지한다. 따라서 박테리아에 처음 노출되는 방식이 장 미생물총과 사람의 평생 건강에 얼마나 큰 영향을 미치는지 인지하는 것이 그 어느 때보다도 중요한 시점이다. 때마침 최근 들어 제왕절개 출생아가 비만부터 알레르기와 천식, 복강질환, 심지어 충치까지 각종 질병에 더 잘 걸린다는 연구 보고가 줄을 잇고 있다. 이것은 안타깝게도 처음에 엄마의 질 박테리아와 만나지 못한 아기들이 경계해야 할 소식인 게 분명하다.

물론 아기와 산모를 살리기 위해 아랫배에 칼을 대야 하는 불가피한 상황이 존재한다. 하지만 출생 방법이 장 미생물총의 조합에 핵심적인 역할을 한다는 사실을 안다면, 출산을 앞두고 내 아이와 박테리아와의 첫 만남에 가장 이로운 길을 최우선적으로 고려하는 것이 마땅하다.

캘리포니아 대학교 샌디에이고 캠퍼스의 교수인 롭 나이트^{Rob Knight}는 박테리아의 종류와 분포에 관한 한 최고 전문가다. 그는 심해 해저부터 메마른 사막까지 미생물 세계의 지도를 그리는 지구 마이크로바이옴 프로젝트Earth Microbiome Project에 적극적으로 참여하고 있다. 그의 또 다른 특기는 사람 몸 곳곳에 숨어 사는 박테리아를 찾아내는 것인데, 그만의 노하우를 미국인 장 프로젝트American Gut Project팀에게 기꺼이 전수해 누구라도 원하면 자신이 어떤 장 미생물총을 가지고 있는지 알 수 있게 돕는다. 이런 식으로 사람과 관련 있는 모든 미생물의 인구통계를 완성하면, 어떤 미생물이 어디에 흔하다는 기초 자료를 토대로 어떤 균이 질병을 일으키는지를 알아낼 수 있다.

나이트 부부는 최근에 제왕절개로 아이를 출산했다. 하지만 장 미생물총 구성의 품질이 제왕절개술과 자연분만 간에 얼마나 다른지를 누구보다도 잘 아는 두 사람은 자연분만 과정을 직접 재현하기로 했다. 방법은 간단하다. 면봉으로 산모의 질 검체를 채취해 딸아이의 몸 여기저기에 문지른 것이다. 아이가 산도를 통과해 나왔다면 자연스럽게 마주쳤을 박테리아와 만나게 해주기 위해서였다. 그렇게 해서 뭐가 되겠냐 싶겠지만, 이것은 아마도 장 미생물총에 관한 한 자연분만 다음으로 가장 좋은 출산방법일 것이다. 누가 알겠는가. 아직은 모두에게 생소해도 머지않아 이 처치가 제왕절개 절차의 필수 단계로 자리 잡을지. 물론 섣불리 저질러서 선무당이 사람 잡기 전에 사정을 잘 아는 의사와 먼저 상담해야 하겠지만 말이다.

우리 부부 역시 두 아이 모두를 제왕절개로 낳았다. 하지만 당시에는 출산방법이 신생아의 장속 풍경에 어떤 영향을 미치는지 전혀 몰랐다. 알았다면 우리도 면봉 접종법을 심각하게 고려했을 것이다. 설상가상으로 우리는 태어난 지 몇 시간도 되지 않은 핏덩이에게 항생제 주사까지 맞혔다. 옥이야 금이야 애지중지해도 모자랄 판에 장 미생물에게 2연타를 날린 것이다. 우리가 이렇게 창피한 과거까지 들춰내는 이유는 아무리 아는 게 많고 만반의 준비를 했더라도 어쩔 수 없이 장 미생물총에게 좋지 않은 선택을 해야 하는 상황이 생긴다는 얘기를 하고 싶어서다. 그런 의미에서 조금이나마 위안이 될 만한 최근 연구결과를 소개할까 한다. 이 연구의 결론을 한 문장으로 요약하면, 조산아에게 프로바이오틱스 생균을 영양제로 투여하는 것이 이롭다는 것이다.

조산과 뱃속 세상

조산아는 보통 여러 의학적 문제를 안고 태어난다. 예정일보다 얼마나 빨랐는지에 따라 신경계나 폐가 미성숙하고 기본적으로 감염에 훨씬 취약하다. 장이 미생물이라는 이방인을 맞이할 준비가 한참 덜 된 상태임은 말할 나위도 없다. 장의 면역 기능이 어설픈 까닭에 조산아는 괴사성 장염에 걸리기 쉽다. 괴사성 장염은 면역계가 자기 자신의 장에 과도한 염증 반응을 일으키는 바람에 장 조직 일부가 죽는 심각한 병이다. 일단 괴사가 시작되면 부모는 아이를 잃을 각오까지 해야 한다. 괴사성 장염이 발병한 신생아의 사망률이 20~30%에 이르기 때문이다.[3]

어떤 사건 혹은 사건들이 괴사성 장염을 유발하는지는 아직 아무도 모르지만, 이 병을 앓는 조산아의 장 미생물이 건강한 아기와 확연히 다르다는 것만은 분명하다.[4] 너무 일찍 세상에 나온 미숙아는 태어날 때부터 이미 불리한 조건을 갖고 있다.[5] 장 미생물총의 다양성이 떨어진다는 면에서다. 그런데 괴사성 장염이 발병하는 미숙아는 장 미생물총 구성이 보통 미숙아보다도 더 단조로운 데다가 반갑지 않은 균주의 비중이 더 높다. 이렇게 '험악한' 장 미생물 환경은 괴사성 장염 증상이 나타나기 3주 전부터 이미 뚜렷하게 나타난다. 다양성 부족과 이상적인 균주의 수적 열세가 괴사성 장염의 발병에 기여하는 걸까? 만약 그렇다면 유익균을 뱃속에 넣어주면 소중한 아기가 너무 어린 나이에 끔찍한 병으로 고생하지 않을까? 이 궁금증을 풀기 위한 연구가 현재 학계에서 한창 진행되고 있다.

연구에 의하면 락토바실러스와 같은 유익균을 심는 치료를 받은 미숙아들은 그렇지 않은 아기들에 비해 괴사성 장염에 훨씬 덜 걸린다고 한다.[6] 유익균들이 이런 능력을 발휘하는 정확한 메커니즘은 아직 밝혀지지 않았지만, 대충 어느 지점에서 활약하는지 짐작케 하는 단서는 있다. 아기의 장 발달이 완성되고 면역계가 수습 기간을 끝내려면 박테리아로부터 그래도 좋다는 신호를 받아야 한다. 이것은 만산아에게도 반드시 필요한 절차다. 하지만 조산아는 위장관과 면역계가 훨씬 더 미숙하기 때문에 락토바실러스를 필두로 한 유익균을 모집하기가 더 어렵다는 게 문제다. 유익균은 위장관과 면역계가 유해균을 물리치고 염증을 적절히 억제할 만큼 성숙하는 데 필요한 신호를 보낸다.[7] 또한 장 안에서 미리 자리를 맡는 역할을 해서 병원균이 눌러 앉을 틈을 허락하지 않는다. 선발대만 잘 모아도 평생 건강의 반은 보장받는 셈이다.

딸아이를 열 달을 꽉 채우고 낳았지만 제왕절개술과 항생제가 눈엣가시처럼 계속 걸린 우리 부부는 다행히 그때 이 선발대의 중요성을 알았던지라 프로바이오틱스 영양제로 불안감을 조금이나마 덜어낼 수 있었다. 우리는 딸아이를 집으로 데려온 후 캡슐 형태로 된 유산균 제제를 사와서 락토바실러스 GG 분말을 첫 2주 동안 열심히 먹였다. 철저한 설계하에 준비한 과학 연구로 한 일이 아니기 때문에, 락토바실러스가 아이의 건강과 장 미생물총에 어떤 변화를 가져왔는지는 우리도 알 길이 없다. 하지만 어쨌든 아이는 입속에 생기는 곰팡이 감염 질환인 아구창과 같이 제왕절개 출생아에게 흔한 급성질환에 단 한번도 걸리지 않았다.

곰팡이는 박테리아가 아니다. 따라서 엄밀히 말해 항생제는 곰팡이 감염에 듣지 않는다. 반면 장 미생물총은 단지 선점한 자리를 내어주지 않는 것만으로도 곰팡이의 증식을 경계할 수 있다. 최신형 아이폰 출시일 아침, 애플 매장의 광경을 떠올려보라. 문이 열리고 인파가 몰려 들어간다. 대다수는 최신 인기 아이템을 손에 거머쥘 꿈에 부풀어 장사진을 치고 밤새 기다린 소위 애플마니아들이다. 얼마 못 가 매장은 사람들로 발 디딜 틈조차 없어지고 한 명도 더는 못 들어가는 포화상태에 이른다. 사람의 장은 이 애플 매장처럼 미생물이 차지할 공간이 유한하다. 이 공간을 유익균이 선점하면 곰팡이가 발붙일 자리가 제한될 수밖에 없다.

조산아 연구에서 증명되었듯이, 미숙한 신생아의 장을 착한 박테리아로 채우면 병원균이 들어와도 철벽 방어하고 괴사성 장염의 위험을 최소화할 수 있다. 처녀지 개척을 가장 우호적인 유익균에게 처음 허락하는 것이야 말로 유해균을 사전에 차단하는 가장 효과적인 전략이다. 우리 딸의 경우, 아마도 태어나자마자 병원에서 맞은 항생제가 바람직한 장 미생물의 정착을 막았을 것이다. 이때를 틈타 못된 녀석들이 아이의 장에 몰려들었을지도 모르고 말이다. 하지만 우리는 유산균 제제를 열심히 먹인 것이 우리가 원하는 장 미생물총 선발대에게 힘을 실어주어 승세를 역전시킨 결정적인 역할을 했다고 믿는다.

미생물 세계를 뒤흔드는 임신

임신을 직접 겪었거나 옆에서 지켜본 사람이라면 누구나 임신이 여자의 행동을 얼마나 바꿔놓는지 잘 알 것이다. 예비 엄마들은 아기 방을 아기자기하게 꾸미고, 삶아빤 새 배내옷을 차곡차곡 개어놓고, 각종 출산용품 매장을 순회하며 아기그네, 카시트, 요람 등을 사 모은다. 예정일이 가까워오면 임산부의 몸도 분주하게 출산을 준비한다. 아기가 세상에 나오는 문인 골반의 관절이 헐거워지고 아기가 태어나자마자 젖을 물릴 수 있도록 초유가 만들어진다. 그런데 여성의 몸 안에서 출산 준비를 함께 하는 녀석들이 있다. 바로 장 미생물총이다.

우리는 세인트루이스에 있는 고든 박사의 연구실에서 박사학위를 취득한 연구원이던 루스 리^{Ruth Ley}를 처음 만났다. 리는 복잡한 미생물 생태계가 어떻게 조화롭게 돌아가는지 알아내고자 고무장화를 신고 멕시코 늪지대의 구정물에 망설임 없이 뛰어드는 여장부다. 지금은 코넬 대학교에서 부교수로 있으면서 장 미생물총을 연구하는데, 최근 리의 연구팀은 여성의 몸이 겪는 최대의 생리적 사건인 임신에 장 미생물총 생태계가 어떻게 반응하는지를 본격적으로 연구하기로 결정했다.

임신한 여성의 몸은 인큐베이터와도 같다. 새 생명을 살찌우고 보호하는 일종의 무균 격리실이 되는 셈이다. 따라서 임신에 수반되는 모든 신체 변화에 장 미생물도 적응할 것이라는 추측이 논리적으로 충분히 가능하다. 이에 리 연구팀은 임산부 91명의 장 미생물총을 임신 기간 내내 관찰했다.[8] 연구 참가자들이 무엇을 먹었는지 임신성 당뇨병을 앓는지 확인하고, 태어난 아기의 장 미생물총도 길게는 4년 동안 추적 조사했다. 그 결과, 임산부의 몸과 함께 장 미생물총 세상에도 극적인 변화가 일어나는 것으로 밝혀졌다. 특히 임신 말기에 장 박테리아의 종류가 처음에 비해 훨씬 적어졌는데, 이는 임신이 진행될수록 장 미생물총의 조성이 단순해진다는 것을 의미한다. 여기서 주목할 점은 마지막 3개월 동안 장 미생물총 세상의 모습이 비만 환자의 경우와 닮아 있었다는 것이다.

이 마지막 삼분기 동안의 장속 풍경이 숙주의 몸에 어떤 영향을 주는지 알아내기 위해, 리는 이 시기와 흡사한 조건의 장 미생물총 검체를 새끼를 배지 않은 보통 쥐의 장에 이식했다. 그리고 이 그룹의 체중을 임신 첫 삼분기의 장 미생물총을 이식한 그룹과 비교했을 때, 체중 증가폭이 마지막 삼분기 그룹에서 더 큰 것으로 나타났다. 두 그룹 모두 같은 양의 사료를 섭취했고 진짜로 새끼를 가진 것도 아니었는데 말이다. 종합하면, 임신의 마지막 삼분기를 대변하는 박테리아들은 같은 양의 음식에서도 더 많은 에너지를 뽑아내 저장함으로써 숙주의 체중을 더 빨리 늘렸다는 해석이 가능하다. 진화론적 관점에서는 칼로리 추출 효율이 높을수록 산모와 태아에게 득이 된다. 여성 입장에서 임신 때문에 칼로리 요구량이 급증하더라도 뱃속 아이를 먹여 살리기 위해 식량을 더 찾아 먹어야 한다는 부담이 훨씬 줄어드는 것이다.

그런데 임산부 관찰 연구에서 드러난 흥미로운 사실이 하나 더 있다. 마지막 삼분기의 장 미생물총이 살을 더 찌울 뿐만 아니라 염증도 증가시킨다는 것이다. 이것은 일종의 부작용처럼 보인다. 분석에 의하면 마지막 3개월에는 임산부의 뱃속에 장 염증과 장 미생물총 불균형이 존재하는 환자에게 많은 프로테오박테리아가 늘고 염증을 가라앉히는 페칼리박테리아 Faecalibacteria가 줄었다. 임신 말기에 장 미생물총이 염증 성향이 높아지는 쪽으로 변한다니 납득이 되지 않는다. 아기가 세상에 나오면 바로 이 녀석들부터 만나게 될 텐데 말이다. 엄마라는 사람이 도대체 무슨 까닭으로 힘없는 아기를 처음부터 건달들과 마주치게 한단 말인가.

하지만 천만다행으로 같은 연구에서 조사한 바에 의하면 신생아의 장 미생물총은 우려와 달리 생모의 첫 삼분기 장 미생물총과 더 닮아 있었다. 염증을 일으키는 마지막 삼분기 장 미생물총이 아니라는 말이다. 왜 그럴까?

확실하지는 않지만 아마도 마지막 삼분기에 융성하는 녀석들이 신생아의 장 환경에 잘 적응하지 못해 끝까지 살아남지 못해서일 것이다. 반면에 첫 삼분기의 장 미생물총은 개체수를 줄여 잠시 몸을 숙이고 있을 뿐이지 임신 말기까지 끈질기게 목숨을 부지한다. 그러다가 기회가 왔을 때 신생아의 장이라는 새 터전에서 다시금 세력을 확장하는 것이다. 그러고 보면 신생아의 장에는 무슨 입주민 선발 기능 같은 것이 반짝 작동하는 것 같다. 몰려드는 각종 박테리아 중에 살게 해줄 놈과 내칠 놈을 구별하는 것이다. 물론 여기에는 유전적 요인이 크게 작용하지만, 환경적 인자에 의해서도 유아기에 어떤 장 박테리아가 번성할지가 달라진다는 사실이 나날이 분명해지고 있다.

장 미생물의 교과서, 모유

한 사람의 일생에서 첫 몇 개월은 장 미생물총 세상에 다시 없을 격변의 시기다. 이 짧은 기간에 여러 균주가 흥했다가 알 수 없는 이유로 쇠망하는 일이 릴레이처럼 이어진다. 2007년 스탠퍼드 대학교의 연구팀이 신생아 14명을 대상으로 생후 첫 1년 동안 장 미생물총의 발달 과정을 추적한 결과를 발표했다.[9] 자연에는 천이遷移이라는 현상이 있다. 이는 생태계에서 생물 종들이 정착하여 번성하는 데 일련의 규칙에 따른 순서가 있다는 것을 뜻한다. 연구팀은 사람의 장 미생물총 생태계에도 이런 규칙이 있을 것이라고 추측했다. 고요했던 신생아의 장이 각종 미생물로 와자지껄해질 때까지의 과정을 따라가면 어떤 큰 그림이 그려지리라 기대한 것이다. 하지만 그들이 발견한 사실은 미생물 정착이 극심한 무질서 속에서 이루어진다는 것뿐이었다. 첫 돌까지 장 미생물총이 구성되는 양상은 특별한 규칙 없이 연구에 참가한 아기 14명 모두 다 제각각이었다. 딱 2명만 유사성을 보였지만 그나마도 쌍둥이였다. 이란성 쌍둥이는 환경뿐만 아니라 유전자도 대부분 공유하므로 장 미생물총이 서로 닮은 이유가 선천적인 것인지 후천적인 것인지 단정하기 어렵다.

정착 첫 해 장 미생물총 세상이 우리 눈에 어지럽게만 보이는 것은 여러 박테리아 종들이 평화협상을 벌이는 동안 주고받는 복잡한 상호작용을 우리가 전혀 이해하지 못하기 때문일 것이다. 하지만 앞으로 연구 자료가 더 모이면 장 미생물총 사회의 구성 원리를 설명할 보편타당한 단서가 잡힐 것으로 기대된다. 사람과 장 미생물총 간의 탄탄한 공조 관계는 분명 드러난 것보다 밝혀낼 부분이 훨씬 많은 미지의 영역이니 말이다. 그런데 초창기 장 미생물총이 어떻게 구성되느냐가 거의 복불복인 것이 사실이긴 해도, 그렇다고 모두가 우연의 결과인 것은 결코 아니다. 바로 초유 때문이다.

대부분의 경우 사람이 나서 가장 처음 먹는 음식은 모유다. 모유는 개체의 생존력을 극대화시킨다는 진화 원동력의 결정체라고 할 수 있다. 세상의 모든 어미는 엄청난 자원을 쏟아부어 모유를 생산한다. 한 아이에게 먹이기에 충분한 양의 모유를 만들려면 하루에 무려 500칼로리의 에너지가 들어간다. 이와 비교하면 하루에 300칼로리밖에 소비하지 않는 임신은 일도 아니다. 모유의 성분 목록을 쭉 훑어보면 마치 누군가 일부러 몸에 좋다는 것은 다 모아놓은 것처럼 느껴질 정도다. 모유는 지방, 단백질, 탄수화물은 기본이요 건강에 좋은 여러 기타 성분이 풍부해 아기에게 완벽한 자양분을 제공한다. 그뿐이 아니다. 모유에는 아기의 생리적 조건에 딱 맞는 항체와 수동 면역력을 부여할 면역물질들도 충분히 들어 있어, 연약한 핏덩이를 안팎으로 강건하고 어엿한 한 인간으로 키워내기에 더할 나위가 없다. 그런데 상대적으로 덜 알려져 있지만 주목해야 할 성분이 하나 있다. 바로 모유 올리고당human milk oligosaccharide, 즉 HMO다.

복합 탄수화물 덩어리인 HMO는 지방과 락토스lactose에 이어 모유에 세 번째로 많은 물질이다. HMO는 화학구조가 엄청나게 복잡해서 사람은 이 물질을 소화시킬 능력이 되지 않는다. 이 물질이 특별한 이유가 바로 여기에 있다. 해석하자면 모유의 주성분이라는 것이 아기가 소화시킬 수 없는 물질이라는 소린데, 도대체 엄마들은 써먹지도 못할 물질을 왜 그렇게 공을 들여 만드는 걸까? 그것은 HMO가 아기가 아니라 아기 몸속에 있는 장 미생물을 위한 것이기 때문이다. 장 미생물총은 2,500만 개의 유전자를 활용해 HMO를 분해하고 에너지를 추출한다. 모유 수유를 하는 여성은 제 자식뿐만 아니라 자식의 뱃속에 머무는 100조 마리의 박테리아 식객까지 대접하는 셈이다. 기저귀를 갈아주는 것까지 따지면 식사 후 뒤처리 서비스도 완벽하게 제공하는 것이고 말이다.

자연에는 우연이란 것이 없어서, 건강한 아기의 장에는 HMO를 가장 맛있게 먹는 비피도박테리아 같은 미생물이 많다.[10] 그런데 HMO의 역할이 선발대 유익균을 먹여 살리는 것만은 아니다.[11] 이 물질은 또 다른 유익균, 박테로이디스의 정착도 돕는다. 샐리어스를 비롯한 여러 미생물학자들이 연구 주제로 삼았던 바로 그 균주다. 박테로이디스는 식물류를 처리하는 데 탁월한 능력을 갖고 있다. HMO는 박테로이디스의 입주를 도움으로써 아기에게 이유식을 시작할 준비를 차근차근 시킨다. 식단이 바뀌는 시기에 마치 지휘자처럼 미생물 단원들을 통솔해 다음 악장으로 잡음 없이 넘어가게 하는 것이다. 모든 엄마는 아이가 예측불허의 험난한 세상을 현명하게 헤쳐나갈 능력을 갖추도록 모든 면에서 최선을 다해 양육한다. HMO는 분명히 모성애가 분자 수준에서 표출된 징표라고 할 수 있다. 아이의 일부지만 사랑과 훈육만으로는 어찌할 수 없는 장 미생물 무리까지 올바르게 인도하고픈 엄마의 사랑 말이다.

그런데 엄마들은 모유를 통해 유익균의 먹이를 공급하는 동시에 살아 있는 박테리아를 직접 전해주기도 한다.[12] 하지만 이 모유 박테리아가 애초에 어디서 오는지는 확실하지 않다. 모유가 만들어지는 엄마젖에 원래 살고 있던 녀석들일까? 아니면 위장 등 다른 곳에 있다가 흘러들어와 모유를 타고 영아에게 넘어가는 걸까? 어떤 종류의 박테리아가 이동하는지, 이것이 아기의 건강에 어떤 영향을 주는지는 학계에서 앞으로 알아내야 할 숙제로 남아 있다. 현 시점에서 분명한 것은 모유가 한창 적응하느라 바쁜 장 미생물총 군집을 보우해 아기의 장에 이상향에 가장 가까운 생태계가 자리 잡도록 한다는 것이다.

이 같은 연구결과들은 분유제조 기업들의 정신이 번쩍 들게 만들었다. 지금까지 생산해온 제품에 장 미생물총 건강에 필요한 성분은 거의 들어 있지 않았기 때문이다. 장 미생물총의 중요성을 새롭게 인지한 발 빠른 업체들은 사람 모유를 비슷하게 흉내 낸 신제품을 내놓고 이른바 '프리미엄' 분유라며 대대적으로 광고한다. 그들이 새로 첨가했다고 자랑하는 성분 중에는 GOS라는 것이 있다. GOS, 즉 갈락토올리고당galacto-oligosaccharide은 화학구조와 효능 모든 면에서 HMO에 크게 못 미치는 합성 탄수화물이다. 이것 말고 살아 있는 프로바이오틱스 균을 통째로 넣은 제품도 있긴 하다. 하지만 현재로서는 이 첨가성분들이 더해진 제품이 영아와 장 미생물총 모두에게 진짜 모유만큼 좋다는 주장을 믿어줄 만한 근거 자료가 거의 없다. 게다가 이런 제품들은 가격도 비싸다.

HMOhuman milk oligosaccharide는 이름에서도 알 수 있듯이 오로지 사람에게만 있는 물질이므로 동물을 통해 얻는 것도 불가능하다. 또한 복잡한 화학구조 탓에 대량생산하려면 상상을 초월하는 생산비가 들고 엄청난 시간이 소요된다. 게다가 프리미엄 성분으로 최종 낙점된 균주는 그럴 거라고 짐작될 뿐, 이 박테리아들이 아기 건강에 가장 이상적이라는 것이 확실하지도 않다. 아무리 장까지 생각한 프리미엄 분유가 식품공학이 진일보했다는 증거일지라도 이것은 고작 50년에 불과한 연구와 기술 개발이 만든 아류작에 불과하다. 이에 비해 모유는 수천 년 인류 진화가 완성해낸 걸작품이다. 그러니 현대 과학기술이 아무리 뛰어나다고 해도 아기에게 필요한 영양분의 황금조합을 찾아낸 진화의 위력을 흉내 내려면 엄청난 돈이 들 수밖에 없다.

미국소아과학회American Academy of Pediatrics는 생후 6개월 동안은 신생아에게 모유만 먹이고 다음 6개월은 이유식과 모유 수유를 병행할 것을 권장한다. 한편 WHO세계보건기구는 모유 수유를 적어도 2년 이상 지속하는 것이 좋다고 말한다. 하지만 둘 다 불가능한 경우는 어떻게든 모유를 한 방울이라도 더 먹이는 게 낫다는 게 통설이다. 모유에 들어 있는 다양한 영양성분은 말할 것도 없거니와 HMO와 모유 박테리아가 갓난아기의 장 미생물총이 격동의 첫 해를 무사히 보내도록 보좌하기 때문이다. 첫 돌 전에는 장 미생물총 생태계가 몹시 불안정하다는 것이 기정사실이므로 딱 이 시기에 모유를 공급하는 것이 가장 효과적이라는 논리가 자연스럽게 성립한다.

우리 부부도 두 아이 모두 모유로 키운 까닭에 이 지침을 따르는 것이 얼마나 어려운지 너무나 잘 안다. 특히 둘째는 엄마젖이 입맛에 안 맞았는지 모유에 적응시키는 데 애를 먹었다. 하지만 우리는 이것이 딸아이의 건강에 얼마나 중요한지 잘 알기에 전문가 상담까지 받아가며 단호하게 밀어붙였다. 심지어 이 상담 서비스는 건강보험 제외 대상이었다. 그 덕에 보험회사는 우리가 병원에 덜 간 횟수만큼 예산을 아꼈겠지만 말이다.

전체적으로 모유 수유율이 낮은 것은 분명한 사회 문제다. 양이 많든 적든, 내 아이의 장 미생물총 생태계가 바람직한 성장 곡선을 그리도록 길잡이 역할을 하는 것은 모유뿐임을 모두가 잊지 않길 바란다.

배앓이를 일으키는 장 박테리아

대부분의 부모는 아기가 태어나면 기뻐 어쩔 줄 모른다. 첫째 아이라면 더더욱 그렇다. 예비 부모는 아이와 함께하는 새로운 인생이 얼마나 아름다울지 온갖 장밋빛 환상에 사로잡힌다. 기저귀를 하루에도 수십 번 갈고

젖을 물리려고 한밤중에 몇 번씩 깨야겠지만, 따사로운 봄날 유모차를 밀며 산책하고 낮잠을 즐기고 쉬지 않고 옹알대면서 살인 미소를 날리는 아기의 재롱을 볼 생각을 하면 입이 귀에 걸린다. 하지만 막 아이를 낳은 부모의 약 4분의 1은 이런 평화를 만끽하기보다는 울음을 그치지 않는 핏덩이를 달래는 데 대부분의 시간을 허비한다. 배앓이 탓이다.

배앓이를 하는 아이를 돌본다는 것은 몹시 두려운 일이다. 자지러지는 아이는 어떤 방법으로 달래도 진정되지 않는다. 신생아 배앓이에 관한 서적이 해마다 쏟아져 나오고, 그라이프워터^{Gripe Water, 1800년대에 영국에서 개발되어 영아산}통 치료제로 유명해진 민간요법약부터 항문에 끼워 배에 찬 가스를 빼내는 카테터까지 각종 치료법이 세상에 넘쳐난다. 하지만 이것들은 모두 제대로 된 치료법이 아니라 그저 배앓이 아이를 둔 부모의 심정이 얼마나 절박한지를 보여주는 반증일 뿐이다.

그런데 연구에 의하면 장 미생물총이 영아 배앓이의 발병과 중증도에 일조할 수도 있다고 한다. 빌럼 데 포스^{Willem de Vos}가 이끄는 네덜란드의 한 연구팀은 배앓이를 하는 신생아 반, 그렇지 않은 신생아 반씩 총 24명의 장 미생물총을 100일 동안 관찰했다.[13] 그 결과, 배앓이를 하는 신생아의 장 미생물총이 훨씬 덜 다양한 것으로 나타났다. 게다가 배앓이 신생아의 장에는 프로테오박테리아가 더 많고 비피도박테리아와 락토바실러스가 상대적으로 적었다. 제왕절개로 태어난 아기나 분유를 먹는 아기와 똑같이 말이다. 제왕절개로 세상에 나자마자 이틀 동안 항생제를 맞았던 우리 딸 역시 배앓이로 고생했다. 이제 와서 당시 딸아이의 장 미생물총 구성이 어땠는지 정확히 알 길은 없지만, 정황에 비추어볼 때 아마도 다양성이 떨어지고 프로테오박테리아만 많고 락토바실러스나 비피도박테리아는 희박한 상태였을 것 같다.

그때 우리가 영아산통과 장 박테리아가 연결되어 있다는 사실을 알았더라면, 락토바실러스 생균 제제를 고작 2주가 아니라 몇 달 동안 계속 먹였을 것이다. 그래도 증상이 나아지지 않았다면 효과가 있는 것을 찾을 때까지 다른 균주 몇 가지를 더 써봤을 것이다. 요즘은 다양한 영아용 프로바이오틱스 제제가 나온다. 만약 자녀가 배앓이 증세를 보이면 이것들 중에서 어느 게 좋을지 소아과 의사와 먼저 상담해보는 것도 좋은 방법이다. 물론 그보다 더 빠르고 확실한 길은 아이에게 HMO가 풍부한 엄마젖을 물려 락토바실러스와 비피도박테리아의 성장을 돕는 것이다.

평생 건강과 이유기

영아는 생후 6개월 정도 되면 이유식을 시작한다. 이 시기에 기저귀를 보면 아기의 장 풍경이 갑자기 크게 변한다는 사실을 두 눈으로 확인할 수 있다. 아기가 덩어리진 음식을 먹기 시작하면 장 미생물총의 구성이 급변해 성인 장 미생물총과 닮아간다. 태어나서 두 살 반이 될 때까지 한 아이를 추적 관찰한 증례 연구가 있다.[14] 이는 아기의 장 풍경이 더 안정적인 어른과 비슷한 모습으로 발달해간다는 것을 증명하는 완벽한 사례다. 연구는 2년 반 동안 대변 60여 개를 채취해 분석하고 아기의 음식 변화와 건강 문제들을 빠짐없이 기록하는 방식으로 진행됐다. 이 자료를 토대로 할 때 가장 극적인 변화는 이유식, 이 경우는 완두콩을 먹은 첫날 일어났다. 아기가 식물로 만든 고형식이라는 신세계를 처음 접하자마자 아기의 장에 새로운 균주 여럿이 우후죽순 등장했고 장 미생물총의 다양성이 폭발적으로 높아졌다. 충분히 그럴 법하다. 먹는 것이 달라졌으니 당연히 새로운 에너지원을 감당할 새 멤버가 장 미생물총 사회에 필요해졌을 것이다. 여기서 놀라운 점은 이 모든 조직 개편이 고작 하루 만에 이뤄졌다는 사실이다. 마치 예지력이 있었던 것처럼, 장 미생물총은 오래전부터 완두콩의 출현에 대비해온 것이다.

이유식을 시작하기 전에 채취한 검체의 분석결과에 의하면, 아기의 장 미생물총은 벌써부터 고형식 처리의 전문가인 소수정예부대를 대기시켜놓고 있었다. 아기가 아직 멀건 엄마젖에만 의존하던 때인데도 말이다. 어떻게 그럴 수 있을까? 이것은 모두 엄마젖에 들어 있는 HMO가 미리 정보원 역할을 한 덕이다. HMO는 아기가 모유만 먹는 동안에도 식물을 분해하는 장 박테리아 군집이 간신히 연명할 정도로만 영양분을 공급한다. 그렇게 간신히 연명하던 녀석들이 드디어 자기들의 주식인 식물성 이유식이 들어오면 급속히 개체수를 늘리는 것이다.

이렇듯 이유기는 사람의 일생에서 장 미생물총 구성이 드라마틱하게 달라지는 시기 중 하나다. 그 신호탄이 식단의 변화라는 점에서 부모는 장 미생물총의 건강을 최대한 증진하는 식재료로 이유식을 만들어 먹일 필요가 있다. 우리는 첫째 딸의 이유식을 평범하게 진행했다. 처음에는 완두콩, 당근, 브로콜리와 같은 채소만 갈아 먹이다가 점점 과일을 추가하는 식이었다. 채소 다음에 과일이라는 순서는 입맛을 과일에 길들이면 아이가 덜 단 채소를 먹지 않을 거라는 논리에 따른 것이다. 우리는 과채류와 함께 쌀과 귀리를 비롯한 곡물 시리얼, 유제품, 육류도 이유식 메뉴로 종종 활용했다.

아이가 좀 더 자란 뒤에는 우리 부부가 먹으려고 만든 음식을 조금씩 덜어 주기 시작했다. 유아용이라고 따로 나오는 조제 식품을 사지 않고 이른바 키즈 메뉴는 주문하지 않는다는 게 우리의 원칙이었다. 우리 딸이 치즈에 비빈 마카로니나 치킨너겟과 같은 주전부리가 아니라 '진짜' 음식을 좋아하게 되길 바라는 마음에서였다.

그런데 실제로 아기들이 생애 처음 접하는 고형식이 어른 음식을 그저 으깨기만 한 것인 문화권이 많다. 인도는 각종 향신료로 가미한 쌀과 렌즈콩 요리, 중동에서는 후무스^{병아리콩으로 만든 부드러운 음식}, 북극은 바다표범의 지방……이런 식이다. 이것은 처음부터 아기의 입맛을 앞으로 평생 먹게 될 어른 음식에 맞추는 효과적인 방법이다.

어른 음식으로 아이를 키우자는 우리 계획은 아이가 세 살 되던 무렵에 뜻밖의 복병을 만났다. 변비가 생긴 것이다. 변비가 얼마나 심했던지 아이는 화장실을 다녀올 때마다 눈물범벅이 되곤 했다. 그래서 우리는 우리가 아이에게 뭘 먹였는지를 살펴보게 됐고, 이 물음표는 부메랑이 되어 우리가 도대체 뭘 먹었느냐는 질문으로 돌아왔다. 우리는 그동안 우리가 자주 먹은 음식을 종류에 따라 꼼꼼히 분류했다. 우리 전공이 장 미생물총과 장 건강이라는 자존심도 이 작업에 매달리게 하는 데 한몫을 했다. 세상 모든 사람이 다 그래도 우리 부부만큼은 아이의 장에 탈을 일으키는 짓 따위를 해서는 안 됐던 것이다.

그런데 우리는 놀랍게도 우리가 너무 단조롭고 식이섬유가 부족한 식사를 하고 있었다는 사실을 발견했다. 그 전까지는 우리가 과채류와 전곡류를 많이 먹는다고 굳게 믿었기 때문에 이 조사결과는 충격이었다. 깨닫고 보니 그때까지 우리는 정제한 흰 밀가루로 만들어진 식품, 치즈, 있는 둥 마는 둥 한 채소만 무의식적으로 무한반복하며 연명하고 있었다. 낮에는 직장에서 일하고 밤에는 제대로 못 자는 만성피로에 시달렸기에 짧지만 즐거운 아이와의 시간이 우리에게는 너무나 소중했다. 저녁을 만들고 함께 먹는다는 것은 서로를 배려하고 미소를 주고받으며 교감한다는 면에서 그 자체로 행복한 일이다. 두 살배기가 접시를 싹싹 핥아 먹고 나서 음식 찌꺼기가 잔뜩 묻은 얼굴로 헤실거리면 더할 나위 없이 뿌듯했다. 설사 접시에 담긴 것이 치즈소스로 범벅된 밀가루 파스타나 모차렐라 치즈가 든 밀가루 토르티야라고 할지라도. 그래서 우리는 비겁하지만 우리도 모르게 저렴한 가공식품에 점점 더 의존했던 것 같다. 까다로운 아기의 입맛까지 만족시키는 쉬운 음식을 빨리 내가는 것에만 급급할 만큼 허기와 피로가 심했던 탓도 있고 말이다.

정신이 번쩍 든 우리는 우리 식단부터 완전히 뜯어고치기로 결심했다. 그래서 매 끼니마다 거의 집착 수준으로 식이섬유의 함량을 꼼꼼하게 따졌다. 또 찬장을 뒤져 흰 쌀, 흰 밀가루, 흰 밀가루로 만든 면, 알록달록한 포장에 담긴 싸구려 가공식품을 싹 내다버렸다. 그렇게 해서 비운 공간에는 고대문명의 곡식이라는 퀴노아와 수수, 현미, 다양한 콩류로 꽉꽉 채워넣었다. 그 덕분에 우리 가족의 채소 섭취량은 냉장고 신선실을 일주일 안에

텅 비울 정도로 증가했다. 단백질의 경우, 고기를 완전히 끊지는 않고 자주 콩으로 대체해 섭취했다. 이렇게 식이섬유 비중을 높인 식단으로 확 바꾸자 불과 며칠 만에 아이의 변비가 거짓말처럼 사라졌고 다시는 아이를 괴롭히지 않았다. 식탁을 개혁한 후에 태어난 둘째딸은 한 번도 장 문제로 속을 썩이지 않았다. 이 경험을 통해 우리는 소중한 교훈 하나를 얻었다. 어른 음식으로 아이를 건강하게 키우려면 부모가 먼저 건강한 식습관을 가져야 한다. 아이와 장 미생물총의 건강을 지키려면 온 가족이 총동원되어 힘써야 하는 것이다.

돌이켜보건대, 우리 첫째아이는 제왕절개술 때문에 애초에 남의 피부에서 건너온 좋지 않은 박테리아가 자리 잡았고, 설상가상으로 곧이어 투여한 항생제가 장 미생물총 생태계를 더 망가뜨렸던 것 같다. 게다가 집에서 우리가 먹은 음식까지 그 모양이었으니 이 모든 요소가 아이의 변비를 초래했을 것이다. 늦게라도 우리가 식단을 바꾸지 않았다면 문제가 더 심각해져 어쩌면 과민성 대장 증후군이나 염증성 장질환과 같은 질병으로 발전했을지도 모를 일이다.

우리는 건강에 나쁜 장 미생물이 아이들을 평생 따라다니며 괴롭힐까 몹시 걱정되어 지금도 가족 모두를 위해 채소 위주 식단을 고집하고 있다. 옛날에는 끼니마다 삶은 채소 한 조각을 입에 넣게 하려고 별 짓을 다해 어르고 달래거나 매일 저녁 식탁에서 아이와 긴 싸움을 벌이는 것이 보통 힘든 일이 아니었다. 하지만 이렇게 어른의 밥상부터 바꾸고 식사 시간마다 건강한 식습관의 장점을 아이에게 반복해서 설명해주었더니 처음에 적응하는 게 힘들 뿐, 효과는 기대 이상이었다.

이를 위해 우리가 주로 사용한 전략은 교육과 사상 주입이다. 그릇에 담긴 삶은 브로콜리를 보고 좋아라 눈을 반짝일 아이는 세상에 한 명도 없다. 하지만 우리는 늘 식사하기 전에 아프지 않고 건강하며 튼튼한 어린이로 자라야 한다고 얘기했다. 그리고 우리를 건강하게 지켜주는 것이 뱃속에 있는 장 미생물이기 때문에 이 친구들의 밥인 채소를 내려보내 고맙다는 표시를 해야 한다고 알려주었다. 이것을 5년 동안 거의 매일 반복하고 나서는, 가끔 먹고 싶은 대로 먹도록 내버려 두거나 사탕이나 과자를 허락하기도 하고 특별히 싫어하는 채소를 남겨도 혼내지 않았다. 그래도 남기는 일은 거의 없었다.

물론 이렇게 되기까지는 결코 쉽지 않았다. 하지만 우리에게는 나름의 요령이 있었다. 예를 들어, 디저트로 초콜릿 한 조각을 주겠다고 약속하면 아이들은 어김없이 렌즈콩 수프를 싹싹 비운다. 이밖에도 신앙, 문화, 사회규범 등 여러 가지를 아이에게 관념을 정립시키는 도구로 활용할 수 있다. 우리 부부의 경우는 건강한 음식을 먹는 것 외에 다른 방법은 없다고 강조하면서 일종의 세뇌를 시킨 것이고 말이다.

미국에서는 매년 11월 마지막 주 목요일마다 온 가족이 모여 거하게 식사를 하고, 야구 경기를 시작하기 전에는 모두 기립해 국가를 부르며, 아이의 유치가 빠지면 이빨요정이 금화로 바꿔준다며 베개 밑에 넣어놓는다. 우리는 이렇게 소소한 사회 관습들과 마찬가지로 장 미생물의 건강을 지켜주는 음식을 먹자는 것을 가족 전통으로 삼았을 뿐이다. 그래서 우리 집에서는 정크푸드가 절대로 용납되지 않는다. 우리가 먹는 것을 우리 딸들도 먹기 때문에 우리는 이 방식을 계속 유지할 생각이다. 말하자면 솔선해 가르치는 것이다.

올해 아이들은 각각 아홉 살과 여섯 살이 되었다. 채소를 왜 먹느냐고 물으면 아이들은 "맛있어서"라고 대답한다. 이제는 건강한 음식을 먹는 게 당연한 것으로 뇌리에 완전히 박혀 식탁에 떨떠름한 케일 샐러드가 올라와도 눈 한번 깜빡하지 않는다.

자녀가 음식을 너무 가리고 채소를 먹이려는 모든 시도가 수포로 돌아갔다면, 이렇게 생각해보라. 지구 반대편 어딘가에 사는 아이들은 벌레와 동물 내장을 먹는다. 모두 서양인이 보면 기함할 것들이다. 하지만 벌레와 동물 내장은 그들에게 제한된 환경에 의해 자연스레 결정된 문화의 일부분일 뿐이다. 만약 그 아이들에게 그런 걸 어떻게 입에 넣을 수 있느냐고 물으면 십중팔구 이렇게 대답할 것이다. "맛있으니까요."

생태계를 일망타진하는 방법

서양의 부모들은 어린 자녀가 조금만 아파도 다들 무슨 통과의례처럼 항생제를 쓴다. 요새는 소아과에서 항생제를 처방하는 일이 점차 주는 추세이긴 하지만, 여전히 쓸 데 없이 과용하는 게 사실이다. 항생제는 박테리아를 죽인다. 그런데 장 미생물총의 구성원도 대부분 박테리아기 때문에 항생제가 몸에 들어올 때마다 무고한 장 미생물총 사회도 엄청난 타격을 입는다. 오인사격 사고와 비슷하게 우리 몸속 파트너 장 미생물총이 이런 식으로 살해되면 단기적으로도 장기적으로도 심각한 결과를 낳는다.

영아의 장 미생물총을 조사한 한 증례 연구에 의하면, 이유식을 시작한 후 장 미생물의 번영기가 찾아온다고 한다. 반면 항생제를 투여한 뒤에는 정반대되는 현상이 관찰되었다. 처음 몇 번 투여 만에 장 미생물총의 다양성이 급감한 것이다. 예상치 못할 결과는 아니다. 대부분의 항생제는 스펙트럼이 넓어 여러 종류의 박테리아를 한꺼번에 죽일 수 있다. 따라서 병을 일으키는 나쁜 박테리아만이 아니라 장 속 착한 박테리아까지 깡그리 공격한다. 그런데 몇 주 뒤 똑같은 감염병이 도져 똑같은 항생제를 다시 맞아야 할 때는 손해가 처음만큼 크지는 않다. 그 사이에 항생제의 공격을 견뎌낼 정도로 적응력이 생긴 것이다.

이 연구는 항생제가 크게 두 가지 측면에서 장 미생물총 사회에 영향을 미친다는 것을 보여준다. 첫째, 단기적으로 항생제는 장 박테리아를 대량 살상한다. 둘째, 보통은 항생제를 끊으면 장 미생물총 생태계가 어느 정도 회복하긴 해도 절대 처음으로 완전히 되돌아가지는 않는다. 장 미생물총 생태계의 성질은 항생제 치료를 딱 한번만 받아도 달라진다.

이 연구의 사례에서는 영아가 같은 항생제에 재차 노출되었을 때 장 미생물총이 공격을 처음보다 훨씬 수월하게 이겨냈다. 이런 적응현상이 일시적인 것인지 평생 가는 변화인지는 아직 확실치 않다. 하지만 최근 후자일 가능성이 높다는 증거가 속속 발견되고 있다. 다음 단원에서 더 자세히 설명하겠지만 장 미생물총은 면역기능과도 복잡하게 얽혀 있어서 장 속 생태계의 작은 변화 하나가 일파만파 커져 엄청난 파장을 몰고 올 수 있다. 항생제 치료를 자주 받는 어린이는 천식과 습진, 비만 등 다양한 병에 걸릴 위험이 높다고 한다.[15] 항생제 사용과 그로 인한 장 미생물총의 변화가 이들 질환에 어떻게 닿아 있는지는 앞으로 밝혀내야 할 숙제지만, 어쨌든 장 미생물총 사회의 교란이 위장관 상태와 전혀 상관없는 듯 보이는 문제로 이어질 수 있다는 것만은 확실하다.

장 미생물과 헛살

소, 양, 닭, 돼지와 같은 가축에게 소량의 항생제를 투여하면 체중이 많게는 15%까지 는다는 것은 수십 년 전부터 축산업계의 공공연한 비밀이었다. 식용 육은 무게 단위로 값이 매겨지는 까닭에 무거울수록 축산업자에게 더 많은 수익을 가져온다. 게다가 항생제를 가축이 더 어릴 때 투여할수록 성체가 되었을 때 무게가 더 나간다고 한다. 그렇다면 사람의 경우는 어떨까? 미국 아이들은 해마다 평균 한 차례 이상 항생제 치료를 받는다. 아이들이 너무 어린 나이에 항생제에 자주 노출된 것이 체중 증가를 유발한 것은 아닐까? 과학자 입장에서는 자연스럽게 궁금해지는 대목이다. 병원에 가서 항생제 처방을 받아올 때마다 우리도 농부가 가축을 살찌운 것과 똑같은 방법으로 우리 아이들을 비만아로 만든 것이 아닐까?

한 실험에서 태어난 지 얼마 되지 않은 쥐에게 소량의 항생제를 투여했다.[16] 그러자 방금 전에 말한 가축들과 마찬가지로 체지방률이 높아졌다. 살이 더 쉽게 찐 것 외에 또 하나 주목할 만한 특징은 이 실험군 개체들의 장 속 풍경이 정상 체중인 사람의 뱃속과는 딴판이고 비만인 사람과 닮았다는 것이다. 항생제를 맞은 쥐는 같은 양을 먹어도 아무 처치도 하지 않은 대조군에 비해 더 많은 에너지를 추출해내 저장함으로써 몸집을 불렸다. 그런데 칼로리 추출 효율은 장 미생물총의 조성에 따라 결정된다. 따라서 항생제를 맞은 가축이 더 우람한 것, 그리고 소아과의 항생제 처방과 소아 비만율 증가가 비례하는 것도 근본적으로 장 미생물총으로 설명할 수 있을 것이다.

항생제 사용 여부에 따라 소아의 체중이 달라진다는 연구결과는 또 있다. 영국에서 소아 1만 1,000명 이상을 비교한 이 연구에서는 두 집단 간에 현저한 체중 차이가 관찰되었는데, 아주 어릴 때 항생제를 맞은 아이들의 몸무게가 같은 연령대의 대조군에 비해 더 많이 나갔다.[17] 이 격차는 세 돌이 될 때까지도 좁혀지지 않았다. 생후 6개월 이후에 항생제 처방을 받은 아이들 역시 전혀 노출되지 않은 아이들에 비해서는 무거웠지만, 차이가 6개월 이전 노출군에 비하면 아무것도 아니었다. 더불어 첫 돌과 두 돌 사이에 항생제를 맞은 아이들이 대조군에 비해 유의미하게 무거웠고 이 현상은 5~6년 내내 사라지지 않았다. 결론적으로, 모든 증거 자료를 종합할 때 항생제를 너무 어릴 때 사용하면 일시적으로는 장 미생물총의 조성에 악영향을 주고 장기적으로는 체중 증가와 비만을 초래한다고 볼 수 있다.

갓난아기의 부모를 위한 다섯 가지 조언

생의 출발점에서 장 미생물이 갖는 중요성을 생각하면 녀석들의 이상적인 생태계 정착을 위해 우리가 명심해야 할 다섯 가지가 있다.

첫째는 출산 방법이다. 자연분만은 신생아를 자연이 인간을 위해 준비해놓은 박테리아들에 노출시킨다. 설사 우리 딸들처럼 자연분만이 여의치 않더라도 괜찮다. 면봉으로 엄마의 질 박테리아를 아기의 몸에 바름으로써 자연분만의 조건을 비슷하게 조성할 수 있으니 주치의에게 한 번쯤 얘기해볼 만하다.

둘째, 건실한 미생물 사회 형성을 방해하는 위험인자, 예컨대 조산과 같은 위험인자의 악효과를 먹는 프로바이오틱스로 완충할 수 있다. 안 그래도 요즘에는 어린 아기를 위한 프로바이오틱스 제제가 다양하게 시판된다. 프로바이오틱스 제제는 영아산통으로 고생하거나 최근에 항생제 처방을 받은 아이에게 특히 유용하다. 단, 굳이 프로바이오틱스 제제를 쓸 필요가 있는지, 그렇다면 어떤 제품을 골라야 할지 담당 소아과의사와 먼저 상의하는 게 좋다. 안타깝게도 장 미생물총은 사람마다 개성이 뚜렷한지라 셀 수 없이 많은 프로바이오틱스 생균 중에 최고의 궁합을 찾으려면 시행착오를 몇 번 거쳐야 한다. 이때 도움이 될 만한 팁은 이 책의 뒷부분에서 차차 공개할 것이다.

셋째, 영아의 장 미생물총을 바르게 이끌 길라잡이이자 지원군은 바로 모유다. 모유를 먹이면 출산 방법과 상관없이 엄마가 보증하는 프로바이오틱스 생균과 이 생균들의 먹이를 한번에 공급할 수 있다. 우리 둘째는 제왕절개로 태어났지만 항생제를 맞지는 않았기 때문에 우리 부부는 모유 수유만으로도 제왕절개의 결점을 채우기에 충분하다고 판단했다. 하지만 엄마젖만으로는 부족하다면, 전문가와 상담해 프로바이오틱스 생균과 녀석들의 먹이가 보강된 특별 조제분유를 먹이는 방법도 생각해볼 수 있다. 어찌되었든 모유를 한 방울이라도 더 먹이는 게 낫다는 사실을 명심하기 바란다. 밤에 재우려고 젖을 물리는 흉내만 내는 것뿐이라도 말이다. 모유와 그 안에 들어 있는 HMO는 아이와 아이 안에 사는 장 미생물 모두에게 피가 되고 살이 된다.

물론 아이가 커가면서 항생제를 피할 수 없는 순간이 온다. 하지만 그렇더라도 항생제가 장 미생물총에 어마어마한 영향력을 발휘한다는 사실만은 잊지 말아야 한다. 이것이 네 번째 교훈이다. 장 미생물총과 아이 모두의 건강을 좌지우지하므로 항생제에 의존하는 일은 어떻게든 최대한 막아야 한다. 가장 좋은 방법은 모유를 먹이는 것이다. HMO와 모유 박테리아가 아기의 장에 들어가면 항생제라는 허리케인이 몰아친 뒤 황폐해진 장에서도 금세 생태계 재건을 약속하는 새싹이 돋아난다. 모유가 부족할 땐 프로바이오틱스 생균과 이 생균의 먹이가 첨가된 조제분유가 대안이 될 수 있다. 그러다 이유식을 시작하면 주치의의 조언을 받아 먹는 프로바이오틱스 제제와 요구르트 등의 발효식품을 십분 활용한다. 프로바이오틱스가 항생제의 장기적 부작용을 상쇄한다는 것이 확실하게 증명되지는 않았지만, 프로바이오틱스를 먹은 영아는 항생제 부작용인 감염성 설사로 덜 고생한다는 것은 분명하다.

마지막으로 모든 면에서 가장 중요한 다섯 번째 당부는, 이유기를 허투루 보내지 말라는 것이다. 이유기는 자녀에게 건강한 식습관을 들일 다시없을 골든타임이다. 장 미생물총 건강을 배려하는 식습관은 아이의 평생 건강을 지켜준다. 물론 처음에 아이의 입맛을 길들이는 것이 쉽지는 않다. 하지만 아무리 떼를 쓰고 고집을 부려도 부모는 아이를 위해 단호해야 한다. 아이가 새로운 음식을 거부감 없이 받아들이고 마침내 즐기게 될 때까지 수십 수백 번의 실패와 실랑이는 기본으로 각오해야 한다. 핵심은 끝까지 포기하지 않고 쉽지만 백해무익한 길을 택하지 않는 것이다.

우리 집의 경우는 아이의 몸 안에 사는 소중한 친구인 장 미생물을 아이 스스로 지켜주어야 한다는 얘기를 반복하는 방식을 택했다. 미생물 친구들도 배고파 하니까 우리가 식사할 때 친구들의 밥도 같이 먹어줘야 한다고 말이다. 이렇게 동화를 들려주듯 조근조근 설명하면 아이들은 채소를 더 열심히 먹는다. 내 안에 사는 '애완동물'을 돌본다는 보람에서일 테다. 장 미생물총 생태계에도 유익하고 아이들도 잘 먹는 음식이 무엇인지는 마지막 단원에서 자세히 알아볼 것이다.

장 미생물총 돌보기는 아기가 태어나는 순간부터 시작해야 한다. 그 시작이 빠를수록 장 속에 건강한 장 미생물총 사회가 자리 잡는 데 훨씬 유리해진다. 그럼으로써 아이가 평생 건강하게 장수할 발판을 마련하는 것이다.

CHAPTER 3

면역계의 주파수를 맞춰라

현대인들에게 많은 질환

지난 반세기 동안 서양에서는 알레르기와 자가면역질환이 급증했다. 이 범주에 속하는 병명을 대표적인 것만 꼽아도 계절성 알레르기와 습진, 피부염, 크론병, 궤양성 결장염, 다발성 경화증 등 다 나열하기 힘들 정도다. 현대인 치고 이 중에서 하나 이상을 직접 겪었거나 바로 옆에서 지켜보지 않은 사람은 아마도 없을 것이다.

이런 면역 질환들이 요즘 왜 이렇게 흔해진 걸까? 항간에는 이에 관한 각종 설이 난무한다. 누군가는 독성 화학물질과 환경오염 때문이라고 하고 누군가는 우리 조상 때는 없었던 만성 스트레스와 우울증이 주범이라고 한다.

이 병들은 하나하나가 다 복잡하고 환자 개개인마다도 다수의 환경적 인자가 작용한다. 그런 가운데 최근 속속 드러나는 증거들은 모두 한 방향을 가리키고 있다. 바로 장 미생물총과 면역계의 상호작용이 이런 질환 발병의 열쇠를 쥐고 있다는 것이다.

면역계의 컨트롤타워, 위장관

피부나 입안 같은 다른 서식지의 미생물 사회와 비교하면, 장 미생물과 면역계 사이의 관계는 특별하다. 장 미생물은 위장에 파견된 연락책을 통해 면역계 본부와 끊임없이 의견을 주고받는다는 면에서다. 이 양자 간의 대화는 장에 이물질이 들어왔을 때 인체가 그것이 음식처럼 무해한 것인지 아니면 살모넬라균처럼 유해한 것인지 구분하게 한다. 제대로 된 면역계라면 당연히 땅콩과 상한 닭고기에 다르게 반응해야 하고, 면역계가 이 두 가지를 능숙하게 알아보도록 장 미생물이 돕는 것이다. 이렇게 조력자로서 장 미생물이 발휘하는 영향력의 범위는 장 면역계에 국한되지 않는다. 전신에 퍼져 있는 면역계 네트워크 전체가 장 미생물의 신호에 귀 기울인다.

사람의 몸은 기본적으로 튜브여서 장이 바깥 환경을 마주하고 있는 까닭에 외부 침입자의 공격을 받기가 매우 쉽다. 병원균은 장을 통해 혈관으로 침투할 기회를 호시탐탐 노린다. 이 최전방을 뚫고 들어와 혈관을 통해 내부의 장기들을 점령하려는 것이다. 그런데 인체는 연약한 장이 밖으로 열려 있다는 단점을 재치 있게 역이용한다.

면역계는 기동성이 매우 뛰어나다. 면역세포는 위장관에 전진 배치되어 장 미생물로부터 긴밀한 첩보를 받다가, 언제든지 철수해 혈액을 타고 이동해 다른 곳으로 진지를 옮길 수 있다. 그런 면역세포 가운데 대표적인 T세포는 오늘은 소장에 머물었다가 내일은 폐나 척수에 짠 등장하곤 한다. 게다가 얼마나 영특한지 위장에서 미생물과 나눴던 얘기를 모두 기억하고 있다.

면역세포가 이렇게 동에 번쩍 서에 번쩍 하는 것이 인간의 논리로는 아무 의미 없어 보일지 모르지만 실제로는 엄청난 의미가 있다. 어떤 T세포가 장에 머물 때 어떤 병원균을 만났다고 치자. 그러면 T세포는 스스로를 빠른 속도로 복제해 전신에 퍼뜨린다. 침입자가 들어왔음을 다른 조직과 장기에 경고하는 것이다. 그것도 모르고 느지막이 폐에 도착한 병원균은 이미 중무장하고 있는 T세포 부대에 의해 격멸된다. 이렇듯 장 미생물이 든든한 초병 역할을 해 침입자를 발견하는 즉시 전신에 경보를 울리는 덕분에, 면역계가 전면전에 대비할 수 있다.

그런 면에서 장 미생물은 면역계 전체의 감도와 반응을 조절하는 감독관인 셈이다. 장 미생물은 여행 도중에 만나는 설사처럼 장에서만 국소적으로 일어나는 면역반응을 직접 지시하기도 하지만, 아이가 예방접종을 맞은 뒤의 반응이나 올해 유행하는 꽃가루 알레르기의 중증도에도 영향을 미친다.

그런데 이렇게 장 미생물이 중책을 맡고 있다는 것은 작은 실수가 큰 위기로 이어질 수 있음을 뜻한다. 일단 장 미생물과 면역계 간의 의사소통이 원활하지 못하면 전반적 건강에 좋지 않은 결과로 나타난다. 장 미생물총이 보낸 메시지가 와전되어 면역계가 너무 급하게 과잉 반응하는 것이 그런 경우다. 또 장 미생물이 별것 아닌 일로 면역계에 비상경계령을 전달하면 자가면역반응이 일어나 T세포를 비롯한 각종 면역세포들이 아군을 공격하는 사태가 벌어질 수도 있다.

장 미생물과 자가면역질환의 관계가 밀접함을 선명하게 보여주는 증거가 2011년 캘리포니아 공과대학, 즉 칼텍의 한 실험실에서 관찰되었다. 사르키스 매즈매니언Sarkis Mazmanian이 이끄는 이 팀은 위장관과는 아무 관련도 없어 보이는 중추신경계 질환인 다발성경화증에 장 미생물이 어떤 영향을 미치는지를 연구 중이었다. 이들은 쥐를 이용해 실험을 실시했고 자신의 신경계를 공격하는 자가면역반응의 강도가 장 미생물총의 조성에 따라 달라진다는 사실을 증명해냈다.[11]

칼텍의 실험은 위험을 감지한 면역계가 온몸 구석구석에서 나타내는 면역반응을 장 미생물이 통솔한다는 사실을 입증한 수많은 연구 중 하나일 뿐이다. 음식물을 분뇨로 바꾸는 작은 생명체 이상으로는 보지 않았던 면역학계도 이제 장 미생물총에 주목하고 있다. 면역반응의 완급을 지휘하는 장 미생물을 고려하지 않고는 인체 면역반응의 근본적 성질을 설명하는 게 불가능하다는 사실을 깨달은 것이다.

면역반응의 배후

흔히 면역계를 묘사할 때는 군사용어가 자주 사용된다. 병원균이 침입하면 면역세포 군대가 동원되어 적군을 대적하고 완파한다는 식이다. 가령 살모넬라가 드글거리는 덜 익은 닭고기를 먹었다고 상상해보자. 이 식중독균은 소화기를 타고 내려와 장점막 세포를 공격한다. 그러면 점막 세포가 사이토카인cytokine이라는 분자를 분비한다. 이렇게 분비되는 사이토카인의 양은 인체 면역계에 위기 수준을 급히 알린다. 급보를 받은 면역계는 격전지에 지원 병력을 긴급 파견한다. 이때 면역계가 가장 먼저 급파하는 보병은 바로 B세포와 T세포다. 두 면역세포는 오로지 감염에 대항하기 위해서만 양성된 다양한 특수 면역세포들과 연합작전을 펼쳐 침입자를 멋지게 격퇴한다. 그동안 몸 주인은 온몸이 쑤시면서 열이 나거나 살모넬라 감염의 경우처럼 화장실을 들락날락하는 증세로 안에서 접전이 이어지고 있음을 짐작한다.

이렇듯 군사용어로 풀어내면 우리 몸에서 미생물과 맞닥뜨릴 때마다 맹렬한 전투가 벌어지는 그림이 쉽게 그려진다. 물론 침략자를 공격하는 것이 면역계의 가장 중요한 역할임에는 반박의 여지가 없다. 문제는 면역학계의 잘못된 시각이다. 면역계가 중무장한 채로 늘 비상체제에 있다고 단정하고 지난 수십 년 동안 모든 연구를 그쪽으로만 치우쳤던 것이다.

하지만 최근 장 미생물총에 관해 새로운 사실이 속속 드러나면서 완전히 새로운 모델이 기존 가설을 갈아치웠다. 이에 따라 사람과 공생하는 장 미생물의 존재를 인정하고, 100조에 이르는 개체수보다도 훨씬 다양한 상호작용을 우리 면역계와 쉬지 않고 나눈다는 사실을 빠르게 받아들이고 있다. 면역계는 적군의 미동 하나에 바로 튀어나가는 기동대가 아니다. 인체 면역계 네트워크에는 신중한 국무부가 존재한다. 면역계가 감염에 대처하는 반응을 국방력이라고 하면, 장 미생물과 나누는 상호작용은 평시에도 지속되는 정부의 외교전에 비유할 수 있다. 국제정치와 비슷하게, 면역계는 하루도 빠짐없이 평화유지 활동을 벌임으로써 진짜로 위기가 닥쳤을 때 소모적인 전투를 최대한 피한다.

면역계와 장 미생물총은 공유하는 자원, 즉 우리 몸을 두고 끊임없는 협상을 한다. 면역계는 인체 세포와 장 미생물 사이의 안전거리를 더 늘리려 하고, 장 미생물총은 거주구역 즉 장에서 쫓겨나지 않는 선에서 더 가까이 다가가려 하기 때문이다. 이런 '밀당'의 긴장도는 어떤 음식을 먹었는지, 음식에 외부 미생물이 섞여 들어왔는지 등 다양한 변수에 따라 달라진다. 만약 장에 드센 박테리아가 일시적으로 많아진다면 면역계는 경계 수준을 강화할 것이다. 일반적으로는 인체 세포와 미생물 세포가 곧 화해 비슷한 것을 하고 긴장도 따라서 풀린다. 하지만 합의점에 도달할 때까지는 장이든 다른 부위든 아직 긴장이 팽팽해 침입자가 실질적으로 도발을 하면 면역계는 상당히 다르게 반응한다. 이때는 레이싱카가 출발하기 직전에 엔진 회전수를 올려놓는 것처럼 면역계가 만반의 태세를 한 초긴장 상태이기 때문에 살짝만 건드려도 즉시 과격한 반응을 보인다. 게다가 화해가 늦어지면 늦어질수록 일촉즉발의 상태가 면역계 전반에 퍼져, 자라 보고 놀란 가슴 솥뚜껑 보고 놀라 오인사격을 퍼붓기 쉬워진다. 이런 과잉반응의 결과는 경미한 알레르기에 그칠 수도 있고 통증이 극심한 대장궤양이 될 수도 있다.

장은 전신의 면역계와 연결되어 있다. 그렇기 때문에 면역계는 장 미생물이 주는 정보로 전체 작전의 구상도를 그린다. 이것을 바탕으로 면역계가 어떤 결정을 내리느냐에 따라 몸 안에 침입한 병원균에 어떤 식으로 반응할지, 어느 미생물을 살생부에 올리고 어느 미생물을 장 미생물총에 남길지가 달라진다. 자가면역반응이 시작되어 진행하는 양상도 이 결정에 의해 좌우된다. 그래서 혹자는 면역계의 이름을 진짜 하는 역할이 정확히 반영되도록 '미생물 상호작용계'로 바꿔야 한다고 주장한다. 면역계가 사람 몸을 유해 미생물로부터 보호하는 것도 사실이지만 주 업무는 매일 미생물과 대화를 나누고 의견을 조율하는 것이기 때문이다. 그런데 만약 이 대화가 뜸해지면 어떻게 될까? 면역 관련 질병이 점점 흔해지는 요즘 세상을 가만히 지켜보면 면역계가 왜 이렇게 정신을 못 차리는지 알 것 같다. 우리가 지나치게 깨끗한 것이다.

위생가설의 등장

런던 세인트조지 대학교의 질병역학 교수인 데이비드 스트라칸^{David Stra-}^{chan}이 지난 1989년 위생가설이란 걸 제안했다.[2] 이 가설의 요지는 산업화된 국가에서 꽃가루 알레르기와 아토피가 증가하는 것이 사람들이 감염균에 노출되는 일이 전보다 줄었기 때문이라는 것이다. 그는 음식, 물, 환경을 통해 병원성 미생물들과 매일같이 부딪혀 자잘한 국지전이 끊이지 않는 환경에서만 인체 면역계가 진화한다고 지적했다. 수백 년 전에는, 아니 요즘에도 덜 문명화된 어느 전통 부족에서는 인체 면역계가 병원성 미생물을 들어오는 족족 내치느라 눈코 뜰 새 없이 바쁘다. 반면 우리는 항생제와 멸균 처리한 식수, 살균한 음식 덕분에 미생물과 덜 마주친다. 그래서 우리 면역계는 할 일이 크게 줄어 한가하다. 한편 스트라칸 박사는 형제가 많은 아이들에게 알레르기가 덜 흔하다는 사실에도 주목했다. 대가족에서 자란 아이들은 집안에서 돌고 도는 병치레를 자주 하다 보니 면역계가 진짜 병원균을 처리하는 데 바빠 꽃가루나 글루텐 따위에 과민 반응할 여유가 없다는 게 위생가설의 해석이다.

여기에 농촌에서 찧고 구르며 자란 아이들은 도시에서 깔끔하게 자란 아이들보다 알레르기를 덜 앓는다는 분석이 추가로 나오면서 위생가설에 큰 힘을 실어주었다.[3] 꼭 병을 일으키는 균이 아니어도 된다. 가축의 털에 기생하거나 흙에 섞여 있는 어떤 미생물도 면역계를 생산적인 일로 바쁘게 만들기에 충분하다. 위생가설의 바탕에 깔린 인자들의 상호작용과 구체적인 작용 원리에 관해서는 아직 의견 일치가 이루어지지 않고 있지만, 미생물 노출 기회를 효율적으로 빼앗을수록 대규모 집단 내 자가면역질환의 유병률이 높아진다는 점만은 분명하다. 우리 사회는 주변을 소독하고 항생제로 몸속 미생물을 모조리 박멸함으로써 감염성 질환의 발생률을 낮추는 데 놀라운 성공을 거뒀다. 하지만 유해균만 겨냥한 것이 아닌 무차별 공격은 유익균까지 몰살하는 무고한 희생을 낳았다.

그렇다고 면역계가 과민반응하는 것보다 자주 아픈 게 더 낫다는 말은 결코 아니다. 자가면역질환의 증가는 감염 감소가 아니라 지나친 청결과

밀접한 관련이 있다. 우리가 접하는 미생물의 대다수는 병을 일으키는 나쁜 놈들이 아니다. 단지 면역계에 간지럼을 태울 뿐이다. 막 들어온 균, 잠시 지나가는 균, 함께 살아가는 균에 동시다발적으로 대응해야 할 때 면역계 엔진은 쉼 없이 돌아간다. 이렇게 은근하고 소소한 면역반응은 지속적인 소통을 통해서만 유지되며, 이런 항시적 활동이 있어야 면역계가 건강하게 작동한다.

세상이 점점 깨끗해질수록 우리는 우리 면역계를 분주하게 만들어줄 미생물을 접할 기회를 잃어간다. 항균비누와 알코올 성분 세정제가 이 세상을 점령하는 기세는 세균 증식 속도보다도 빠르다. 아이들은 저마다 만화 캐릭터가 그려진 손 세정제를 책가방과 도시락통에 하나씩 넣고 다니고, 상점들은 마치 세균 출입을 통제하는 경비원인 양 세정제를 정문 옆에 보란 듯이 비치해 놓는다. 온갖 것에 세정제를 처바르는 것으로는 모자라다는 듯, 아예 트리클로산^{triclosan}과 같은 화학 항생제 성분이 들어 있는 물건들도 넘쳐난다. 각종 주방용품과 쇼핑카트, 칫솔은 기본이고 심지어는 항균 아이스크림 스쿱도 있다. 아니, 그냥 스쿱으로 아이스크림을 뜨면 뭐가 얼마나 위험하다는 말인가. 트리클로산은 최근 알레르기의 원인 물질로 지목되는 물질이다.[4] 그뿐만 아니라 이 다섯 글자가 곳곳에서 눈에 띤다는 것은 우리 사회가 손에 닿는 모든 것을 소독하는 데 얼마나 집착하는지를 잘 보여주는 증거이기도 하다.

서구식 생활양식은 우리를 땅 미생물로부터도 떨어뜨려 놓고 있다. 농사를 짓고 식량을 채집하던 시절에는 상상도 못했던 일이다. 설상가상으로 항생제와 항균 화학성분들은 유익균과의 만남을 방해하는 것을 넘어 내성균 증가까지 초래한다.[5] 병원이나 가공육에서 흔히 검출되는 슈퍼박테리아 같은 내성균에 노출되는 순간, 문제가 걷잡을 수 없이 커진다. 멜론, 샐러드 믹스, 햄버거 등 오염된 식품을 먹고 식중독에 걸렸다는 뉴스가 들려올 때마다 사람들은 병원균을 모조리 없애야 한다고 더 수선을 피우지만, 실은 그런 과잉방위야말로 면역 관련 질환을 자초하는 짓이다.

유해 미생물을 최대한 피해야 하는 것은 분명한 사실이다. 그렇다면 심각한 감염 질환을 감수하지 않고 유익한 환경 미생물과의 우호관계를 회복할 방법이 정말 없는 걸까?

죽마고우를 잃다

우리는 매일 미생물을 크게 두 가지 경로로 만난다. 하나는 내부의 장 미생물총을 통해서고 다른 하나는 컴퓨터 키보드나 악수하는 상대방의 손 등 밖에서 옮겨오는 것이다. 연구에 의하면 안팎으로 미생물과 접촉할 기회가 줄어든 것이 각종 면역기능 이상의 급증과 무관하지 않다고 한다. 예를 들어, 어린이가 항생제를 맞아 몸속 장 미생물총의 다양성이 감소하면 천식이 발생할 위험이 높아진다. 게다가 이 위험은 다음에 항생제를 또 맞을 때마다 계속 누적된다. 반면에 개를 키우는 집에서 자라는 아이는 천식에 그나마 덜 걸린다.[6] 위생가설대로라면 개가 있음으로 아이가 밖의 환경 미생물에 노출되는 것이 항생제로 인한 체내 미생물 감소의 충격을 완충한다고 볼 수 있다.

주의할 점은 어느 연구에서도 항생제와 면역질환 발병 사이의 직접적인 인과관계가 입증되지는 않았다는 것이다. 이 대목에서 우리는 닭이 먼저냐 달걀이 먼저냐의 딜레마로 되돌아간다. 항생제는 자가면역질환의 증가와 분명히 관련 있지만 항생제에 의해 장 미생물이 절멸한 것이 확실한 원인이라고 단언할 수는 없다. 특히 대규모 인구 집단이 조사대상일 때는 변수가 워낙 많아 인과관계를 판단하기가 더 어렵다. 가령 항생제를 많이 맞은 사람들이 항생제에 덜 의존하는 집단에 비해 더 자주 아프고 면역질환에 더 잘 걸리긴 하지만, 그밖에 다양한 면에서도 두 집단은 분명한 차이를 보인다. 그런데 발병 원인이야 어쨌든 장 미생물총이 자가면역질환으로부터 우리를 보호한다는 증거는 확실히 있다. 철저한 통제 하에서 사육되는 무균 쥐는 알레르기원이 있을 때 중증 천식발작과 비슷한 기도 반응을 보인다. 반면에 풍성한 장 미생물총을 보유한 쥐는 같은 실험 조건에서도 무사태평하다.[7]

장 미생물총 생태계가 항생제의 공격을 받았을 때 무고한 피해의 후유증이 오래 가는 것도 문제지만, 구성원이 달라진다는 것도 버금가게 심각한 문제다. 경구 항생제를 복용한 직후 장 미생물의 개체수가 확 줄면 시간이 흐르면서 완전히든 부분적으로든 차차 회복되긴 한다. 하지만 인체에서 흔히 발견되는 미생물 종을 하나하나 따지면 실상은 사뭇 다르다. 요충과 구충을 비롯한 여러 기생충과 박테리아 등으로 구성되는 이 미생물들은 수천 년 동안 진화를 거듭하며 인체에 완벽하게 적응했다. 말하자면 인류의 둘도 없는 죽마고우인 셈이다. 그 중 일부는 여전히 병원성을 갖고 있긴 하지만, 이제는 서로 정이 들어 인체 면역계가 일을 제대로 하려고 녀석들의 도움을 받을 정도가 되었다. 그런데 문명이 발달하는 과정에서 이들 균주 중 다수가 종적을 감췄다. 개발도상국에서는 아직 이들 균주가 발견되지만 서구문화가 세계를 지배하면서 위생수준 향상, 항생제 보급, 가공식품을 비롯한 여러 요인으로 인간과의 절연이 가속화되는 추세다. 많은 이가 우리를 떠난 균주들의 중요성을 모르고 그런 기생충 따위 없는 게 더 좋다고들 착각하지만, 요즘 면역계가 오판으로 알레르기와 자가면역질환을 자주 일으키는 것이 이 오랜 친구들의 충언이 없는 탓일 수도 있다.

면역계 균형 수복 작전

장점막 조직에는 다양한 면역세포가 산다. 장 환경을 실시간으로 조사하고 무슨 일이 일어나면 바로 조치하기 위해서다. 이 세포들은 장점막을 뚫고 들어와 감염질환을 일으키는 못된 박테리아를 방어하는 일을 주로 하기 때문에 때때로 뭉뚱그려 점막 면역계라 일컫는다. 점막 면역계는 일종의 면역계 분과라고 여기면 쉽다. 주 업무는 체표면에 서식해 병원균을 접할 기회가 많은 미생물들과 정보를 교환하는 것이다. 폐나 콧속, 눈, 입안, 인후, 위장과 같이 매일 외부 환경에 노출되는 조직이 이 면역계의 비호를 받는다. 점막 면역계는 인체 침입을 호시탐탐 노리는 병원균을 매의 눈으로 감시한다. 특히 위장관에서는 점막 면역계가 두 배로 바빠진다. 음식물을 타고 내려오는 유해균들을 잡아내는 동시에 영구입주한 장 미생물 동맹과 친목도 다져야 하기 때문이다.

점막 면역계는 반응의 성격에 따라 다시 두 갈래로 나뉜다. 하나는 위험이 있을 때 염증을 일으켜 적극적으로 대응하는 쪽이고, 다른 하나는 위험이 잦아들면 염증 반응을 누그러뜨리는 쪽이다. 면역계가 장 미생물과 평등한 동맹관계를 유지하려면 시소의 양끝처럼 이 두 갈래의 균형이 늘 유지되어야 한다. 이 시소가 완벽한 수평에 이를 때는 모든 것이 더할 나위 없이 조화롭다. 점막 면역계는 너무 가까이 접근하는 미생물들을 내쫓고 염증이 과해지지 않게 점막벽을 수시로 보수한다. 시소의 평형이 유지되는 한, 장 미생물과 점막 면역계가 공존하는 장 속 풍경은 평화롭기 그지없다. 그러다 시소의 균형이 깨져 염증유발 성향 쪽이 더 무거워지면 까칠해진 면역계가 선량한 장 미생물에까지 시비를 건다. 이게 심할 때 질병으로 표출되는 것이고 말이다. 그런데 이보다 더 큰 문제는 시소가 한번 기울면 사태를 되돌리기가 몹시 어렵다는 것이다.

대장에 염증이 생기는 염증성 장질환 중 대표적인 두 가지를 꼽으면 크론병 입에서 항문까지 소화관 전체에 걸쳐 발생하는 만성 염증성 장질환과 궤양성 결장염을 들 수 있다. 염증성 장질환의 정확한 원인은 아직 밝혀지지 않았지만, 유전적 인자와 환경적 인자 모두 발병에 기여한다는 것만은 분명하다. 유전적 인자의 경우, 이 질병과 관련된 변이가 한두 가지가 아니다. 어떤 유전자 변이는 실험용 쥐에게 염증성 장질환과 비슷한 염증 상태를 일으킨다. 단, 장에 장 미생물총이 이미 자리 잡고 있는 쥐여야 한다. 철통같은 무균 환경에서 사육되어 장 미생물이 한 마리도 없는 실험용 쥐로는 이런 질병을 유도하는 게 불가능하다. 골프공을 티 위에 올려놓는 것처럼 기본적인 체질을 결정하는 것은 유전자지만, 클럽을 휘둘러 드라이브 샷을 날리는 것은 바로 미생물인 까닭이다.

염증성 장질환은 보통 염증을 일으키려는 호전적 기운을 죽여 면역계의 균형을 되찾는 데 중점을 두어 치료한다. 면역억제제를 써서 염증 반응을 약화시키고 항생제로 장 미생물총 개체수를 면역계가 위협으로 느끼지 않을 수준으로 확 줄인다. 그럼에도 장 미생물을 겨냥한 염증 반응이 일단 시작돼 버리면 불길을 잡기가 상당히 어렵다. 그래서 염증성 장질환은 난치성 질환에 속한다. 위장관에서 염증이 생긴 부분을 수술로 잘라내는 게 유일한 해결책인 경우도 종종 있다.

염증성 장질환 치료가 어렵다는 사실은 염증을 적정 수준으로 유지하는 것이 얼마나 고난이도의 작업인지를 반영한다. 염증이 너무 약하면 밖에서 들어온 병원균이 장 조직에 쉽게 침투하지만 반대로 너무 세면 멀쩡한 장 미생물총을 활활 태운다. 면역계의 감시가 너무 느슨할 때의 대표적 사례는 화학요법 치료 후 면역력이 약해진 환자나 HIV인간 면역결핍 바이러스 감염 환자다. 이 경우는 면역계가 기진맥진한 상태라 위장 내벽에서 경계 근무를 제대로 서지 못하기 때문에 유해균이 침투할 위험이 매우 높다. 반대로 면역반응이 너무 센 경우는 염증반응이 필요 이상으로 과해진다. 항암 면역요법제 중에 이렇게 일부러 염증유발 성향을 높이는 약물이 있다. 반응을 적정 수준에서 멈추는 안전장치 혹은 브레이크를 떼어버려 흥분 상태의 면역계가 암세포를 공격하게 만드는 원리다. 이 약제의 단점은 동맹인 장 미생물까지 공격 대상에 포함될 수 있다는 것이다. 그렇게 해서 나타나는 부작용 중 하나가 바로 염증성 장질환이다. 이렇듯 면역계의 항상성을 보존하면서 장 미생물총 사회를 감독하는 것은 여간 어려운 일이 아니다.

안타깝게도, 면역계 균형을 걱정해야 할 사람이 면역력이 저하되었거나 면역요법 치료를 받는 환자만은 아니다. 시소가 완벽한 수평 상태로 유지되어야 한쪽에서는 염증반응을 유도하고 다른 한쪽에서는 억제하는 면역계의 양면이 장 미생물과 평화롭게 공존할 수 있는데, 서구의 생활양식이 사회 전반에서 이 균형을 무너뜨렸기 때문이다. 적지 않은 연구 자료로 뒷받침되듯, 장 미생물은 면역계 균형 수복 작전에서 뒷짐 진 구경꾼이 아니다. 장 미생물총은 장 미생물과 외부 병원균에 면역계가 나타내는 반응을 주도적으로 조율한다.

점막 면역계의 객원멤버

장 내벽을 덮고 있는 찐득한 점막은 장 미생물이 인체조직에 너무 가까이 접근하지 못하게 막는 물리적 장벽 역할을 한다. 그런데 안전거리를 유지하는 것 말고 장점막이 하는 일이 하나 더 있다. 장 미생물의 먹이인 탄수화물을 공급하는 것이다. 탄수화물이 풍부한 장점막은 탄수화물 의존도가 높은 특정 유익균에게 어떤 상황에서도 굶겨 죽이지 않는다는 종족보존을 약속한다. 그러면 녀석들은 보답으로 병원균 침입을 막아내고 면역계 균형을 유지하는 데 힘을 실어준다.

대장균^{E. coli}이 덜 익은 햄버거 고기에 숨어 위장에 도착하면 먼저 위장벽에서 취약점을 찾아 뚫고 들어가려 할 것이다. 하지만 놈들은 최초 진입지점에서 점액층을 헤치고 목표 침투지점에 닿기 전에 장 미생물총 기갑부대부터 상대해야 한다. 말하자면 장 미생물총이 물리력과 생화학무기 모두를 동원해 전방의 1차 방어선 역할을 하는 셈이다. 그런 면에서 장 미생물은 육탄전과 화학전 모두에 능한 용병과 같다. 점막 탄수화물을 포식할 권리를 얻고 그 대가로 유해균을 내쫓아 주지만 감시가 전혀 필요 없을 만큼 완전히 믿음직스러운 것은 아니니 얼추 맞는 소리다.

그렇다고 장 미생물총이 단순히 최전방에 한 겹 더 두른 방어벽에 불과한 것은 아니다. 장 미생물총은 면역반응의 크기와 기간을 조절하는 일도 한다. 꼭두각시를 조종하는 인형극 공연가처럼 말이다. 만약 침입자가 체내에 들어왔을 때 면역계가 세월아 네월아 느긋하게 반응한다면 병원균이 승세를 쥘 것이다. 반대로 면역계가 설레발을 치면 과한 염증으로 멀쩡한 조직까지 손상시키고 이것이 심하면 자가면역질환을 일으킨다. 장 미생물은 이런 면역계에 여러 가닥의 실을 묶어놓고 정교하게 당겼다 풀었다를 반복하며 면역계가 적절한 강도와 속도로 반응하도록 코치한다.

이런 세심한 조언은 한 인간의 성장기에 더욱 빛을 발한다. 태아가 엄마 뱃속에서 나와 영아가 되고 다시 아장아장 걷는 유아가 되어 100조라는 장 속 생태계를 어른과 엇비슷하게 갖출 때까지 첫 몇 해 동안 면역계는 무서운 기세로 성장한다. 재미있는 점은, 앞으로 면역계가 경계해야 할 대상인 미생물을, 특히 생애 초기에 일단 한번은 겪어야만 면역계가 제대로 발달한다는 것이다.

앞서 언급했듯 장 미생물이 없는 무균 쥐는 일반 실험용 쥐와 달리 장점막이 얇고 성기다. 장 미생물 없이는 점막 면역계가 제대로 형성되지 않기 때문이다. 점막 말고도 무균 쥐와 일반 쥐는 점막 면역계의 생김새나 조성, 기능도 현저히 다르다. 무균 쥐의 장에는 미생물이 출현했을 때 신속하게 대처하는 데 필요한 면역세포가 거의 없다. 간혹 무균 쥐를 일반 쥐들과 같은 우리에서 키우면 면역기능이 어느 정도 생긴다. 하지만 면역기능 결핍을 이런 식으로 보정할 수 없는 경우도 많다.

다 자란 무균 쥐는 면역계 발달에 결정적인 성장기가 다 지난 뒤라 이미

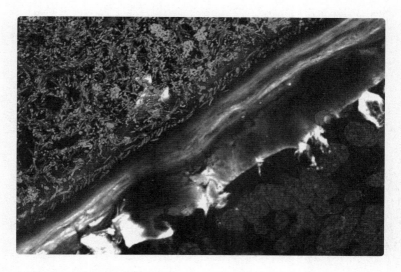

형광현미경으로 들여다본 장 미생물총의 모습. 사진을 대각선으로 가로지르는 두꺼운 점막층을 중심으로, 좌측 상단에 막대 모양 장 미생물이, 우측 하단에 장 세포가 보인다.
© Kristen Earle and Justin Sonnenburg

면역계가 미숙한 상태로 굳어버려 미생물에 노출되어도 면역기능이 좋아지지 않는다.[8] 요리를 하는데 재료 하나를 빼먹었다고 가정해보자. 수프를 만드는데 소금을 넣는 것을 깜빡했다면 냄비를 불에서 내리기 전에 소금을 쳐 간을 맞출 수 있다. 그러면 처음부터 레시피대로 했을 때와 똑같은 맛이 날 것이다. 하지만 다 구워진 케이크를 오븐에서 꺼내는 순간 반죽에 베이킹파우더를 넣지 않았다는 사실을 깨단은 경우는 상황이 다르다. 이미 납작하게 내려앉은 케이크에 베이킹파우더를 뿌려봐야 아무 소용이 없다.

사람의 경우는 장 박테리아와 전혀 얽히지 않고 어린 시절을 보내는 것이 불가능하지만, 태어나자마자 항생제를 맞거나 생애 첫 몇 주를 지나치게 청결한 환경에서 보낸다면 미생물 경험이 부족해질 수는 있다. 이 결정적 시기에 안면을 트는 미생물은 죽는 날까지 돌이킬 수 없는 면역계의 완성도를 좌우할 수 있다. 요는, 아이를 기를 때 위생에 집착하는 것이 장기적으로 아이의 면역계 발달에 좋지 않을 수 있다는 것이다.

장 건강의 8할은 균형을 되찾는 것

면역계가 장 미생물을 향해 촉을 바짝 세우고 있다는 사실은, 특정 종류의 장 미생물을 더 지원하는 것을 면역기능을 향상시키는 전략으로 삼을 수 있음을 의미한다. 그렇다면 정말로 면역계 건강에 가장 좋은 균주만 콕 집어내 궁극의 영양제를 만드는 것이 가능할까? 면역계 균형을 완벽하게 잡아줄 프로바이오틱스 알약 하나, 그런 알약 하나만 먹으면 면역계가 꽃가루와 땅콩은 내버려두고 병원균만 물리치는 꿈같은 세상이 과연 오겠느냐 말이다.

점막 면역계가 워낙 복잡한지라 이 시나리오는 불행히도 과학보다는 공상과학소설에 더 가깝다. 면역반응은 보통 B세포와 T세포가 기어를 올려 염증이 생기기 쉬운 조건을 만들었을 때, 발적, 부기, 발열, 고름의 형태로 발현된다. 이때 면역계 한편에서는 면역반응이 일정 수준 이상으로 누적되면 이 증세들을 누그러뜨리기 시작한다. 이 임무는 조절 T세포regulatory T cell라는 또 다른 면역세포가 담당한다. 그런데 조절 T세포가 부족하면 면역계가 과도하게 항진되어 자가면역성이 생긴다. 그 결과 중 대표적인 것이 염증성 장질환이고 심하면 암이 될 수도 있다.

학계 한편에서는 조절 T세포 부족 현상이 서양인의 특징이자 다양한 서구형 질환의 근원이라고 주장한다. 이게 사실이라면, 조절 T세포를 더 많이 모이게 해 다양한 염증성 질환을 치료하고 나아가 예방까지도 할 수 있을 것이다. 물론 그런 게 가능하다면 말이다.

일본 이화학연구소 부설 통합생명의과학연구센터의 켄야 혼다 연구팀은 몇몇 장 박테리아가 장 조직에 조절 T세포를 불러모은다는 사실을 발견했다.[9] 혼다는 현대인의 장 미생물총 생태계가 항생제와 저질 가공식품 등 여러 인자에 의해 형편없어졌다고 보는 측에 속한다. 이 인자들 때문에 사람들이 자가면역질환과 알레르기에 걸리기 쉬운 체질이 되었다는 것이다. 그의 지적에 따르면 염증성 장질환이나 알레르기, 다발성 경화증 등으로 고생하는 환자의 수가 지난 수십 년 동안 놀라운 속도로 급증했고, 아직도 그 기세가, 적어도 일본에서는 꺾이지 않고 있다고 한다.

혼다 팀은 실험용 쥐를 이용해 장 미생물총을 구성하는 박테리아의 대분류 두 갈래 중 하나인 퍼미쿠테스Firmicutes가 장에 조절 T세포를 집결시키는 것을 확인했다. 이렇게 조절 T세포가 많아지면 염증반응이 약해지고 쥐 집단에서 결장염, 자가면역질환, 알레르기의 발생률이 줄어든다. 이런 능력자 균주들을 섞어놓은 이른바 장 미생물 칵테일을 활용하면 전에 어떤 명약도 하지 못했던 새로운 방식으로 포유류 면역계를 보정할 수 있다. 문제는 장 미생물총 구성이 사람마다 다 다른데 딱 한 가지 레시피로 만든 미생물 칵테일이 모두에게 효과적일 것이냐다. 이 질문에 혼다는 이렇게 답한다. "장 미생물총 구성의 개인차는 분명 무시할 수 없는 변수입니다." 한 미생물 칵테일이 모든 사람에게 똑같은 소염 효과를 낼 확률은 매우 희박하다. 하지만 그래도 괜찮다. 균주의 종류 자체는 녀석들이 만들어내는 물질들에 비하면 그다지 중요하지 않기 때문이다.

장 미생물이 우리 뱃속에서 음식을 먹으면 종국에는 폐기처분해야 하는 부산물이 생긴다. (그렇다, 사람의 장은 미생물의 화장실이기도 하다.) 박테리아의 배설물이 내 몸 안에 잔뜩 쌓인다는 게 별로 유쾌한 상상은 아니지만, 그나마 다행인 것은 이런 물질 중 대다수가 해롭지 않다는 점이다. 일부는 오히려 건강에 득이 된다. 이렇게 장 미생물총이 만들어내는 대표적인 부산물 중에 단쇄지방산short-chain fatty acid, 즉 SCFA가 있다. 구체적인 것은 다음 장에서 자세히 알아보겠지만 이 분자는 조절 T세포가 장에 모이도록 돕는 일을 한다.[10] 즉, 어떤 미생물이 있느냐보다 녀석들이 거기서 무슨 일을 하느냐가 더 중요하다는 소리다. SCFA를 만들 수 있는 박테리아의 종류가 여럿이기 때문에, 이미 내 위장에 적응해 잘 살고 있는 박테리아의 SCFA 생성 작업을 돕는 것이 조절 T세포를 빨리 모집하고 염증을 누그러뜨리는 가장 효율적인 전략이다.

아직 더 많은 연구가 뒤따라야 하겠지만, 지금까지의 성과만으로도 장 건강을 위해 장 미생물총을 어떻게 통제할지 방향을 잡기에는 부족함이 없다. 인류를 무병장수의 이상에 한 발짝 더 가까이 다가가게 하는, 완벽하게 조합된 마법의 명약은 당분간 나오지 않을 것이다. 하지만 SCFA와 여러 가지 중요한 면역신호 전달물질들을 더 많이 만들어내라고 장 미생물들을 끈질기게 재촉하는 것만으로도 다양한 면역 관련 질병을 예방하고 치료하는 데 큰 도움이 될 것임은 분명하다.

경솔한 유죄판정과 퇴거조치의 대가

면역계는 체내에 들어온 나쁜 놈들을 쫓아내는 막중한 임무를 수행한다. 그런데 이런 공격적 치안업무는 여러 면에서 쉬운 일에 속한다. 면역계는 전략무기(즉, 표적만 겨냥하는 고성능 항체)와 대량파괴 무기(예를 들어, 발열이나 설사 증상)를 모두 갖춘 무기고와 같다. 그러니 출격만 했다 하면 이기는 것은 당연지사다. 하지만 교전에서 이기는 것보다 훨씬 더 어려운 일은 무기를 휘두르기 전에 상대가 적인지 아닌지를 구분하는 것이다. 다발성 경화증의 경우처럼 면역계가 이걸 잘못하면 위험한 병원균을 무사통과시키거나 멀쩡한 자기 세포를 공격해버린다. 사실 미생물을 적과 동지 중 하나로 분류하는 게 서툰 것은 사람도 마찬가지다. 가장 큰 이유는 적지 않은 균주의 성격이 모호하기 때문이다. 이렇게 애매한 녀석들은 어떤 때는 사람에게 해를 끼치다가도 어떤 때는 적극적으로 돕는다.

뉴욕 대학교의 교수 마틴 블레이저^{Martin Blaser}는 위에 사는 미생물인 헬리코박터 파일로리^{Helicobacter pylori}, 즉 H. 파일로리가 사람의 건강에 미치는 영향을 연구하고 있다. 이 박테리아는 위궤양을 일으키고 때때로 위암 발병에도 관여하는 것으로 알려져 있다. 그런 면에서 녀석은 확실한 불한당으로 보인다. 그렇지 않은가? 그래서 의학계는 이 '못된' 미생물을 죽이는 항생제 치료를 자주 쓴다. 그런데 블레이저는 이렇게 말한다.

"이건 그냥 조건반사적인 관행이에요. 의사가 H. 파일로리를 발견하면 다짜고짜 없애는 겁니다. 그런데 데이터를 보면 달라요. 이 치료가 실제로 필요한 사람은 극소수에 불과합니다."

H. 파일로리가 누군가에게는 큰 문제를 일으키지만, 다수는 자신의 뱃속에 이 박테리아가 살고 있다는 사실조차 모르고 병치레 없이 잘만 지낸다. 그뿐만 아니라 H. 파일로리가 심지어 건강에 유익하다는 가능성을 제기하는 증거도 점점 많아지고 있다.

보통 사람들은 H. 파일로리를 부모에게서 물려받는다. 만약 예비 부모가 항생제 치료를 받아 H. 파일로리가 몰살되었다면 그들은 이제 미래의 자녀에게 이 균을 넘겨주지 못한다. 그런데 실제로 서양에서 이런 경우가 비일비재하다고 한다. H. 파일로리는 수십 년 전에 나쁜 박테리아라는 낙인이 찍힌 뒤 인간 손에 서서히 멸종해가고 있다. 조부모 세대보다는 부모 세대에서, 또 부모 세대보다는 요즘 아이들에게서 위에 H. 파일로리가 사는 경우가 더 적다. 표면적으로는 이 현상이 반길 일처럼 보인다. H. 파일로리가 없으면 나중에 위궤양이나 위암에 걸릴 일이 없을 테니 말이다. 그러나 인류와 H. 파일로리의 공생 관계가 완전히 끊기는 지점에는 거대한 시한폭탄이 기다리고 있을지도 모른다.

블레이저나 동료들의 연구에 의하면, 위에 H. 파일로리가 없는 소아는 천식과 알레르기가 생길 위험이 높다고 한다.[11] H. 파일로리가 없으면 위궤양이나 위암에 걸리지 않으니 나중에 어른이 되어 겪게 될 문제의 싹을 미리 뽑아버리는 게 나을 수도 있다. 하지만 H. 파일로리 때문에 위궤양과 위암이 실제로 발병하는 사람은 극소수에 불과하다. 게다가 H. 파일로리를 없앤 소아 앞에는 지금 당장 시작해 평생 괴롭힐 잔병들이 줄줄이 대기하고 있다.

사실 수만 년 동안 인류와 함께 진화해온 이 박테리아는 인체 면역계가 최상의 컨디션을 유지하도록 돕는다. 이런 조력자를 항생제 폭탄으로 괴멸시켜버리면 면역계는 분별력을 잃는다. 그러면 면역계가 대적해야 할 독감 바이러스는 알아보지도 못하면서 애꿎은 꽃가루에게 해코지를 하는 것이다. H. 파일로리의 축출은 빙산의 일각에 불과할지 모른다. 선조들의 장에는 번성했지만 우리에게는 없는 미생물종이 한두 가지가 아니니, 현대 문명이 보조 면역계의 적지 않은 핵심 멤버들을 쫓아낸 것이 틀림없다.

H. 파일로리의 퇴장은 두 가지 측면에서 시사하는 바가 크다. 첫째, 단 한 종류의 박테리아도 면역계에 현명한 길잡이가 될 수 있다. 그러니 어떤 미생물을 박멸 대상으로 삼기에 앞서, 수천 년 동안 인류와 관계를 맺어온 균

주라면 더더욱, 혹시라도 인체 면역계가 입을 손해를 신중히 예측해야 한다. 둘째, 어떤 위장관 박테리아는 지킬과 하이드처럼 양면성을 가진다. 어떤 인자가 신호가 되어 온순했던 녀석을 병원균으로 돌변시키는지는 아직아무도 모른다. 이런 상황에서 누구는 우리 편이고 누구는 나쁜 놈이라고못 박는 것은 미생물의 다면성을 무시하고 성급한 단순화의 오류를 범하는 것이다.

앞으로 언젠가 이렇게 은밀하고 복잡한 인간과 미생물 간 상호작용의 원리가 낱낱이 밝혀지면 우리의 생활은 어떻게 달라질까? 블레이저 교수는이렇게 답했다. "미래에는 의사가 어린 아이에게는 H. 파일로리를 주입하고 아이가 어른이 되면 다시 죽일 겁니다." H. 파일로리를 없애는 작업을 생식가능 연령이 지날 때까지 미룬다는 것이다. 그러면 H. 파일로리와 녀석이 발휘하는 능력을 후대에 물려줄 수 있으니 일단 한 시름은 덜게 된다.

면역계의 적정온도

요즘에는 면역계의 최적정점을 정할 때 골디락스^{Goldilocks} 원칙에 따른다. 설정 온도가 너무 높으면(즉, 면역계가 과하게 항진되면) 자가면역질환이발병하기 쉽다. 반대로 온도가 낮게 맞춰져 있으면 인체가 감염균을 인식하지 못해 병이 깊어지게 방치해버린다. 그래서 면역계의 다이얼을 적당히 따뜻한 온도에 고정하는 것이 좋다. 유해한 병원균은 맞서 대처하고 인체 세포나 우호적인 미생물은 내버려두는 것이다.

H. 파일로리는 장 미생물이 면역계를 바르게 지배한다는 좋은 실례다. 하지만 이것은 인체 곳곳에서 다양한 면역계 지표들을 조율하고 구상하는 능력을 지닌 수많은 미생물 가운데 하나일 뿐이다. 원래 인간과 미생물이 융합한 초개체의 일부였던 미생물종 중 다수가 현대에 들어 종적을 감췄다. 우리 자신을 이루는 생물학적 조각 여럿이 사라진 것이다. 사람은 누구나 세입자 미생물에 의지해 살아간다. 그런 박테리아종을 항생제 따위로 박멸해 이 농밀한 관계를 끊어내면 다양한 결핍과 질병으로 이어질 뿐이다. 어느 한 미생물이 궁극적으로 몸 주인에게 유익한지 아닌지는 두 생물종이 맺고 있는 관계의 실타래를 한 가닥씩 풀어내 전부 알아야만 판가름할 수 있다.

이제 장 미생물총과 면역계를 계속 연결시켜놓는 게 중요하다는 것은 알겠다. 그렇다면 장 미생물총과 면역계 모두의 건강을 도모할 좋은 방책이 있을까? 인체 면역계는 안 그래도 복잡하다. 그런데 개인마다 제각각인 장 미생물총 사회의 성질을 파악하는 것도 만만찮게 난해한 까닭에, 장 미생물총과 불가분의 관계인 인체 면역계를 이해하는 것은 보통 어려운 일이 아니다. 그런 가운데 과학계는 장 미생물총을 이용하면 면역계를 보정할 수 있다는 사실만으로도 충분히 기뻐하는 분위기다. 하지만 이 지식으로 치료제를 개발하려는 연구자들은 안전상의 이유로 신중에 신중을 기해야 한다. 보편적인 건강지침을 만들려는 과학자도 마찬가지다. 그럼에도 어떤 제안은 지금 당장 행동으로 옮겨도 장 미생물총과 사람 모두에게 안전하고 이롭다는 증거가 그만하면 충분해 보인다. 물론 어떤 방법을 써먹기 전에 내 병력을 꿰고 있는 주치의와 상의하는 게 좋겠지만.

자녀가 알레르기나 천식으로 고통받지 않기를 소망하는 부모들은 이렇게 묻는다. 식사 전에 반드시 손을 씻게 하는 게 옳을까요? 개를 길러야 할까요? 아이를 더 자주 흙바닥에서 놀려야 할까요? 이 중 어느 물음에도 정답은 없다. 판단은 각자의 몫이다. 모든 부모는 그때그때 장단점을 저울질하는 일종의 손익분석을 통해 결단을 내려야 한다.

같은 상황에 마주쳤을 때 우리 부부는 이렇게 했다. 우리가 가진 지식을 총동원해 파격적인 손 씻기 규칙을 정했다. 믿을 만해 보이는 정보가 우리 귀에 알음알음 들려올 뿐 확실한 연구결과는 아직 없는데도 말이다. 우리 집에서는 아이들이 뒷마당에서 구르거나 기르는 개와 뒤엉기거나 정원 화초를 조물조물하며 놀고 들어온 뒤에 밥을 먹을 때는 손을 씻지 않아도 그냥 내버려둔다. 대신 쇼핑센터, 병원, 동물원 등에 갔다 왔을 때는 강제로라도 손을 씻게 만든다. 다른 사람이나 동물에게서 병원균이 묻어왔을 확률이 높다고 생각하기 때문이다. 또 감기나 독감이 유행하는 철이나 살충제와 같은 화학물질에 닿았을 것 같은 때는 손 씻기 빈도를 늘린다. 병원균이 체내에 들어오면 아이들에게 얼마나 위험한지, 더군다나 만약 그게 항생제도 이겨먹는 슈퍼박테리아라면 파장이 얼마나 클지 우리 부부는 너무나 잘 안다. 그렇기에 이 규칙은 결코 허투루 정한 게 아니다. 게다가 현대사회에 자가면역질환이 창궐하는 걸 보면 무조건 쓸고 닦고 씻는 것만이 능사는 아닌 것 같기도 하고 말이다.

이번에는 애완동물 문제를 짚어보자. 애완동물을 기른다는 것은 엄청난 책임감을 요구한다. 고작 미생물과 더 자주 접촉하려고 무턱대고 강아지를 집에 들일 일이 아니란 소리다. 힘은 덜 들이고 소기의 목적을 달성할 다른 방법은 얼마든지 있다. 단, 미생물 노출 증가를 애완동물이 가진 수많은 장점 중 한 50번째 정도로 보는 것은 괜찮다. 애완동물은 가족이자 벗이 되어주고, 산책을 핑계 삼아 집밖으로 끌어낸다. 모두 주인의 건강에 도움이 되는 긍정적 요소들이다.

개를 기르는 사람은 피부 박테리아의 조성이 자신의 개와 닮아 있지만 남의 집 개와는 완전 딴판이다.[12] 매일같이 애완견을 만지고 껴안고 할 테니 미생물을 서로 주고받는 것은 당연하다. 이렇게 미생물을 애완견과 나눠가지면 주인의 피부 미생물 구성이 더 다양해진다. 사람은 몸에 닿을 일이 없는 박테리아를 강아지가 앞마당에 설치된 소화전 같은 동네의 온갖 지물에서 털에 묻혀오는 것이리라. 개를 기르는 사람의 경우 미생물의 다양성이 더 크다는 사실은, 애완동물과 함께 성장하는 아이들은 알레르기와 천식에 덜 걸린다는 통계와 통하는 맥락이 있다.

하지만 동물을 집에 들일 뜻이 없는 사람도 걱정할 필요는 없다. 흙도 환경 미생물을 만나는 효과적인 경로다. 조사에 의하면 흔한 토양 시료에서 검출되는 박테리아의 종류가 사람 장에서 발견되는 것보다 세 배나 많다고 한다. 신발에 묻을 때마다 탈탈 털어내고 손을 담근 아이들은 깨끗이 씻어내라는 엄마 잔소리를 들어야 하는 그 누르튀튀한 부스러기들이 실은 유익한 미생물이 가득한 천혜의 자연환경인 것이다. 그런데 현대인은 사자를 만나는 것이 두려워 순하디순한 꽃사슴까지 몰살하고 있다. 흙을 통해 환경 미생물에 많이 노출되는 사람이 자가면역질환에 잘 걸리지 않는다는 것은 최근 속속 발표되는 연구결과로도 탄탄하게 뒷받침된다.

하지만 아이를 모래성을 쌓으며 놀라고 뒷마당에 내보내거나 신발을 터는 데 쓰던 현관 도어매트를 치워버리기 전에 명심해야 할 점이 하나 있다. 바로 어떤 경우에든 손익분석을 멈추지 말아야 한다는 것이다. 땅을 파 먹을거리를 찾거나 땅바닥에 기둥만 세운 천막집에서 사느라 발바닥을 땅에서 뗄 일이 없었던 선조들과 달리, 우리가 사는 과학기술 사회의 흙은 비료, 제초제, 살충제 등 각종 인공 화학물질로 오염되어 있다. 혹시라도 이런 물질이 입에 들어가면 토양 미생물이 내는 이로운 효과가 모두 무용지물이 된다.

그러니 만약 집 뒷마당에 특별히 화학처리를 하지 않았다면 흙을 적당히 파내고 당분간 물청소를 하지 말기를 권한다. 이 정도만 해도 아이가 화학물질에 노출될 걱정 없이 땅 미생물의 혜택을 누릴 수 있다. 또 잔디에 잡초한 포기 나지 않은 놀이터에서 놀고 왔다면 아이의 손을 씻기는 게 안전하다. 작은 화분이라도 좋으니 집안에서 화초를 가꾸는 것도 훌륭한 방법이다. 그러면 아이뿐만 아니라 어른도 퇴비로 기름진 흙을 통해 건강에 좋은 각종 토양 박테리아를 자연스럽게 만날 수 있다.

미생물에 더 많이 노출되는 게 현대인 대부분의 면역계에 이롭다는 것은 이제 분명한 사실이다. 단, 그 방법은 반드시 안전하고, 거부감 없으며, 우리의 생활양식과 어우러지는 것이어야 한다.

CHAPTER 4

단기체류 여행자, 프로바이오틱스

구조요청

얼마 전 친한 친구 릭이 다급하게 도움을 청해왔다. 릭은 대체로 건강한데 가끔씩 변비부터 더부룩한 느낌까지 대중없이 뱃속이 말썽을 부렸다. 담당의사가 지나가는 말로 프로바이오틱스 제제를 먹어보면 어떻겠냐고 권했다는데, 짐작컨대 의사의 의중은 장에 프로바이오틱스 생균을 공급하면 이 유익균들이 장 건강을 복구하고 나아가 면역계 균형을 되찾아줄지도 모른다는 것이었으리라. 그런데 릭은 약국을 한 바퀴 돌고 나서 대혼란에 빠졌다. 프로바이오틱스 제품의 종류가 그렇게 많은 줄 몰랐다는 것이다. 그 길로 우리 부부에게 달려온 그는 질문공세를 퍼부었다. "어떤 프로바이오틱스 균이 나 같은 사람에게 제일 좋아? 프로바이오틱스는 얼마나 자주 먹어야 해? 프로바이오틱스가 효과가 있긴 해? 영양제로 먹을까 아님 음식으로 섭취할까?'

'생명을 위한다'는 사전적 의미를 갖는 프로바이오틱스를 WHO는 '적정량 복용하면 숙주의 건강을 이롭게 하는 살아 있는 미생물'로 정의한다. 하지만 이 정의는 발효식품에 들어 있는 유산균처럼 연구되지 않았다는 이유만으로 기준에 미달한 수많은 유익균을 소외시킨다. 그런 맥락에서 이 책에서 우리는 프로바이오틱스를 '건강을 증진하는 것으로 짐작되거나 그런 효능을 내세워 제품으로 판매되는 먹을 수 있는 박테리아'라고 재정의하고자 한다.

사람의 몸에 상주하는 장 미생물총과 달리 프로바이오틱스 균주들은 장에 잠시만 머물다 떠난다. 그렇다고 사람에게나 장 미생물총에게 이 짧은 방문의 효과가 미미하다는 소리는 절대 아니다. 다수의 연구에 의하면, 프로바이오틱스 생균은 사람이 감염병에 걸릴 위험을 낮추고 만약 걸리더라도 금세 낫게 한다고 한다.

프로바이오틱스는 장 미생물총 기능의 완성도를 더하는 또 다른 수단으로 식단 조절과 별개로 사용할 수도 있고 식이요법과 병행해 건강증진의 시너지 효과를 노릴 수도 있다. 프로바이오틱스 균은 소화기계를 유랑하면서 장 미생물과 장 세포 모두와 활발히 교류한다. 이 과정에서 면역계가 알짜 정보를 많이 얻기 때문에 프로바이오틱스를 먹는 사람은 감기나 독감, 설사 등을 손쉽게 이겨낸다. 복용법에 관한 그릇된 지침이 난무한다는 게 문제지만, 프로바이오틱스를 섭취하는 행위 자체는 인류 역사만큼이나 오래된 관습이다. 사람의 위장이 쉬지 않고 지나다니는 프로바이오틱스 균을 요령 있게 접객하고 이 단골손님으로부터 최대의 이윤을 뽑아내도록 진화하기에 충분할 만큼 말이다.

발효의 역사

여러분이 가장 아끼는 주방용품은 무엇인가? 가격 말고 이것 없이는 못 산다 싶은 물건 말이다. 많은 사람이 그런 물건으로 냉장고를 꼽는다. 우리 부부가 세인트루이스에 살 때 우리 집은 우연히도 송전망 경계지역에 위치해 있었다. 그래서 태풍이라도 오면 도로 한 쪽만 전기가 나가기 일쑤였다. 태풍 피해가 심할 때는 이웃주민 절반이 이 현대 과학기술의 혜택을 여느 때와 마찬가지로 누리는 동안 나머지 절반은 전기 없는 암흑천지에서 견뎌야 했다. 대개는 한나절 내에 연장코드를 연결해 이웃끼리 전기를 품앗이한 덕분에 나머지 절반도 곧 냉장고를 사용할 수 있었지만 말이다. 어쨌든 지금도 그때만 생각하면 고장 나지 않은 냉장고가 새삼 고맙게 느껴진다.

냉장고가 발명되기 전에 사람들은 어떻게 음식을 신선하게 보관했을까? 아니 그보다 앞서 목재 장식장처럼 생긴 아이스박스가 만들어지기 전에, 그도 아니면 고대 그리스와 로마, 중국에서 그랬듯 구덩이를 파 얼음이나 눈으로 채우고 지하 저장고로 사용하기 전에는? 선사시대 조상들, 특히 얼음이나 눈을 구할 수 없는 열대지역 원시인들은 어떻게 했을까? 정답은 보관하지 않았다는 것이다. 대신 그들은 음식을 먹을 만큼만 마음대로 썩히는 요령을 터득했다.

미생물이 당을 소비해 산과 알코올, 가스를 만들어내는 화학반응을 발효라 한다. 이렇게 탄생하는 식품 중 대표적인 것이 와인과 맥주다. 효모를 과일주스나 곡물에 담가두면 당이 알코올로 변하는 원리다. 오늘날 우리는 취기를 오르게 하는 효과에 더 열광하지만, 옛날에는 알코올이 방부제 역할을 해 음료의 보관 기간이 늘어난다는 사실이 더 중요했을 것이다. 다른 음식들도 마찬가지로 박테리아에 의해 발효되면 더 오래 두고 먹을 수 있다. 예를 들어 발효식품의 대명사 치즈는 실온에서 보관하는데도 몇 년이 지나도 여전히 맛이 좋다.

발효가 발견된 것은 거의 우연이었다. 추측컨대 한번에 다 먹을 수 없는 많은 음식을 쌓아두어서 생긴 일이었으리라. 그때는 먹을 것이 귀한 시절이라 상하기 시작한 음식도 웬만하면 버리려 하지 않았다. 그러다 어떤 음식은 약간 상해도 여전히 먹기에 안전하다는 사실을 깨달으면서, 나아가 발효 속도를 조절해 식량공급을 조금이나마 안정화하는 수준에 이르렀다.

용도 면에서는 오늘날의 냉장고도 발효와 별 차이가 없다. 음식을 먹을 수 있는 상태로 더 오래 보관하는 것이다. 음식물 속 미생물의 도움을 받지 않고 기계로만 한다는 게 다를 뿐이다. 인류는 원시적인 수렵채집의 시대에서 맨몸으로 시작해 사회집단을 조직하고 노동을 분담함으로써 이만큼 발전했다. 어떤 면에서는 조상들이 발효 반응을 조절하게 된 덕에 우리가 노동의 부담을 덜고 그 시간에 자기계발에 매진하게 되었다고 해도 좋을 것이다.

기록상 가장 오래된 발효식품의 역사는 8,000여 년 전으로 거슬러 올라

간다.[1] 그뿐만 아니라 어느 문화든 역사적으로 발효식품이 하나 이상은 존재했던 것으로 보인다. 발효란 쉽게 말해 박테리아가 우리 대신 음식을 미리 약간 소화시켜놓는 것이다. 대표적인 것이 요구르트다. 요구르트는 당의 일종인 락토스가 풍부한 우유에 특정 종류의 박테리아를 넣어 만든다. 이 박테리아는 락토스를 락트산$^{lactic\ acid}$으로 발효시킨다. 바로 이때 요구르트 특유의 시큼한 맛이 생긴다. 냉장고에 넣어놓은 요구르트는 일종의 휴대용 보조 소화관과 같다. 우리 입에 들어가기 전에 락토스를 미리 소화시켜놓았다는 점에서다.

락토스 소화효소가 없는 사람에게는 이것이 반가운 소식이지만 락토스 소화 능력이 있는 사람 입장에서는 칼로리를 박테리아에게 빼앗긴다는 감이 있다. 옛날 같았으면 이것을 보관기간 연장이라는 대가를 위해 감내해야 할 작은 희생이라고 여겼을 것이다. 하지만 저렴한 고칼로리 식량이 차고 넘치는 요즘 세상에는 칼로리 따위 조금 내주어도 아까워할 사람은 한 명도 없다. 게다가 이것은 오히려 고마워해야 할 일일 수도 있다. 미생물이 음식을 발효시킬 때는 요구르트의 락토스와 같은 단순당을 모두 소비한다. 이 단순당이 너무 많으면 혈당이 급상승해 제2형 당뇨병_{인체 세포들이 인슐린에 반응하지 않아 당 흡수가 이루어지지 않는 경우}과 같은 문제를 일으킬 수 있다. 따라서 발효 박테리아는 단순당 함량을 낮춰 건강에 조금이라도 더 좋은 먹을거리로 격상시킨다.

발효식품에 들어 있는 미생물이 건강에 좋은 이유는 크게 두 가지다. 하나는 방금 말한 대로 당 함량을 낮추는 것이고, 다른 하나는 장과 장 미생물총 간의 소통을 돕는다는 것이다. 무려 100년 전부터 연구가 이루어진 걸 보면 발효식품이 건강에 좋은 것은 어쨌든 분명한 것 같다.

장 방부제

19세기 후반 러시아에서 출생한 과학자 일리야 메치니코프^{Ilya Metchnikoff}는 미생물이 면역계와 나누는 상호작용에 특히 관심이 많았다. 어느 날 그는 현미경으로 혈중 면역세포를 관찰하던 중 게임에서 팩맨이 쿠키를 먹듯이 세포가 이물질을 집어삼키는 모습을 목격했다. 그러고는 이 면역세포에 '먹다'라는 뜻의 그리스어 파지^{phage}와 '세포'라는 뜻의 사이트^{cite}를 합해 파고사이트^{phagocyte}, 즉 식세포라는 이름을 붙였다. 이 작은 발견을 토대로 그는 면역계가 체내에서 병원균을 제거하는 전략을 규명했고 그 공로로 노벨상을 수상했다.

말년에는 그의 관심이 인간의 노화와 죽음으로 옮겨갔다. 1908년에 그는 이를 주제로 한 연구결과와 아이디어를 정리해 ≪생명 연장의 꿈^{The Prolongation of Life: Optimistic Studies}≫이라는 책을 펴냈다.[2] 이 책에서 메치니코프는 사람이 늙어 죽는 것이 체내 박테리아가 만들어내는 유독한 노폐물이 장에 쌓이기 때문이라고 주장했다. 그런 의미에서 그는 대장을 분변을 담아두는 것 말고는 하는 일 없이 공간만 차지하는 쓸모없는 장기라고 여겼다. 장 미생물을 평생 공부해온 우리 입장에서는 그가 무례해서라기보다 그저 관점이 지나치게 단순한 거라고 믿고 싶은 대목이다. 그는 대장이 필요한 이유로 인간이 사냥하는 데 방해되지 않도록 필요할 때 배설을 할 수 있었어야 했다는 논리를 폈다. 사냥을 나가서 똥을 누기 위해 중간 중간 쉬어야 하는 육식 포유류는 사냥감을 쉬지 않고 추격하는 경쟁자보다 열등했을 거라는 게 그의 설명이었다.

그러나 메치니코프는 분변을 대장에 담아두는 대신 치러야 하는 대가가 적지 않다고 봤다. 장에 상주하는 박테리아 중 몇몇은 무해하지만 나머지는 사람 몸에 해롭기 그지없다는 거였다. 그는 바로 이 녀석들 때문에 인간이 장수하지 못한다고 생각했다. 음식에 산을 첨가하면 부패를 막을 수 있다는 그의 주장에서 유추할 수 있듯이, 메치니코프는 몸 안에서 일어나는 부패반응도 산으로 억제할 수 있다고 굳게 믿었던 것 같다. 다양한 종류의 산 중에서 그의 간택을 받은 것은 바로 락트산이었고 말이다.

　메치니코프는 요구르트 유산균처럼 락트산을 만드는 박테리아를 먹으면 우유가 요구르트로 변하는 것과 똑같은 방식으로 우리 장이 '방부'된다고 확신했다. 그가 추론한 발효음식이 건강에 좋은 이유는 진실에서 상당히 벗어난 것이지만, 발효 유제품을 매일 먹는 불가리아 농부들의 수명이 더 길다는 것을 비롯해 그가 관찰해 기록한 자료들은 금세기 들어 뒤늦게 미생물에 관한 편견을 깨뜨리기 시작했다. 박테리아, 특히 락트산을 만드는 박테리아를 먹으라는, 100년도 더 된 메치니코프의 당부는 과학계로 하여금 발효 유제품이 생명을 연장한다는 아이디어에 주목하게 만들었다. 그의 책에 이런 대목이 있다.

　"독자는 미생물을 많이 먹으라는 내 제안에 깜짝 놀랐을지 모른다. 미생물은 모두 해롭다는 게 세상의 통념이니까. 하지만 그 통념은 틀린 것이다."

　프로바이오틱스 연구는 한 세기 전에 비해 장족의 발전을 이뤘다. 이제 우리는 프로바이오틱스의 장점이 메치니코프의 추측처럼 장속 환경의 산성도를 높이는 게 다가 아님을 잘 안다. 프로바이오틱스 생균은 장 미생물 집단 전체에서 차지하는 비중이 미미하지만 머릿수에 어울리지 않는 엄청난 영향력을 발휘한다. 심지어는 위장관을 너머 저 꼭대기에 있는 뇌에도 신호를 보내 변화를 유도할 수 있다.

흔적을 남기고 떠나는 여행자

프로바이오틱스 균에 대한 흔한 오해 중 하나는 녀석들이 일단 장에 들어오면 그대로 영구 입주한다는 것이다. 하지만 일반적으로 프로바이오틱스 생균은 잠깐 동안만 장 미생물총 무리와 어울릴 뿐, 통로를 따라 이동하다 그대로 몸 밖으로 빠져나간다. 발효 유제품에 풍부한 락토바실러스의 경우, 우유처럼 락토스가 많은 곳에 집단 서식한다. 모유를 먹는 아기의 뱃속도 발효 유제품만큼 락토바실러스가 많지는 않다. 엄마젖에 들어 있는 락토스는 아기가 위와 소장에서 이미 소화시켜 흡수해버린 뒤이기 때문에 대장에서는 미생물이 먹고살 만큼 남지 않는다.

프로바이오틱스 균 중에 사람의 장에서 생존하는 녀석도 더러 있긴 하지만, 대부분은 잘 적응하지 못한다. 사람이 저녁식사로 먹은 음식이나 장점막처럼 사람의 소화관에 널린 생소한 먹을거리들은 녀석들의 입맛에 맞지 않는다. 그런 까닭에 프로바이오틱스 균은 잠시만 들렀다가 곧장 떠나버린다. 프로바이오틱스 예찬자들이 프로바이오틱스를 정기적으로 먹으라고 권하는 것도 다 그런 맥락에서 통행량을 일정하게 유지하기 위함이다. 프로바이오틱스는 고국, 즉 요구르트를 비롯한 유제품에서 태어나 살다가 남의 나라, 즉 사람의 장을 방문한 여행객과 같다.

프로바이오틱스 생균이 장에 발을 붙이지 않고 수적으로 열세라고 해서 존재감이 별로 없다는 뜻은 아니다. 연구에 의하면 이렇게 프로바이오틱스 생균이 자주 스쳐지나감으로써 체내에 침입한 병원균을 막아내는 인체 방어력이 향상된다고 한다. 프로바이오틱스가 모의훈련에서 일종의 대항군 역할을 해 우리 면역계가 실전에서 더 능숙하게 대처하게끔 단련시키는 것이다.

위장벽을 덮고 있는 세포들은 마치 타일처럼 질서정연하게 다닥다닥 붙어 있다. 그런 세포와 세포 사이에서는 단백질들이 타일 사이사이의 줄눈에 채워넣는 회반죽 역할을 하며 네트워크를 이룬다. 이렇게 촘촘한 위장벽이 떡 버티고 있으면 장 미생물과 음식물 입자가 인체 조직과 혈류로 넘어오지 못한다. 정상적으로는 장 미생물들이 경계선 바깥, 즉 튜브 안에만 머물러야 한다. 그런데 연구에 의하면, 프로바이오틱스 생균이 이 '회반죽' 단백질을 더 많이 만들어내도록 장 세포들을 자극해 장벽을 강화한다고 한다. 또 프로바이오틱스 균주들은 타일벽을 튼튼하게 만드는 것 말고도 벽 겉면의 점액 분비를 촉진하는 능력도 가지고 있다. 점막층을 더 두텁게 덮어 불청객의 침입을 완벽하게 차단하는 것이다.

방어벽을 다지고 점막을 두껍게 바르는 것으로도 충분하지 않을 때는 프로바이오틱스 생균이 장 세포들을 선동해 디펜신^{defensin}이라는 분자를 분비시킨다. 디펜신은 인체가 체내에 침입한 박테리아, 바이러스, 곰팡이 등에게 사용하는 일종의 화학무기다. 구체적으로 어떤 프로바이오틱스 균주에게 이런 능력이 있으며 어떻게 능력을 발휘하는지는 앞으로 학계가 밝혀내야 할 숙제다. 사람 위장관과 프로바이오틱스 간 긍정적 상호작용에 관한 연구가 점점 발전하고 있으므로, 머지않은 미래에는 프로바이오틱스를 관광객이 아니라 국경 강화와 무력충돌 예방에 힘쓰는 평화유지군이라 불러야 할지도 모르겠다.

프로바이오틱스는 최전방을 강화하고 면역계를 늘 훈련시킨다는 점에서 위장관에서 벌어지는 유해균과의 전쟁에서 뛰어난 동맹임이 틀림없다. 조지타운 대학교 메디컬센터의 한 연구팀이 이 개념을 직접 검증하기 위해 대규모 실험을 실시했다.[3] 간략하게 요약하면, 어린 아이들에게 프로바이오틱스를 먹이고 위장관 질환 예방 효과가 있는지 관찰하는 실험이었다. 워싱턴 DC 소재 유아원에 다니는 3~6세 소아 638명이 선발되었는데, 절반은 90일 동안 프로바이오틱스 생균이 들어 있는 발효 유제품을 매일 마시게 하고, 나머지 절반은 프로바이오틱스 생균이 들어 있지 않은 유제품을 마시게 했다. 부모들은 매주 아이들의 건강 상태를 조사하는 설문지를 작성해 몸이 아파 결석했는지, 구토나 변비, 배탈, 발열이 발생했는지, 항생제 처방을 받은 적이 있는지 꼼꼼하게 기록했다. 그 결과 위장관 감염 질환에 걸릴 확률이 프로바이오틱스를 섭취하지 않은 집단에 비해 프로바이오틱스 음료를 매일 마신 집단에서 24% 더 낮은 것으로 분석되었다. 이 집단은 연구 기간 3개월 동안 항생제 사용 비율도 더 낮았다.

프로바이오틱스가 위장관에서 감염에 대한 방어력을 높인다는 것이 증명된 연구는 이뿐만이 아니다. 특정 균주나 특정 제품만이 아니라 모든 프로바이오틱스 균주가 감염성 설사의 중증도와 지속 기간을 개선한다는 연구결과가 줄줄이 발표되고 있다.[4] 이 유익균은 장벽을 튼튼하게 하든 (아마도 아직 밝혀지지 않은 메커니즘을 통해) 병원균을 직간접적으로 죽이든, 새로 접근하는 감염균을 내쫓고 이미 들어와 있는 감염균의 세력을 약화시킬 수 있다. 그런 의미에서 프로바이오틱스는 비록 반짝 등장했다 금세 떠나버릴지라도, 접전이 끊이지 않는 전장에서 우리의 소중한 동맹군이다.

짧은 등장, 긴 여운

프로바이오틱스를 먹으면 어떻게든 장 건강이 달라진다는 것은 이제 삼척동자도 안다. 프로바이오틱스가 인체를 통과하면서 장벽과 장 미생물총 동네만 집중적으로 훑고 지나가니 당연하다. 그런데 사실 프로바이오틱스가 건강을 도모하는 힘은, 장 미생물총이 그러는 것처럼 위장관을 넘어 온몸 구석구석에 미친다.

워싱턴 DC 유아원 연구에서 관찰된 다소 의외의 결과가 바로 그 증거다. 프로바이오틱스를 먹은 소아 집단은 위장관 감염률이 낮은 것은 물론이고 상기도 감염의 위험도 적었던 것이다. 그뿐만 아니다. 수천 명이 참여한 다른 대규모 임상연구들에서도 연령을 불문하고 프로바이오틱스를 섭취했을 때 급성 상기도 감염에 덜 걸리고 항생제를 덜 사용했다.[5] 이런 연구결과들을 모아보면 면역계 기능을 미세조정하는 프로바이오틱스의 능력이 위장관이라는 한정된 공간에 국한되지 않고 전신으로 퍼져나간다는 것이 더욱 분명해진다.

심지어는 건강한 일반인조차도 프로바이오틱스를 먹으면 감염균에 맞서는 면역계의 대항력이 상승하는 변화가 일어난다고 한다. 원래 인체 면역계는 장 미생물 생태계의 인구조사를 자주 실시한다. 그래서 장에 프로바이오틱스 생균이 있는 것을 알아채면 촉을 세우고 대기 태세에 들어간다. 그러다 마침 프로바이오틱스 균은 들어가 보지도 못한 저 위 호흡기 쪽에 진짜 병원균이 들어오면 면역계가 번개처럼 출격하는 것이다.

그런데 잠깐, 만약 이게 사실이라면 왜 모든 의사가 환자들에게 먹는 프로바이오틱스를 권하지 않는 걸까? 그 속사정은 이렇다. 프로바이오틱스에 관한 수천 건의 연구 중 대부분은 소규모 집단을 대상으로 한 것이고 결과가 재현성 없이 중구난방이어서 갈피를 잡기가 어렵다. 더구나 특정 프로바이오틱스 균주의 특정 효과를 객관적으로 증명해낸 연구도 거의 없다. 이렇게 확실한 증거 없이 소문만 무성하니 의료계 전체에 회의주의가 퍼질 수밖에.

프로바이오틱스는 왜 이렇게 변덕스러울까? 어떤 사람이 프로바이오틱스를 먹으면 프로바이오틱스 생균은 그 사람의 뱃속에 사는 장 미생물총과 인사를 나눈다. 그런데 장 미생물총 사회의 색깔이 사람마다 다 다르기에 같은 프로바이오틱스 생균이라도 태도가 한결 같지는 않다. 두 번째 사람이 첫 번째 사람과 똑같은 효과를 보려면 아마도 다른 프로바이오틱스 제제를 선택하거나, 첫 번째 사람보다 10배 더 많은 양을 먹어야 할지도 모른다. 프로바이오틱스의 예민한 성격은 개인차에만 그치지 않는다. 한 개인에게서도 일교차를 보인다. 다시 말해 프로바이오틱스가 발휘하는 효과가 시간에 따라서도 변한다는 소리다. 유감스럽게도, 지금까지 수집된 정보만으로는 어떤 프로바이오틱스가 한 사람의 장 미생물총에 어떤 영향을 미치는지 정확하게 예측하기가 어렵다. 그런 까닭에 다양한 프로바이오틱스 균주가 골고루 들어 있는 발효식품을 섭취하는 것이 현재로서는 우리에게 우호적인 미생물을 많이 만날 최선의 방법이다.

미국에서 가장 인기 있는 프로바이오틱스 함유 식품은 발효 유제품과 미생물 배양공법으로 생크림을 숙성시킨 사워크림이다. 사워크림 중에는 박테리아를 쓰지 않고 만들어 프로바이오틱스가 들어 있지 않은 제품도 있으니 잘 보고 골라야 한다. 또 처음 들어보는 사람이 더 많겠지만, 케피르^{Kefir}라는 것도 있다. 요구르트와 비슷하게 양젖에 박테리아와 효모 수백 종으로 구성된 종균을 넣어 발효시켜 만드는데, 미생물 섭취량이 1회 분량당 수십 억 마리나 된다고 한다. 이렇게 미생물 구성이 다양하다는 점을 높이 사 우리 집에서는 환절기는 물론이고 평소에도 케피르를 즐겨 먹는다. 케피르에는 미생물 종류가 그렇게 많으니 우리 네 식구 각각의 장 미생물총과 궁합이 맞을 녀석이 하나라도 있을 거라는 믿음에서다.

범위를 더 넓혀 서양의 대표적 발효음식으로는 독일식 양배추절임 사워크라우트^{sauerkraut}, 오이와 각종 채소로 만드는 피클, 그리고 요즘 한창 뜨는 가미 발효차 콤부차^{kombucha}를 들 수 있다. 이밖에도 각 가정에서 각종 식재료를 직접 발효시켜 먹는 문화가 전 세계에 걸쳐 많이 존재한다. 채소는 물론이고 과일과 콩, 곡물, 심지어는 육류와 어류까지 사실상 발효시키지 못하는 게 없어 보인다. 예를 들어 아이슬란드 전통 음식인 하우칼^{Hakarl}은 언덕 기슭에 구멍을 파고 그 안에서 상어고기를 모래나 자갈에 석 달 동안 재워 삭힌다. 이때 구멍은 육즙이 흘러내려가도록 적당한 각도로 기울여 파야 한다. 이 신기한 음식의 맛이 어떤지는 먹어본 적이 없어 설명할 수 없지만, 왠지 처음엔 이상해도 맛볼수록 빠져들 것 같긴 하다.

프로바이오틱스의 자격

최근 들어 프로바이오틱스 영양제와 생균 함유 발효식품을 전략상품으로 하는 새로운 산업분야가 급성장하고 있다. 업계의 마케팅 목표는 식품이든 정제한 알약이든 자신들의 프로바이오틱스 제품을 먹으면 건강이 좋아진다고 믿도록 소비자를 설득하는 것이다.

인터넷에는 프로바이오틱스의 이점을 과장되게 찬미하며 장 건강을 위해 제품을 사라는 광고가 홍수를 이룬다. 이런 판매 사이트들은 신바이오틱스synbiotics, 프로바이오틱스 생균과 그 먹이가 혼합되어 있는 단일제제와 같은 생소한 전문용어나 기능성 식품이라든지 영양약제학과 같은 신조어까지 들먹이며, 귀가 얇은 소비자에게 헛된 희망을 심어주거나 협박하거나 헷갈리게 하려고 안간힘을 쓴다. 하지만 이런 말을 그대로 믿는다면 우리는 프로바이오틱스 제제를 매일 한 바가지씩 입 안에 들이부어야 한다. 그들은 이미 건강한 사람이 자신들의 제품을 먹으면 더 건강해지고 병에 걸리지 않는다고 주장한다. 또 장이 약한 사람은 그걸 먹어야 낫는다고 말한다. '초특급울트라슈퍼', '극강의 방어력', '건강의 삼위일체' 등 제품명을 보면 더 가관이다. 마치 "건강하길 바란다면, 날 사세요!"라고 고함치는 것 같아 시선이 마주칠 때마다 귀가 아플 지경이다.

이런 와중에 의학계는 어떤 사람이 프로바이오틱스를 먹으면 좋을지 이렇다 할 지침을 내놓지 않고 있어 혼란을 가중시킨다. 그래도 다행히 최근 몇 년 사이에 프로바이오틱스 제제에 기대볼 만하다는 과학적 증거가 나온 임상적 상황이 몇 가지 있다. 프로바이오틱스 분야의 독보적인 컨설턴트인 메리 엘런 샌더스Mary Ellen Sanders 박사는 국제 프로바이오틱스 및 프리바이오틱스 학회ISAPP의 사무국장으로 재직하고 있다. 샌더스 박사는 최근 연구 자료를 보면 괴사성 장염을 앓는 조산아, 항생제에 의한 설사 환자, 급성 설사병 환자, 심지어는 일반 감기 환자 등 다양한 임상적 상황에서 프로바이오틱스가 확실히 가치 있을 거라고 설명한다.

물론 특정 프로바이오틱스 균주가 특정 질병을 치료한다는 추측을 사실로 굳히는 재현성 있는 연구결과는 여전히 존재하지 않는다. 그래도 최근 의료계에서는 프로바이오틱스가 도움이 되면 됐지 절대로 해를 주지는 않는다는 분위기가 지배적이다. 지금까지 확인된 바로 프로바이오틱스의 안전성이 뛰어나고 긍정적 효능까지 기대할 만한 것은 사실이기 때문에, 어쩌면 이것이 가장 현실적이면서 합리적인 시각일 것이다.

미국 미네소타 주 로체스터에 있는 메이오클리닉Mayo Clinic에 가면 푸르나 카샵Purna Kashyap 박사를 만날 수 있다. 병원 맞춤의학센터Center for Individualized Medicine 소속 마이크로바이옴 프로그램의 부국장을 맡고 있는 카샵 박사는 원래 소화기내과 전문의지만, 장 미생물총과 장 건강의 관계에 관심이 지대해 2년 동안 스탠퍼드에 있는 우리 연구실에서 객원연구원으로 있었다. 임상 현장에서 그의 주요 관심사는 과민성 대장 증후군이나 장운동 장애와 같은 위장관계 기능장애다. 이와 관련해 그가 프로바이오틱스를 응용하는 방식은 예상과 달리 수동적이다. "환자가 물어보면 말리지는 않지만 프로바이오틱스를 1순위 치료로 권하지도 않습니다."

그가 보여주는 이런 미적지근한 태도는 의사들 사이에서 드물지 않다. 의사들은 대규모 임상연구를 통해 여러 차례 반복 검증되지 않은 것을 권하는데 몹시 조심스럽다. 수치로 측정 가능한 지표 없이 그냥 '나아졌다'는 소감만으로는 이들을 설득하기에 부족한 것이다. 그런데 환자들에게는 엄격한 카샵 박사도 본인은 버터밀크를 자주 마신다고 한다. 그의 말을 빌리면 우유를 숙성시켜 만드는 이 음료를 마시면 어릴 때 인도에서 어머니가 매일 만들어주시던 요구르트가 생각난다고 한다.

이름만 봐도 안다

대다수의 소비자는 프로바이오틱스라는 단어에 좋은 인상을 가지고 있다. 그래서 사실이든 과장이든 겉에 프로바이오틱스라고 적힌 제품에 더 손이 간다. 하지만 소비자를 위한 프로바이오틱스 가이드에서 ISAPP국제 프로바이오틱스 및 프리바이오틱스 학회는 이렇게 경고한다. "프로바이오틱스라고 적혀 있다고 해서 모두가 실제 프로바이오틱스 제품인 것은 아니다. 일부 제품은 효능이 증명된 프로바이오틱스 균주가 아예 들어 있지 않거나 들어 있다 하더라도 상당수가 유통기한 이내에 죽어버린다." 이것은 프로바이오틱스의 잠재력이 무한함에도 프로바이오틱스라는 단어를 앞장세우는 상품들을 맹신해서는 안 되는 이유다.

요즘에는 여러 프로바이오틱스 균주가 상품화되어 팔린다. 그런데 이런 제품들을 하나하나 뜯어보기 전에 박테리아 명명법부터 알아볼 필요가 있다. 이름이 그 균주의 특징을 어느 정도 알려주기 때문이다. 한 가지 더, 만약 이 이름이 회사에서 지은 것이라면 조금 더 주의해야 한다. 균주 이름을 마케팅 수단으로 이용하는 게 그들의 수법이니까.

박테리아의 학명은 속명과 종명을 조합해 정한다. 상용화된 프로바이오틱스 생균 중 가장 흔한 속屬 두 가지는 비피도박테리움과 락토바실러스다. 속명은 박테리아 가문의 성姓이라고 여기면 이해하기 쉽다. 같은 속명을 가진 박테리아 균주들은 모두 친척 관계인 셈이다. 자연스럽게 종명은 이름에 해당하며, 특정 속에 포함되는 개성적인 한 구성원임을 나타낸다. 가령 비피도박테리움 롱검Bifidobacterium longum과 비피도박테리움 아니말리스Bifidobacterium animalis는 같은 속에 속한 두 종種이다. 짐작할 수 있듯이 비피도박테리움 롱검은 락토바실러스 아시도필루스Lactobacillus acidophilus보다는 비피도박테리움 아니말리스와 더 비슷하다.

그런데 종과 속이 같더라도 각각의 개체가 모두 판박이처럼 똑같은 것은 아니다. 그래서 소소하게 성격 차이가 나는 균주들은 뒤에 아명을 덧붙여 세분한다. 현생인류는 모두 호모 사피엔스Homo sapiens이지만 70억 인구 한 명 한 명이 저마다의 개성을 가진 독립적 인격체인 것과 마찬가지다. 박테리아의 경우에는 흔히 특정 균주의 속명과 종명 뒤에 문자와 숫자를 조합한 코드를 붙여 부른다. 비피도박테리움 아니말리스 DN-73-010처럼 말이다.

이런 균주는 보통 누군가가 특허를 낸 전유물로, 소유자가 회사라면 외우기 어려운 코드 말고 상품명을 따로 부여하기도 한다. 그런 상품명은 흔히 이 균주가 장 건강에 좋다는 이미지를 연상시키는 것으로 붙인다. 일례로 떠먹는 요구르트 액티비아^{Activia}에는 다논^{Dannon}이 만든 비피더스 레귤라리스 ^{Bifidus regularis}라는 상품명이 적혀 있다. 이 이름은 다논이 보유한 특정 비피도 박테리움 아니말리스 균주를 가리킨다. 다른 시장에서는 이 균주를 또 다른 이름으로 부르는데, 영국 사람들이 말하는 비피더스 다이제스티붐^{Bifidus digestivum}도 그 중 하나다.

대중에게 그릇된 정보를 주지 않도록 업계 전체가 준수하는 어떤 규칙이 있음직도 하지만 너무 많은 기대를 하지 않는 것이 좋다. 업체들은 살아 있는 박테리아가 들어 있는 각양각색의 상품에 모조리 '프로바이오틱스'라는 표현을 갖다 붙이는데다가, 공표된 용도를 기준으로 식품과 의약품을 관리하는 미국 FDA의 규정은 복잡하기 짝이 없다. 대부분의 프로바이오틱스 제품은 질병치료 효능을 공공연히 내세우지 않는다는 이유로 의약품으로 분류되지 않는다. 그래서 심층적인 생체시험과 허가라는 까다로운 절차를 피해갈 수 있다. 말하자면 잔꾀를 부려 효과보다는 안전을 최우선시하는 FDA의 눈을 가리는 것이다. 그럼에도 프로바이오틱스 제품은 법적으로 약이 아니기에 제품라벨에 치료 효능을 기재하지 못하게 하는 것이 FDA가 강제하는 조치의 전부다.

건강에 좋을 거라는 희망은 둘째 치고 이게 워낙에 짭짤한 장사이니, 회사들이 기를 쓰고 가장 뛰어난 균주를 찾아다닐 거라고 생각하면 엄청난 오산이다. 현실은 정반대니까 말이다. 식품이든 영양제든 현존하는 프로바이오틱스 생균 중에서 엄정한 선발과정을 통과한 것은 거의 없다. 물론 업체들은 이 말에 발끈하겠지만. 개중에 특별한 효능을 인정받은 균주도 있긴 하나, 그밖에는 발효식품에 원래 많이 들어 있다는 이유만으로 대충 뽑힌 게 태반이다.

사람들이 프로바이오틱스 제품 하면 떠올리는 이미지를 크게 세 가지로 정리해보자. 첫째는 요구르트와 같은 발효식품이다. 둘째는 공정에 발효가 포함되지는 않지만 어떻게든 살아 있는 미생물을 첨가한 식품이다. 프로바이오틱스 균이 보강된 그래놀라 바가 대표적인 예다. 셋째는 영양제 형태의 프로바이오틱스 제제다. 세 가지 모두 부작용이 없음을 역사가 검증하거나 '대체로 안전하다generally regarded as safe'는 GRAS 인증을 획득한 균주가 들어간다. GRAS 인증을 받으려면 해당 제품을 사람이 섭취하기에 안전하다고 전문가 집단이 인정해야 한다. 하지만 예산문제로 현재 FDA는 프로바이오틱스 제품의 GRAS 인증을 의무가 아닌 선택 사항으로 미뤄놓은 상태다.

이런 상상을 해보자. 프로바이오틱스 영양제 회사 하나를 내가 직접 차리려고 한다. 회사 이름은 이뮨 부스터즈Immune Boosters다. 첫 출시 상품에는 락토바실러스 카제이Lactobacillus casei가 주성분으로 사용될 것이다. 락토바실러스 카제이는 요구르트에 풍부한 유산균이니 이미 충분히 안전할 테고 FDA도 까다롭게 굴지 않을 것이다. 나는 광고에 쓰려고 이 유산균주에 특허를 내고 락토바실러스 프로헬시Lactobacillus ProHealthy라는 상품명을 붙였다. 락토바실러스 프로헬시를 전국 약국에 배달하기 전에 남은 일은 성분과 안전성 정보를 FDA에 제출하는 것뿐이다. 그러면 90일 뒤에 전 국민이 내 야심작을 만나볼 수 있다. FDA의 허락 따윈 필요하지 않다. 고맙게도 이렇게 정부 당국이 손을 놓고 안전성을 검증하는 중요한 일을 제품을 파는 업체에 떠넘겨주니 정체가 의심스러운 제품들이 시장에 넘쳐나는 건 당연하다. 약병 안에 실제로 들어 있는 미생물의 종류와 수가 라벨과 일치하지 않는 경우가 부지기수지만,[6] 이 영양제에 진짜 효과가 있는지는 귀찮게 신경 쓸 필요가 없다. 간단히 말해, 락토바실러스 프로헬시 한 병에는 라벨에 적혀 있지 않은 다른 박테리아 종류가 섞여 있거나 심하면 프로헬시가 한 마리도 없을 수도 있다. 그럼에도 우리 이뮨 부스터즈는 락토바실러스 프로헬시가 건강health을 위한다pro는 걸 증명하는 서류 한 쪼가리도 낼 필요가 없다.

기업 입장에서 생각해보면, 회사는 효과를 증명하지 않아도 물건을 팔아 수익을 낼 수 있으니 번거롭게 새 후보를 물색하는 수고를 할 이유가 없다. 그런 까닭에 이 시장에서 상품화할 수 있는 프로바이오틱스 균주 후보군은 오래 전부터 지겹게 써먹어온 몇 가지로 극히 제한되어 있다. 모두 영양제가 아니더라도 전통 발효식품을 통해 더 쉽게 섭취할 수 있는 것들이다. 이런 식품 말고 사람 소화관과 같은 다른 곳에서도 뛰어난 후보를 얼마든지 찾을 수 있을 것이다. 하지만 먹기에 안전하다는 선조들의 증언이 없으니 실제 신제품 개발로 이어지기는 어려워 보인다.

그런데 새로 발견된 균주가 건강증진 효과를 냄을 뒷받침하는 믿을 만한 증거가 마침 있어서, 이 균주를 주성분으로 하는 제품을 새로 출시하려 한다고 치자. 하지만 백번 양보해 효능 표기를 과감하게 포기한다고 하더라도 회사는 여전히 안전성을 증명해보여야 한다. 이는 수십 건의 동물연구와 임상연구에 몇 달일지 몇 년일지 모를 세월과 천문학적 예산을 허비해야 한다는 것을 의미한다. 아니면 소비자 단체와 정부당국의 각종 시비와 법적 조치를 감내하거나. 이런 승산 없는 게임에 과연 어느 기업이 기꺼이 뛰어들려 할까.

우기기 게임

미국 프로바이오틱스 산업은 시간과 돈이 드는 임상연구 요건을 피해가려고 아슬아슬한 줄타기를 이어왔다. 샌더스는 미국에서는 정상적인 인체의 구조와 기능에 관련 있음을 인정받으면 프로바이오틱스 제제를 정부 허가 없이도 만들어 팔 수 있다는 게 문제라고 지적한다. 일명 '구조-기능 주장'이 과장 한 톨 없는 사실일 수도 있지만, 증거제출 요건이 너무 느슨한 것은 분명하다. 미국에서는 연방거래위원회FTC라는 조직이 상품의 실체가 광고 내용과 잘 맞는지를 감시하는 일을 한다. 그런데 2010년 다논이 만용을 부려 선을 너무 넘은 사건이 일어났다. 액티비아를 2주 동안 매일 먹으면 장 건강의 균형을 되찾는다는 것이 임상적으로 증명되었다고 주장한 것이다. 결국 연방거래위원회는 내용이 심하게 과장되었다고 판단하고 허위광고 혐의로 다논을 고소했다. 그런 일이 있은 후 다논은 '임상적으로'라는 표현을 삭제했으며 더 이상 액티비아가 장 트러블을 해결한다고 광고하지 않는다.

이렇듯 기업들은 천재적인 마케팅 전략을 구사하며 자사의 프로바이오틱스 제품이 건강에 좋다고 소비자를 세뇌시킨다. 그런데 이런 선전이 전부 과장일까? 불행히도 프로바이오틱스가 인체와 장 미생물총에 미치는 효과를 뒷받침하는 과학적 증거라는 것에는 과학이라고 보기 힘든 가짜가 섞여 있다. 그런 자료가 나온 연구는 설계가 부실하기 그지없고, 대부분 프로바이오틱스 제조사가 연구비를 댄 것이라 객관성이 있다고 보기 어렵다.

하지만 이런 악조건 속에서도 프로바이오틱스학 분야가 발전하고 있다는 것만은 사실이다. 그에 따라 프로바이오틱스가 인체 건강에 기여하는 역할이 정통 과학연구의 진지한 주제로 더욱 자주 등장하고 있다. 샌더스는 프로바이오틱스로 질병을 치료하는 미래를 여전히 꿈꾼다. "프로바이오틱스가 임상적 가치를 가진다는 증거는 분명히 있습니다. 그 중 일부는 이미 의료계에서도 인정하고 있고요." 앞으로도 제대로 된 연구들이 활발히 수행되어 프로바이오틱스 생균이 우리의 건강에 유익하다는 사실이 입증되면 프로바이오틱스 제품이 더욱 다양한 형태로 개발될 것이다.

프로바이오틱스의 짝꿍

프리바이오틱스prebiotics는 프로바이오틱스와 달리 살아 있는 유기물이 아니지만 먹는 목적은 다르지 않다. 대장에 사는 유익균의 개체수를 늘리는 것이다. 프리바이오틱스는 식이섬유라는 흔한 음식 성분으로, 보통은 당 분자가 길게 연결된 복합 탄수화물, 즉 다당polysaccharide 형태를 갖는다. 이 덩치 큰 식이섬유는 사람의 장에서 흡수되지도 분해되지도 않기 때문에 온전히 대장 박테리아들이 차지한다. 프리바이오틱스가 대장에 도착하면 장 미생물총이 이것을 쪼개고 발효시켜 성장과 번식에 필요한 에너지를 얻는다. 이것은 사람의 건강에도 긍정적인 효과를 준다.

상용화된 프리바이오틱스 중 가장 대표적인 것을 꼽으라면 이눌린inulin을 들 수 있다. 이눌린은 프럭토스fructose 60개 가량이 사슬처럼 나란히 연결된 다중합체 분자다. 영양제로도 따로 나오지만, 이눌린은 과일과 채소에 원래 풍부하게 들어 있다. 그 중에서도 양파와 같은 구근류나 돼지감자와 같은 덩이줄기류에 특히 많다.

그런데 이상하다. 액상과당도 프럭토스가 농축된 것인데 이걸 과량 섭취하면 안 좋다고들 하니 말이다. 그러면서 프럭토스 덩어리인 이눌린은 건강을 위해 먹는다는 것은 언뜻 어불성설 같다. 하지만 가타부타는 사정을 다 알아보고 판단해야 하는 법이다.

이눌린은 프럭토스 중합체이므로 인체 소화관에서 액상과당의 주성분인 단일 프럭토스 분자들과는 전혀 다른 방식으로 취급받는다. 사람의 소화관은 스펀지가 물을 빨아들이듯 낱개로 떨어져 있는 프럭토스 분자들을 바로바로 흡수해 혈액으로 실어 보낸다. 장 미생물총은 프럭토스도 얼마든지 발효시킬 수 있지만 작은 프럭토스 알갱이들은 소화관 위쪽에서 일찌감치 다 흡수되어버리는 탓에 대장 미생물에게까지 돌아갈 몫이 남지 않는다. 반면에 인체는 유전적으로 이눌린 안에서 프럭토스들 사이를 잇는 고리를 끊을 능력이 없다. 사람에게 이눌린은 굳게 잠긴 보석상자와 같아서 침만 삼키고 그대로 내려보낼 수밖에 없는 것이다. 그러다 이 상자가 대장에 도달하면, 장 미생물총 중에서 열쇠를 가지고 있는 녀석들이 몰려들어 상자를 열고 잘 게 쪼갠 프럭토스 알갱이들을 쌓아놓고 만찬을 즐긴다. 만약 우리에게 장 미생물총이 없었다면, 이눌린은 그냥 그대로 튜브를 통과해 흠집 하나 나지 않은 상태로 변기물과 함께 내려갔을 것이다.

장 박테리아는 이눌린을 발효시켜 단쇄지방산, 즉 SCFA를 만들어낸다. 챕터 3에서 언급했듯, SCFA는 에너지원도 되면서 장 염증의 발생위험도 낮춘다. 그러므로 프럭토스의 평판이 대체로 나쁘기는 해도 무조건 손사 래를 치기 전에 앞에 놓인 프럭토스가 어떤 형태인지부터 알아봐야 한다. 만약 이눌린처럼 다중합체라면 장 미생물총 건강을 위해 먹어둘 만하다.

프리바이오틱스는 흔히 단순히 식이섬유를 정제한 것이다. 이런 식이섬 유는 각종 식물에 원래 많이 들어 있다. 가령 양파나 마늘, 돼지감자를 먹으 면 이눌린과 프럭토올리고당^{FOS, fructooligosaccharide}을 비롯한 다른 여러 중합체 탄수화물을 자연스럽게 충분히 섭취할 수 있다. 사실상 거의 모든 식물성 중합체 탄수화물과 식이섬유가 장 미생물총에게 먹일 수 있는 프리바이오 틱스라고 생각해도 좋다.

우리 부부는 마트의 농산물 코너마다 "프리바이오틱스가 들어 있어요!" 라고 적힌 표지판을 크게 붙여놔야 한다고 생각한다. 일터에서나 집안에서 나 장 미생물총만 생각하며 사는 우리 부부는 프리바이오틱스가 많다는 이 유 하나 때문에 농산물과 콩류를 많이 먹으려고 늘 노력한다. 프로바이오 틱스와 마찬가지로 프리바이오틱스 역시 종류 하나하나가 전부 건강에 이 롭다며 식이섬유 섭취를 독려하는 과학적 증거가 최근 급증하고 있다. 이 중 상당수가 프리바이오틱스가 장 미생물총을 도움으로써 인체 건강을 간접적으로 증진한다는 것이긴 하지만.

요즘에는 프로바이오틱스와 프리바이오틱스를 한데 묶어 신바이오틱스라 총칭한다. 여기서 '신syn'은 시너지synergy 효과를 의미한다. 둘의 조합이 각각의 효과를 합한 것보다 더 큰 효능을 발휘한다는 뜻이다. 프리바이오틱스는 쉽게 말해 프로바이오틱스 생균이 먹는 먹이다. 따라서 사람이 프리바이오틱스를 함께 먹어주면 대장에서 프로바이오틱스 생균의 식탁이 더욱 풍성해진다. 신바이오틱스 역시 프로바이오틱스처럼 공식적으로 약이 아니어서 보건당국의 규제도 받지 않지만 질병 치료 효과를 드러내놓고 광고할 수도 없다. 그런 까닭에 보통 신바이오틱스에는 플로라뮨Floramune, 장 미생물총을 뜻하는 flora와 면역력을 뜻하는 immune의 합성어과 같이 에두른 이름이 붙고, 제품 설명도 "장 미생물총 균형 회복에 도움을 줍니다"라는 식으로 상당히 조심스럽게 한다.

최근 프로바이오틱스의 인기에 발맞추어 신바이오틱스 시장도 성장세에 있긴 하지만, 요구르트를 먹을 때 바나나를 곁들이거나 하는 식으로 누구나 손쉽게 프리바이오틱스를 보충할 수 있다. 요구르트라는 프로바이오틱스에 이눌린이 풍부한 바나나를 프리바이오틱스로 더해 나만의 신바이오틱스를 만드는 것이다. 아니면 같은 원리로 사워크림이나 케피르를 양파가 들어 있는 샐러드에 드레싱으로 뿌려도 된다. 대부분의 과채류가 훌륭한 천연 프리바이오틱스 공급원임을 잊지 말자.

청신호를 켜는 미래

앞으로 언젠가 어떤 균주가 어떤 효능을 낸다는 것이 구체적으로 밝혀진 다면, 프로바이오틱스의 입지가 질병 치료약으로 격상될지도 모른다. 그렇 게 되면 프로바이오틱스가 과민성 대장 증후군과 염증성 장질환, 비만, 다 양한 비만 합병증 등 여러 질환의 치료제로 공식적으로 사용될 것이다. 샌 더스는 이런 예상을 내놓았다. "프로바이오틱스가 의약품의 지위를 얻으면 요구르트의 열 배 가격에 팔릴 겁니다. 그리고 효능을 주장하는 설명서의 어조도 한층 강해질 거예요. 내용물은 똑같은데 말이죠."

하지만 그 날이 올 때까지는 특정 종류의 프로바이오틱스가 특정 종류의 질환에 좋다는 권유는 아무리 그럴 듯해도 절대 믿을 게 못된다. 사람이 100 명이면 장 미생물총 성질도 최소 100가지다. 게다가 프로바이오틱스 연구 를 실시할 때마다 연구 참가자가 연구에 참가하는 동안과 참가 전후에 실시 간으로 개개인의 장 미생물총 상태를 완벽하게 파악해야만 연구가 수포로 돌아가지 않고, 연구 자료가 값어치 있게 쓰일 수 있다.

프로바이오틱스 연구가 복잡한 이유는 또 있다. 만약 100명이 참여한 임 상연구에서 10명만 반응을 나타냈다면, 그 균주는 효과가 없다고 판정될 것이다. 하지만 이 반응자 10명의 장 미생물총 특징이 서로 비슷하고 비반 응자 90명과는 확연히 구분된다면, 어쩌면 이런 장 미생물총을 가진 사람 들에게는 이 프로바이오틱스가 잘 맞을 거라고 추측할 수 있다.

맞춤의학의 시대는 인류가 목 빠지게 고대하는 미래다. 그 전초단계로 앞 으로는 발효 유제품에 들어 있는 것 말고 다른 생균 균주를 이용한 프로바이오틱스 제제가 다양하게 개발될 것이다. 가장 유력한 후보 중 하나는 사람 대변에서 검출되는 균주다. 사실 프로바이오틱스 영양제나 요구르트에 들어 있는 비피도박테리아의 상당수도 건강한 아기의 기저귀에서 처음 발견되었다. 게다가 옛날에는 이 균주로 설사를 치료했다고 한다.

사람 장 미생물총의 구성원에 관해 최근 폭발적으로 증가하는 정보를 잘 뜯어보면 어떤 균주가 차세대 프로바이오틱스가 될 잠재력을 가졌는지 힌트를 얻을 수 있다. 사람 장에 흔한 페칼리박테리움 프라우스니치Faecalibacterium prausnitzii는 염증성 장질환 환자나 크론병 환자, 궤양성 대장염 환자, 결장직장암 환자의 뱃속에는 없는 경우가 흔하다.[7] 그런데 동물실험에서 몸속에 이 박테리아가 사는 쥐는 장 염증이 줄고 다른 긍정적인 면역 지표물질 수치가 더 높은 것으로 확인됨에 따라,[8] 이 균주가 강력한 프로바이오틱스 후보로 떠올랐다. 페칼리박테리움 프라우스니치처럼, 특정 질병 상태에서 부족해지는 특정 균주를 보충해주면 정말로 병이 낫는지는 시간을 두고 지켜볼 일이다. 하지만 스쳐지나가는 과객이 아닌, 가족 같은 유익균을 보강하는 것이 건강에 백익무해할 것임은 틀림없다.

한편, 생균 균주 딱 하나에 매달릴 게 아니라 여러 가지를 섞는 것도 활로가 될 수 있다. 일종의 프로바이오틱스 칵테일을 만드는 것이다. 이런 박테리아들은 저희끼리 상부상조하거나 정상적인 인체 기능과 긍정적 상승작용을 낼 수 있다. 그러므로 궁합이 잘 맞는 균주들의 조합을 찾을 수만 있다면 상당한 효과를 기대할 만하다. 장 미생물총이 약할 때는 최악의 화재현장에 장비 없이 긴급 출동한 소방관마냥 유익균 딱 한 종류만 보충해줘도 급한 불은 끈다. 그런데 사다리와 소방호스를 비롯한 각종 장비에 인명구조

팀까지 투입하면 진화는 훨씬 빠르고 효율적이다. 이런 능력 있는 요원들을 찾는 데에는 건강한 장 미생물총에서 발견되는 균주들 중에서 거르고 솎는 것이 도움이 될 수 있다. 사이좋게 일 잘하는 균주들을 조합하는 것은 프로바이오틱스의 미래를 밝히는 또 하나의 등불이다.

그런데 바깥세상에도 프로바이오틱스가 다이아몬드 원석처럼 잔뜩 숨어 있는 보물섬이 있다. 바로 흙이다. 흙을 먹는 토식증^{土食症}은 동물의 왕국에서는 흔한 습성이다. 사람도 손이나 덜 씻긴 농산물을 통해 나도 모르게 흙을 섭취하며 흙을 정제한 소금은 어느 음식에나 조미료로 사용된다. 심지어는 흙 자체를 일부러 먹는 문화도 꽤 있다. 아이티의 어떤 부족은 흙반죽에 버터와 설탕을 넣고 봉봉드테어^{bon bons de terre}라는 쿠키를 구워 먹는다. 반면에 미국 정신의학회^{American Psychiatric Association}에서 발간한 ≪정신장애 진단 및 통계 편람^{Diagnostic and Statistical Manual of Mental Disorders}≫에는 수백 년 동안 이어져온 풍습임에도 흙을 먹는 것은 비정상적인 행동이라고 되어 있다.

먹을 게 궁할 때를 제외하고, 인류가 흙을 왜 먹는지는 정확히 알려진 바가 없다. 부족한 영양소를 보충해준다든가 흙 특히 진흙이 장에 쌓인 독소를 흡수한다는 등 비슷비슷한 추측만 무성할 뿐이다. 다만 흙을 먹는 것이 메스꺼움을 가라앉히는 데 효과적인 것은 사실이다.[9] 그런데 만약 이것 말고 흙을 통해 미생물을 섭취하는 것이 달리 건강에 좋은 이유가 있다면? 실제로 한 기업이 이런 주장을 하며 발효 유제품 성분이나 장 미생물총 구성원이 아니라 흙에 흔한 미생물들로 만든 프로바이오틱스 영양제를 판매한다.

토양 박테리아가 과민성 대장 증후군의 증상을 완화한다는 증거가 있긴 하다.[10] 어쩌면 지나치게 깔끔 떠는 요즘 산업사회에서 흙을 입은 고사하고 손발에도 묻힐 일이 없으니 그게 문제였을 수도 있다. 그렇다면 흙으로 만든 프로바이오틱스로 자연과 인간을 다시 이어 문제를 해결할 수 있다는 논리가 맞을 테고 말이다. 개발에 힘을 실어주는 연구 자료가 나올지 아닐지는 장담할 수 없지만, 기존 공급원에서는 더 이상 희망이 보이지 않는 상황에서 토양 박테리아로 새로운 프로바이오틱스를 만든다는 것은 충분히 해볼 만한 시도다.

프로바이오틱스의 미래에 청신호를 켜는 또 하나의 요소는 유전공학이다. 누군가 염증성 장질환 때문에 장에 염증이 생겼다고 상상해보자. 그런데 유전공학으로 설계된 똑똑한 프로바이오틱스가 있어서 이 생균이 장에서 염증 병변을 정확하게 찾아내고 소염제 분자를 정면에서 발사해 명중시킨다면? 미생물계의 인공지능 폭탄처럼 말이다. 게다가 이런 프로바이오틱스는 얼마나 똑똑한지 염증이 잦아든 분위기를 감지해 알아서 발포를 중지한다. 이게 다가 아니다. 센서 역할을 하는 진단검사용 박테리아가 유전공학을 통해 개발될 거라는 얘기도 솔솔 나오고 있다. 그런 날이 오면 다양한 질환의 조기 진단이 가능해지는 것은 물론이고 어쩌면 병원에서 대장내시경이 사라질지도 모른다.

프로바이오틱스 사용자를 위한 안내서

인류의 먼 조상들은 요즘은 상상할 수도 없는 양의 박테리아를 먹고 살았다. 개중에는 좋은 녀석도 있었지만 나머지는 많은 문제를 일으켰다. 그런 말썽균 때문에 인간 사회에는 식품과 상수도의 위생 개념이 생겨났고 사람들은 집안 구석구석을 쓸고 닦고 물건을 구입할 때마다 항균 마크를 확인하는 데 집착하게 되었다. 주변 환경에 도사리고 있는 병원성 미생물을 최대한 없애는 게 나쁜 일이라고 반박할 사람은 없겠지만, 완전박멸이 능사는 아니다. 미생물을 깡그리 없애 폐허를 만드는 것보다는 유해균의 자리를 프로바이오틱스와 같은 유익균으로 채우는 게 바람직한 해결책일 것이다.

병을 치료하려고 프로바이오틱스를 쓰고자 할 때는 먼저 주치의에게 조언을 구해 어느 균주가 나에게 가장 효과적일지 전문가의 눈으로 판단하게끔 해야 한다. 프로바이오틱스의 안전성이 수백 년 역사를 통해 입증되긴 했어도 면역력이 약한 사람에게는 어떤 일이 생길지 모르기 때문이다. 그런 면에서 프로바이오틱스의 최대 이점은 질병 치료가 아니라 건강한 사람을 더 건강하게 만드는 것일지도 모른다.

먹는 생균은 여러 형태로 상품화된다. 영양제도 있고, 요구르트나 저온살균하지 않은 사워크라우트, 피클, 김치, 된장과 같이 살균처리 하지 않은 발효식품도 있다. 혹은 유익균이 보강된 과일주스 브랜드 굿벨리Goodbelly처럼 발효과정 없이 제조된 완제품에 살아 있는 박테리아를 따로 넣기도 한다. 후자 두 가지 모두의 방식으로 생산되는 것도 있는데, 사워크림과 버터, 치즈가 대표적이다. 이런 제품에 '살아 있는 활성 배양균live and active cultures' 라벨이 붙으려면 그램당 1억 마리 이상이라는 생균수 기준을 충족해야 한다. 하지만 대부분은 개체수가 이보다 적어 그냥 '배양균' 라벨만 붙는다. 또 피클과 같이 원래 전통방식대로라면 발효를 거쳤던 식품들도, 요즘에는 박테리아에 맡기지 않고 시간 단축을 위해 식초를 섞은 염수를 사용한다. 게다가 발효식품이라도 마지막에 저온살균을 하면 박테리아가 다 죽어 생균 공급원으로서의 가치가 없어진다. 혹은 발효식품을 냉장보관하지 않고 유리병이나 양철통에 담아 통조림처럼 실온에 두어도 생균이 다 죽는다. 그러므로 프로바이오틱스를 계속 살아 있게 하려면 제품 라벨을 꼼꼼하게 읽어야 한다. 대부분은 대문짝만 하게 붙어 있으니 못 찾아서 못 읽는 일은 없다.

우리 가족은 생균을 정기적으로 섭취한다. 애용하는 것은 요구르트나 케피르와 같은 발효유제품이다. 그러다 감기 기운이라도 보이면 바로 생균 섭취량을 늘린다. 우리가 요구르트와 케피르를 선호하는 것은 순전히 개인적인 취향이지 이 유산균이 다른 생균보다 낫다는 무슨 정보가 있어서는 아니다. 우리도 때때로 된장국과 김치를 먹고 가끔은 피클도 직접 담근다. 그런데 마트 유제품 코너 앞에 서면 요구르트 제품 대부분이 사탕만큼이나 설탕 덩어리라는 점이 못마땅하다. 그렇다고 당 무첨가 제품을 사자니 아이들이 몹시 싫어하는 맛이라는 게 맘에 걸린다. 바로 그런 이유로 유제품업체들이 유산균이 요구르트를 발효시켜 만드는 락트산 특유의 시큼쌉쌀한 맛을 없애려고 당을 들이붓는 것이긴 하지만 말이다.

아이들을 당이 전혀 첨가되지 않은 진짜 플레인 요구르트의 맛에 길들이려면 이렇게 하면 된다. 처음에는 집에서 플레인 요구르트에 꿀이나 메이플시럽과 같이 그나마 건강한 감미료를 타 주다가 점차 양을 줄여 진짜 플레인 맛에 익숙해지게 한다. 아니면 신선한 과일이나 냉동과일을 곁들이는 것도 좋은 방법이다. 덤으로 프리바이오틱스를 더해주는 효과도 있으니까.

그런데 우리는 평소에 프로바이오틱스 영양제를 챙겨 먹는 집은 아니다. 발효식품을 통해 더욱 다양한 박테리아를 접해야 각자의 건강에 가장 좋은 유익균을 만날 기회가 높아진다고 믿기 때문이다. 예전에는 우리도 영양제를 먹었다. 단, 항생제를 맞고 난 뒤에 약해진 장 미생물총을 회복시키기 위해서만, 그것도 늘 발효식품과 함께였다. 이밖에 심한 설사를 앓고 난 뒤도 영양제라는 특단의 조치를 고려할 법한 상황이다. 항생제 사용과 설사는 병원균 기회감염^{정상적인 상태에서는 일어나지 않다가 환경이 바뀌면 일어나는 감염}의 위험을 높인다. 바로 이 순간 프로바이오틱스 특공대를 투입하면 장이 약해진 틈을 타 침략을 꾀하던 못된 미생물을 쫓아낼 거라는 게 우리의 추측이다.

장 미생물총 구성은 몸 주인만큼이나 개성이 뚜렷하다. 게다가 몸에 어떤 이상이 있을 때 어떤 종류의 균주가 얼마나 필요한지를 구체적으로 예측하는 것은 거의 불가능하다. 이런 이유로 내 장 미생물총과 손발이 가장 잘 맞는 나만의 프로바이오틱스를 찾는 것이 매우 중요하다. 프로바이오틱스 제품을 먹었는데 속이 더부룩하고 가스가 많이 나오거나 머리가 아프다면 그것은 나와 맞지 않는 것이다. 반대로 나에게 딱인 프로바이오틱스를 만나면 변비가 없어지고 배변이 원활해지는 현상으로 금세 알 수 있다. 물론 식품이든 영양제든 이런저런 제품을 써가며 여러 차례 시행착오를 거쳐야 하지만 말이다.

다행히도 그런 시행착오 과정을 즐길 만큼 제품은 많이 나와 있다. 대부분이 유제품이지만 아닌 것도 있다. 프로바이오틱스 생균이 풍부한 발효식품에 어떤 것이 있는지는 나중에 더 자세히 다룰 테니 조금만 기다려주기 바란다. 세상이 좋아져서, 만약 요구르트나 케피르, 콤부차를 집에서 직접 만들고자 한다면 온라인으로 종균을 쉽게 구매할 수 있다. 고수들은 콩류, 쌀, 각종 채소를 직접 발효시키기도 한다. 우리 부부가 애용하는 업체는 컬처즈포헬스Cultures for Health라는 회사다.

이런 발효식품들 중에 끌리는 것이 없거나 나는 차라리 영양제가 낫겠다 싶은 사람은 균주의 출처를 잘 알아보기 바란다. 사기를 당하지 않으려면 믿을 수 있는 업체의 제품을 구매해야 한다. 건실한 프로바이오틱스 제조사는 해당 제품으로 수행된 연구의 자료를 떳떳하게 공개하고 제품에 어떤 균주가 들어 있는지, 보관 기간이 얼마인지 등의 정보를 라벨에 정직하게 기재한다. 따라서 제조일자만 덩그러니 찍힌 제품은 일단 경계할 필요가 있다. 미국 약전협의회USP와 같은 비영리 학술조직들은 제3자 입장에서 제품 라벨에 표기된 내용이 맞는지 검증하는 평가를 실시하니 이들이 발간하는 자료집을 참고해도 좋겠다.

나만의 프로바이오틱스를 찾기 위해서는 내 몸에 가장 잘 맞는 것을 발견할 때까지 이것저것 써보는 수밖에 없다. 맞는지 안 맞는지 어떻게 아느냐고? 딱히 불편한 증상이 없을 때는 배설물이 장 미생물총에 무슨 일이 벌어지고 있는지를 알려주는 가장 확실한 단서다. 건강한 대변은 물러서 갈라진 틈이 없고 부드러워서 쑥 미끄러져 내려가 뱀이 똬리를 틀듯 돌돌 말려 쌓인다. 변비일 때와는 정반대로 말이다. 즉, 엉덩이 밑에서 뭔가가 낙하하면서 물방울이 튀지 않는다면 당신은 꽤 괜찮은 프로바이오틱스 파트너를 만난 것이다.

CHAPTER 5

한 몸에 딸린 입, 100조 마리

장 미생물총의 멸종

인류의 식량보급 방식이 수렵채집에서 농업으로, 다시 기계의 힘을 빌린 대량생산으로 변모할 때마다 장 미생물총 사회도 그때그때 흐름에 적응해왔다. 그 과정에서 몇몇 균주는 완전히 사라져 현대 서양인의 장에서는 더 이상 볼 수 없게 되었다. 이렇게 장 미생물총 다양성이 급락한 배경에는 여러 원인이 있다. 첫째는 음식을 통해 이주하는 유익균이 너무 적다는 것이다. 하지만 이것은 발효식품을 많이 먹어 해결할 수 있으니 그리 큰 문제가 아니다. 둘째는 현대인은 식이섬유를 너무 조금 섭취한다는 것이다. 식물은 천년의 세월 동안 사람의 장 미생물총을 먹여살렸다. 그런데 요즘 사람들은 채소를 거의 먹지 않는 까닭에 장 미생물들이 죄다 굶어 죽을 판이다.

서구세계의 장 미생물총 멸종 위기를 극복하고 장 미생물총 다양성을 회복시킬 해결책은 간단하다. 바로 유익균과 유익균의 먹을거리를 많이 섭취하는 것이다. 이런 지원군 박테리아는 요구르트와 피클, 사워크라우트, 김치, 콤부차 등의 발효식품과 정원이나 애완동물의 털과 같은 환경에서 동원한다. 그런 맥락에서 집안을 청소할 때 독한 항균제를 쓰지 않는 것도 장 미생물 개체수를 늘리는 데 도움이 된다. 이렇듯 집 안팎에서 미생물을 대대적으로 모집할 때는 식단에 상당히 신경 써야 한다. 무얼 먹느냐에 따라 어떤 미생물이 장에 영구 정착할지가 결정되기 때문이다.

따라서 식이섬유 섭취를 늘리는 것이 장 미생물총의 다양성 확보를 위해 매우 중요하다. 장에 사는 미생물은 복합 탄수화물을 먹고 사는데, 복합 탄수화물은 주로 식이섬유에서 나온다. 복합 탄수화물은 밀가루 음식과 탄산음료에 풍부한 단순 탄수화물과 완전히 다르다. 대체로 칭찬보다는 손가락질을 더 많이 받는 단순 탄수화물은 소장에서 전부 흡수되므로 장 미생물총이 집단 서식하는 대장까지 닿지 않는다. 그런 점에서 더 정확한 의미 전달을 위해 지금부터는 애매한 식이섬유 말고 '장 미생물총이 접근 가능한 탄수화물microbiota accessible carbohydrate', 즉 MAC라는 용어를 사용하고자 한다.[1] MAC는 한마디로 장 미생물의 밥이 되는 식이섬유 성분이다. MAC는 장 미생물총의 식탁을 풍성하게 만들고 장 미생물총의 번영을 도우며 장 미생물총 사회의 다양성을 높인다.

그런데 진심으로 이런 성과를 보고자 한다면 그 전에 현대사회에 만연한 불균형적 식습관을 대대적으로 뜯어고쳐야 한다. 우리 집에서는 농담 삼아

이렇게 뜯어고친 권장 식단을 '빅맥Big MAC 다이어트'라고 부른다. 이 식단의 특징은 과채류와 콩류, 도정하지 않은 전곡류를 통해 복합 탄수화물을 충분히 섭취하는 것이며, 장 미생물총의 다양성 확보 및 유지를 목표로 한다.

재활용 전문가

장 미생물총이 사람의 건강을 어떻게 관리하는지를 보여주는 적지 않은 증거를 하나하나 살피다보면, 반대로 우리가 장 미생물총을 통제할 방법을 알려주는 중요한 힌트를 발견한다. 바로 장 미생물총은 음식에 민감하게 반응한다는 것이다. 우리가 무엇을 먹는지에 따라 장 미생물총의 구성과 하는 일 모두 그때그때 달라진다. 그렇다면 장 미생물총 세상을 우리가 원하는 대로 꾸미려면 우리는 무엇을 어떻게 먹어야 할까? 어떤 음식을 먹느냐는 한 인간을 평생 따라다니며 괴롭히는 딜레마다. 저지방 식단과 저탄수화물 식단 중에 어느 게 더 좋을까? 반드시 유기농을 고집해야 할까? 감자튀김을 다 먹어치우고 싶은데 꾹 참고 몇 조각 남겼으니 용서될까?

식단에서 MAC 비중을 늘리고 장 미생물총 건강을 도모하고자 할 때 쉽게 따라할 만한 규칙이 있긴 있다. 그러나 무작정 행동으로 옮기기에 앞서 장 미생물총을 잘 먹이는 방법의 원리를 이해해야 한다. 그러려면 음식이 소화기를 통과할 때 어떤 일이 벌어지는지부터 알아야 하고 말이다.

소화기는 한마디로 효율적으로 돌아가는 쓰레기 처리장과 같다. 먼저, 버려진 물건들을 분류 작업을 위해 컨베이어벨트에 싣는 것처럼 위가 음식물을 소장으로 보낸다. 그러면 소장은 지방, 단백질, 탄수화물, 염, 비타민, 기타 성분 등으로 세세하게 나누는 분류 작업에 들어간다. 컨베이어벨트에서는 유리와 금속, 기타 재활용품처럼 쓸 만한 것들을 먼저 골라내는 것처럼, 소장도 쓸모가 있는 '재활용 가능한' 성분부터 흡수한다. 단순 탄수화물, 단백질이 쪼개진 아미노산, 지방산 같은 것들 말이다. 이 성분들은 열량을 가지고 있어 에너지원으로 사용된다. 그래서 인체가 새 조직을 만들 때 늙어 죽은 세포를 재활용하기도 한다.

그 다음 작업으로 썩혀 퇴비로 만들 생물학적 물질을 따로 모으는 것과 똑같은 일이 소화관에서도 일어난다. 소화시켜 흡수하지 못하는 음식 찌꺼기를 대장에 보내 미생물에게 맡기는 것이다. 이렇게 마지막에 미생물에 의해 분해되는 성분 중 대부분을 식이섬유가 차지한다. 인체가 소장에서 분비하는 효소는 식이섬유를 분해해 열량이나 영양소를 추출하지 못하는 까닭이다. 하지만 장 미생물에게 MAC로 가득한 이 식이섬유는 최고의 보양식이다.

장 미생물이 버린 보물

장 미생물의 운명은 전적으로 우리가 어떤 음식을 먹느냐에 달려 있다. 어떤 균주는 바나나에 들어 있는 MAC를 먹고 살지만 어떤 균주에게는 양파에 들어 있는 MAC가 필요하다. 이 정보를 알면 식단을 조절함으로써 특정 장 미생물을 더 빨리, 더 많이 증식하도록 조종할 수 있다. MAC에도 칼로리가 들어 있긴 하다. 하지만 이 복합 탄수화물은 장 미생물총만이 다룰 수 있으므로 그 안의 칼로리가 사람에게는 그림의 떡이다. 즉, 장 미생물총은 밥만 축내며 우리에게 얹혀사는 게 아니라 어차피 우리가 못 쓸 물건을 알뜰하게 활용하며 자립적으로 살아가는 것이다.

장 미생물은 지구상의 여느 생명체가 그렇듯 분자를 흡수하고 대사시켜 에너지를 얻고 그 에너지로 성장한다. 그리고 세포분열의 형태로 번식한다. 암수가 짝짓기를 해 개체수를 늘리는 생물종에게는 이런 생식 방법이 다소 독선적으로 보일 수도 있지만, 세포분열은 박테리아가 자신과 똑 닮은 클론을 최대한 많이 만들어내는 가장 효율적인 방법이다. 자연의 섭리대로라면 특정 환경 조건에서 생식 능력이 가장 뛰어난 생물종이 번성하고 지배하기 마련이다. 이것은 자연선택의 가장 원초적인 현상이다. 유전자를 새로 얻거나 있던 것을 지우거나 고치는 특별한 능력을 지닌 박테리아는 사람 뱃속에서 세대를 거듭해가며 빠른 속도로 진화한다. 그럼으로써 생존에 유리한 능력을 획득해 경쟁 우위를 선점한다.

장속에서 식량을 차지하기 위한 경쟁이 워낙 치열한 탓에, 녀석들은 살아남기 위해 음식물 대사 효율을 극대화하는 다양한 전략을 갖추도록 진화할 수밖에 없었다. 그럼에도 장 미생물이 마침내 에너지를 내 것으로 만들기까지는 아직 넘어야 할 장애물이 한두 가지가 아니다. 그 중 첫 번째는 산소가 없는 환경에서 에너지를 추출해야 한다는 것이다. 인체 세포는 산소를 이용해 음식물을 대사함으로써 새 세포를 만들 건축자재와 각종 생명유지 장치를 돌릴 연료를 생산한다. 미생물도 에너지를 얻고 중요한 분자를 만드는 대사 혹은 발효 작업을 한다. 그런데 그 장소가 무산소 환경인 장이라는 게 문제다. 두 번째 난관은 대사속도가 엄청나게 빨라야 한다는 것이다. 음식물은 소화관을 빠르게 통과한다. 그 짧은 시간에 박테리아가 수많은 경쟁자를 물리치고 원하는 영양소를 차지하는 것은 보통 일이 아니다. 사람 장 미생물총에서 수적으로 우세한 박테리아 균주들은 이 문제를 해결하기 위해 대장에 가장 풍부한 에너지원인 MAC를 빨리 발효시키는 전략을 구사한다.

장 바깥의 다양한 환경에서도 미생물에 의해 비슷한 발효반응이 일어나긴 한다. 예를 들어, 요구르트 제조에 사용되는 종균은 우유에 들어 있는 락토스를 락트산으로 발효시킨다. 또한 유명한 발효 미생물인 효모는 전분과 수크로스^{sucrose}를 비롯한 여러 당을 에탄올^{ethanol}로 대사시킨다. 그 결과물이 바로 맥주와 와인이다. 하지만 에탄올과 락트산이 잘 만들어지지 않는다는 점에서 사람 장은 맥주나 요구르트와 다르다. 사람 장에서 가장 흔한 발효산물은 단쇄지방산, 즉 SCFA다.

SCFA는 식물성 탄수화물에 꼭꼭 숨어 있던 소량의 칼로리를 우리에게 선물로 안겨준다. 뱃속에 미생물이 없었다면 무용지물이 되었을 소중한 에너지다. 어째서 이게 미생물이 주는 선물이냐고? 장 미생물총은 대장에 도달한 복합 탄수화물을 마지막 한 방울까지 짜내 최대한 많은 SCFA를 만들어낸다. 하지만 녀석들은 SCFA에서 칼로리를 추출해 가져가지 못한다. 산소가 없는 환경에서는 칼로리 추출 작업이 불가능하기 때문이다. 이렇게 미생물이 수고롭게 준비해준 SCFA는 인체조직이 흡수한 뒤에 산소를 투입해 남아 있던 칼로리를 빼내고 자기 것으로 만든다. 에너지원이 부족했던 원시 사바나에서 인류는 야생과일과 뿌리채소를 먹고 연명하느라 다량의 식이섬유를 섭취했다. 만약 이때 장 미생물총이 인체 스스로는 어찌하지 못하는 식이섬유를 분해해 SCFA를 만들어냄으로써 기초열량을 채워주지 않았다면, 인류는 수렵채집에 쓸 체력을 비축할 수 없었을 것이다.

하지만 현대의 서구식 식단은 칼로리가 충분하다 못해 과잉이다. 여기서 미생물이 만드는 SCFA의 기여도는 하루 칼로리 섭취량의 6~10%에 불과하다. 이것은 아몬드 스무 알이면 얻는 열량이다. 게다가 별로 많은 양은 아니지만 비만으로 인한 질환이 재난 수준으로 심화되는 요즘 세상에 에너지를 손톱만큼이라도 보탠다는 것은 그다지 바람직해 보이지 않는다. 오히려 쓸데없이 남는 칼로리를 줄여야 하는 상황이 아닌가.

그러니 만약 미생물을 싹 내쫓아버리면 어떨까? 진짜로 장을 싹 비우면 사람들이 날씬해질까? 글쎄, 그럴 수도. 장 미생물이 한 마리도 없는 쥐는 사료를 더 먹지만 몸무게는 더 가볍다는 동물실험 결과도 있으니까 말이다. 하지만 사람이 완전무균 쥐처럼 평생을 멸균실에서 살 수는 없는 일이다. 비슷하게 흉내라도 내려면 고용량 항생제를 달고 살아야 할 것이다. 그럼에도 장 미생물총을 모조리 박멸하는 것은 불가능하다. 박테리아는 적응력이 세계 최강이어서 곧 항생제 내성균이 장 생태계를 점령해버릴 게 뻔하다.

SCFA가 가진 칼로리는 극미량에 불과하지만 우리 몸 안에서 그 이상의 역할을 한다는 사실이 점점 더 분명해지고 있다. 그래서 학계에서는 우리가 MAC를 더 먹어줌으로써 장 미생물총의 SCFA 생성을 독려해야 한다는 목소리가 높다. 무엇보다도 SCFA는 다양한 신체기능을 매개하지만 살을 찌우지 않는다.

그저 약간의 보너스가 아니다

SCFA가 여러 면에서 사람 건강에 중요하다는 것은 부인할 수 없는 사실이다.[2] SCFA는 칼로리를 보태지만 SCFA의 원료인 식이섬유를 많이 먹으면 오히려 체중이 줄어든다. 그러고 보니 프랑스 사람들이 기름진 음식을 많이 먹는데도 비교적 살이 쉽게 찌지 않는다는 게 생각난다. 이 두 가지 모순이 서로 어떤 관련이 있을까? 짐작되는 설명 중 하나는 SCFA가 포만감을 오래 지속시키는 까닭에 총 섭취 열량은 오히려 적어진다는 것이다. 시금치 샐러드가 뱃속에서 발효되어 SCFA가 생성되면 얼마 안 되는 칼로리가 더 쌓이지만 배가 불러 고열량 디저트를 건너뛰게 해 SCFA의 칼로리를 상쇄하고도 남는 엄청난 효과를 낸다는 것이다.

장 미생물총만 만들 수 있지만 사람 건강에 유익할 것으로 추측되는 물질이 SCFA만은 아니다. 장 미생물총이 하는 대사는 엄청나게 복잡하고, 만들어지는 화학물질의 종류도 매우 다양하다. 하지만 그렇다는 사실만 학계에서 확인되었을 뿐, 장 미생물총 대사산물의 정체나 각각이 인체에서 하는 역할이 무엇인지는 아직 베일에 싸여 있다.

그럼에도 현재 학계의 분위기는 현대인의 무능력한 장 미생물총과 서구형 질환 대부분이 식이섬유 섭취 부족 때문이라는 쪽으로 흘러가고 있다. 그런 논리로 전문가들은 장 미생물총이 발효작업에 매진할 수 있도록 우리가 식이섬유를 많이 먹어주면, 체중을 감량하고, 염증을 가라앉히고, 현대병 발병의 위험을 낮출 수 있을 거라고 기대한다. 장 미생물총의 다양성을 안정적으로 보존하는 것은 기본이고 말이다.

현대 서양인은 전통 생활양식이 더 많이 남아 있는 사회와 비교해 과채류를 훨씬 덜 먹는다. 그나마 먹는 것들도 식이섬유 함량이 형편없이 낮다. 그 대신 단순 전분이 많이 들어 있지만 이것은 거의 전량 소장에서 흡수되어버린다. 이와 비교할 때, 지구 반대편에서 식이섬유를 많이 먹는 사람의 대장에는 훨씬 더 많은 종류의 장 미생물이 산다. 그 중 몇몇은 서양인의 뱃속에는 아예 없는 것들이다. 그리고 신기하게도 이런 사람은 염증성 질환에 훨씬 덜 걸린다. 그런데 식이섬유 섭취량이 많을수록 병치레가 적다는 얘기, 언젠가 들어본 적이 있지 않은가?

식이섬유의 진가

최근 건강을 도모하기 위해 어떻게 장 미생물총을 활용할 것인가가 장 미생물총학 분야에서 초미의 관심사로 떠올랐다. 이 목적을 달성할 가장 유력한 수단으로는 식단조절이 지목되고 있다. 그런데 이미 100여 년 전에 비슷한 내용의 논문이 〈저널오브메디컬리서치Journal of Medical Research〉에 실린 적이 있었다.[3] 제목은 '식단을 활용한 개 장 미생물총 조절'이다. 즉, 지금으로부터 한 세기 전에도 탄수화물의 종류처럼 개가 먹는 음식의 화학적 특징이 장 미생물총 구성에 중요하다는 인식이 있었던 것이다. 이런 연구가 무려 100년 전에 수행된 것은 단순히 애완견의 배설물을 치워야 하는 주인 입장에서 자연스럽게 관심을 가진 탓일 수도 있다. 하지만 그렇더라도 이렇게 일찍부터 음식과 장 미생물총 간의 관련성을 눈치 채고 있었다면, 도대체 왜 사람이 먹는 탄수화물의 종류가 우리의 장 미생물총에 영향을 준다는 데에는 생각이 미치지 않은 걸까?

토머스 클리브Thomas Cleave 박사는 1950년대에 식이섬유 섭취를 독려한 1세대 의사 집단에 속한다. 그는 1974년에 발표한 저서 《사카린병Saccharine Disease》에서 다양한 현대병이 정제 탄수화물을 과다 섭취하고 식이섬유는 적게 먹어 생긴 결과라는 주장을 펼쳤다.[4] 그가 영국 해군 군의관으로 복무한 제2차 세계대전 중에는 군함 안에서 과일과 채소를 구하기가 힘들어 대부분의 해병이 변비에 시달렸다. 그래서 클리브는 그들에게 곡물을 처방했고 변비가 곧장 사라지는 신기한 현상을 목격했다. 이에 한껏 고무된 그는 게실염과 치질, 심지어는 충치나 두통에도 곡물 섭취를 치료법으로 권하기 시작했다. 곡물이 가진 치유력에 대한 그의 확신이 얼마나 강했는지, 사람들은 식이섬유와 곡물 얘기만 나오면 흥분하는 그를 '곡물 사나이'라는 별명으로 불렀다. 하지만 세상은 그의 마음과 달라서, 많은 이가 현대의 질환들이 죄다 당 섭취가 과하고 식이섬유가 부족하기 때문이라는 아이디어를 우습게 여겼고 클리브는 의학계에서 환영이 아니라 냉대를 받았다.

훗날 버킷림프종이라고 명명된 암의 전문가였던 데니스 버킷Denis Burkitt

이라는 외과의사도 비슷한 일을 겪었다. 그는 암 연구와 치료를 위해 아프리카에서 긴 세월을 보냈는데, 클리브의 논문들을 읽고 자신의 경험에 비추어보아 아프리카에서는 고식이섬유 식단이 당뇨병, 심장질환, 결장직장암, 치질, 변비 등의 각종 질환으로부터 사람들을 보호한다고 여기게 되었다. 그래서 그 역시 식이섬유가 어떻게 건강을 도모하는지에 지대한 관심을 갖기 시작했다.

버킷은 알렉 워커Alec Walker나 휴 트로얼Hugh Trowell 등 마음 맞는 동료 연구자들과 대대적인 조사를 실시한 결과, 아프리카 농민들의 대변이 서양인에 비해 3~5배 더 큼직하고 소화관 통과가 2배 이상 빠르다는 특징을 발견했다. 그런데 아프리카인의 식이섬유 섭취량은 60~140그램으로 서양인의 20그램과 비교하면 3~7배나 많았다. 이 연구를 계기로 그는 평생을 식이섬유 섭취의 중요성을 연구하고 설파하는 데 바쳤다. 그의 확신이 얼마나 강했는지는 이 한 마디로도 분명하게 알 수 있다. "사람들이 작은 똥을 싸는 동네일수록 병원이 커야 합니다."

클리브, 버킷, 워커, 트로얼을 필두로 한 많은 학자들의 노력을 인정한 미국 FDA는 1977년에 미국인은 식이섬유 섭취량을 늘릴 필요가 있다는 권고안을 발표하기에 이른다.[5] 이에 미국 식품업계는 제품 포장에 식이섬유 함유량을 대문짝만하게 인쇄하는 등 정부의 입장 변화에 발 빠르게 장단을 맞추었다. 나아가 1997년에는 특정 종류의 식이섬유를 함유한 제품을 '심장질환의 위험을 낮춘다'고 광고해도 좋다는 FDA의 허락이 떨어졌다. 버킷이 강연을 통해 식이섬유와 건강 사이의 긴밀한 관계를 설파하고 다닌 도시에서는 마트마다 곡물 제품이 매진사례를 이루었고, 섬유질이 삼척동자도 다 아는 단어가 되었다.

그런데 왜 오늘날 우리는 식이섬유 함량이 어떻든 신경도 쓰지 않을까? 그것은 안타깝게도 식이섬유의 진가가 막 알려지려고 할 무렵에 갑자기 식이지방이 세계적 이슈로 떠올랐기 때문이다. 식이지방은 허리선을 망치는 불한당일 뿐만 아니라 심장 기능을 저하시키고 수많은 현대병의 위험을 높이는 주범이다. 그런 이유로 세상에는 각종 저지방 제품이 우후죽순 등장했고 사람들은 장을 볼 때 식이섬유 함량보다는 지방 함량을 먼저 찾아보게 되었다. 지방 섭취량을 줄여야 한다는 것은 고민할 필요도 없이 맞는 소리다. 배에 붙어 있는 비곗덩어리를 덜어내고 싶다면 지방을 덜 먹는 게 당연하다. 더 이상 간단하고 명료할 수도 없는 얘기다. 그런데 식이섬유 섭취량을 늘려야 한다는 말에는 잠시 주저하게 된다. 그래, 식이섬유가 서구형 질환의 위험을 낮춘다고 치자. 그런데 구체적으로 어떤 원리로 그런다는 건지 아직 아무도 모르지 않는가.

클리브가 쓴 《사카린병》의 서문을 보면, 식이섬유 부족과 서구형 질환이 관련이 있다는 것은 분명하지만 구체적으로 어떤 관련이 어떻게 있는지는 모른다는 고백이 나온다. "식단 변화가 어떻게 다양한 병을 일으키는지를 설명하는 배경 원리를 밝히는 것은 지식수준이 지금보다 나아질 미래의 후학들에게 맡기는 수밖에 없다." 정리하면, 그때와 지금의 차이는 당시에는 아무것도 몰랐고 우리는 '왜'를 막 이해하기 시작했다는 것이다. 그 '왜'라 함은 바로 우리의 장 미생물총에게 식이섬유가 필요하다는 것이다.

탄수화물은 억울하다

탄수화물은 적이 많다. 요즘 세상에 저탄수화물 식단을 한번이라도 시도해보지 않은 사람은 거의 없을 것이다. 앳킨스^Atkins 다이어트, 사우스비치^South Beach 다이어트, 존^Zon 다이어트, 구석기 다이어트 등 탄수화물을 최대한 배제한 각종 식이요법이 줄지어 등장하고, 크리스피크림 도넛^Krispy Kreme Doughnut 같은 업체들은 손해가 막심하다며 이런 식이요법을 대놓고 비난한다.

그런데 잠깐, 탄수화물을 탓하기 전에 탄수화물이 정확히 무엇인지부터 짚고 넘어갈 필요가 있다. 탄수화물이란 탄소와 수소, 산소로 구성되어 동물의 주요 에너지원으로 사용되는 유기물 그룹을 총칭한다. 더 자세히 들어가면 탄수화물에 속하는 물질이 일일이 열거하기 힘들 정도로 많지만 여기서 우리는 크게 세 범주로 나누려고 한다. 하나는 인체가 소화시킬 수 있는 것이고, 다른 하나는 장 미생물총이 소화시킬 수 있는 것, 나머지는 소화되지 않은 채로 빠져나가는 것이다.

우선 인체가 미생물의 도움을 받지 않고 스스로 소화시켜 소장에서 흡수하는 탄수화물부터 살펴보자. 당 분자 딱 하나로 된 가장 단순한 형태의 탄수화물을 단당이라고 한다. 글루코스^glucose나 프럭토스가 바로 그런 단당류다. 단당류는 소화기에서 혈류로 바로 흡수된다. 한편 단당 두 개가 연결된 탄수화물을 이당이라고 하는데, 대표적인 것으로는 락토스와 수크로스가 있다. 우리가 요리할 때 조미료로 쓰는 설탕이 바로 수크로스다. 보통 식품 영양성분표에는 단당류와 이당류를 뭉뚱그려 그냥 '당'으로 표기한다.

단당이 여러 개 연결되면 다당이 되는데, 이제야 비로소 복합 탄수화물의 구색을 갖춘다. 전분은 이런 다당류 중 하나다. 그런데 전분은 단당류나 이당류와 다름없이 소장에서 분해되어 대부분 흡수된다. 현대인의 식단에서는 전분이 차지하는 비중이 높다. 끼니마다 전분 덩어리인 면, 밀가루 빵, 감자, 백미가 주 메뉴로 올라온다. 전분의 대부분은 체내에서 대장에 도달하기 전에 단순당인 글루코스로 쪼개져 전부 혈액으로 옮겨진다. 그래서 대사된 후의 상태 면에서 전분은 당이나 마찬가지다. 그럼에도 식품 영양성분표 어디에도 전분 함량을 따로 표시한 란은 찾을 수 없다.

두 번째 분류는 MAC, 즉 장 미생물총의 먹이가 되는 탄수화물이다. 사람이 먹는 과채류에는 수천 종류의 MAC가 들어 있다.[6] 그 중에서 단당 3~9개가 이어진 비교적 짧은 다당을 올리고당이라고 하는데, 올리고당은 콩류, 전곡류, 다양한 과채류에 풍부하다. 올리고당 대부분은 소장에서 소화되지 않고 대장으로 넘어가는데, 바로 이곳에서 장 박테리아가 올리고당을 발효 재료로 사용한다. 비슷하게, 전분이 아닌 다당 중에 과일에 많은 펙틴pectin이나 양파에 많은 이눌린과 같은 것은 단당이 적게는 10개, 많게는 수백 개가 이어져 있으며, 이 역시 장 박테리아의 손에 맡겨져 SCFA단쇄지방산로 변환된다.

마지막 세 번째 탄수화물은 소화관을 그대로 통과해 배설되는 부류다. 이 중 대부분이 다당이며 사람과 장 미생물이 소화시키기 어려운 특별한 화학적 또는 물리적 성질을 가지고 있다. 식물 세포벽의 섬유질 성분인 셀룰로스cellulose가 바로 그런 반항적인 다당 중 하나다. 소나 흰개미의 뱃속에 사는 장 미생물은 셀룰로스를 소화시킬 수 있지만, 그러려면 셀룰로스가 음식물이 흔히 사람 장을 통과하는 시간보다 훨씬 오래 머물러야 한다.

보통 욕을 먹는 탄수화물은 바로 감미료 성분인 단순당과 너무 쉽게 소화되는 전분이다. 이런 '나쁜' 단순 탄수화물은 혈당을 확 높인다. 그러면 이 변화를 감지한 인체는 인슐린insulin을 분비한다. 간과 근육, 지방조직의 세포들이 혈액을 타고 돌아다니는 당을 흡수하게 하기 위해서다. 문제는 인슐린이 체내에서 당이 다 소진되거나 글리코겐glycogen 형태로 압축 포장되어 창고를 다 채울 때까지 지방을 태워 에너지를 만드는 작업을 중지시킨다는 것이다. 게다가 연이어 고탄수화물 식품만 먹거나 해서 혈당 수치가 계속 높게 유지되면, 세포가 둔해져 인슐린의 말을 잘 듣지 않게 된다. 그러면 세포들은 인슐린 수치가 어느 정도 높은 상태를 정상으로 알고 무시하기 시작한다. 바로 이렇게 제2형 당뇨병이 진행되는 것이다. 이 지경이 된 사람이 감당해야 할 결과는 위험 수위에 이른 혈당 수치와 그로 인한 심장질환, 뇌졸중, 신부전 등이다.

어떤 음식에 들어 있는 탄수화물을 먹은 후 혈당이 얼마나 빨리 높아지는지를 가늠하는 지표를 당지수GI, Glycemic Index라고 한다. 혈류 흡수가 가장 빠른 단당 글루코스의 당지수를 최대치인 100으로 잡고, 식품의 당지수를 크게 높음(70 이상), 중간(56~69), 낮음(55 이하)의 세 범주로 나눈다. 보통은 단당이나 이당처럼 소화가 빨리 되는 탄수화물일수록 당지수가 높다. 흰 밀가루 빵, 백미, 감자도 당지수가 높은 식품들이다. 당지수가 중간인 식품으로는 통밀빵, 현미, 껍질을 벗기지 않은 감자 등이 있다. 콩류, 종자류, 도정하지 않은 곡식은 단당과 이당, 전분이 매우 적고, 전분이 아닌 복합 탄수화물이 풍부하기 때문에 당지수가 가장 낮다.

그런데 당지수보다 중요한 것이 바로 당부하지수GL, Glycemic Load다. 당지수는 탄수화물이 혈당을 얼마나 빨리 높이느냐를 말해주지만, 당부하지수는 일정한 양의 식품에 혈당 상승을 유발할 탄수화물이 얼마나 많이 들어 있느냐를 의미한다. 가령 호박은 당지수보다는 당부하지수에 더 주목해야 하는 식품이다. 호박의 당지수는 높은 편이다. 하지만 1회 섭취량을 기준으로 하면 혈당을 높이는 효과가 미미한 까닭에 당부하지수는 낮다. 채소는 대부분 MAC 함량이 높아 당부하지수가 낮다. 우리 가족은 찌거나 삶은 풋콩, 요거트에 얹은 신선한 과일과 견과류, 후무스를 곁들인 전곡빵을 즐겨 먹는다. MAC는 풍부하면서 당부하지수가 낮기 때문이다. 평소에 인터넷을 통해 기준 섭취량당 당부하지수가 낮은 식품과 간식류를 알아두면 장을 보러 갔을 때 오래 고민하지 않아도 되어 편리하다.

장 미생물과 영양성분표

간만에 맘먹고 식품의 영양가를 하나하나 따지려 하면 머리가 지끈거린다. 광고 문구든 성분 목록이든 포장에 인쇄된 단어를 하나하나 새겨 읽다 보면, 그냥 누군가가 이걸 사야 하는지 말아야 하는지만 한 마디로 알려주면 좋겠다는 생각이 간절하게 든다. 아무리 쉽게 쓰여 있어도 효능효과 설명이 정말인지, 아니면 눈길을 끌기 위한 허풍인지 판단하기 어렵다. 심지어는 이 분야의 전문지식이 있는 사람이라도 그 많은 제품의 성분 목록을 모두 이해하기란 불가능하다. 그래서 그저 손에 있던 물건을 다시 진열대에 조용히 내려놓게 된다.

미국 FDA가 강제하는 식품 영양성분표의 취지는 소비자에게 식품의 영양 정보를 간단하면서도 표준화된 형식으로 제공하는 것이다. 이 표에는 흔히 칼로리와 지방, 콜레스테롤, 나트륨, 단백질, 총 탄수화물의 함량이 순서대로 적혀 있다. 대부분의 소비자는 칼로리 숫자와 지방이나 당 함량만 눈여겨보고 나머지는 신경도 쓰지 않는다. 그리고 불행히도 우리에게 가장 필요한 두 가지 탄수화물 정보, 즉 당지수와 MAC 함량은 라벨에 나와 있지도 않다. 이 정보 없이는 앞에서 구구절절 설명한 탄수화물 종류를 자세히 알더라도 장 미생물총에게 먹일 만한 착한 탄수화물이 얼마나 들어 있는지 짐작조차 할 수 없는데 말이다.

영양성분표에 기재하는 총 탄수화물의 양은 이렇게 계산한다. 먼저 식품 샘플의 무게를 달고, 여기서 단백질, 지방, 수분과 다 태우고 남은 재(철분이나 중탄산염과 같은 무기물 분자들)의 무게를 뺀다. 즉, 탄수화물의 양은 직접 측정하는 게 아니라 나머지 성분의 값을 빼서 에둘러 가늠하는 것이다. 영양성분표에서는 흔히 총 탄수화물 범주가 당과 식이섬유 두 가지로만 나뉘어 있다. 그런데 여기서 당과 식이섬유 항목의 숫자를 합해 보면 총 탄수화물의 숫자와 맞지 않는 경우가 많다. 이 두 세부범주에 속하지 않는 탄수화물의 종류가 적지 않기 때문이다. 우선 당 함량은 단당류와 이당류를 합한 것이라고 보면 된다. 순식간에 혈액으로 흡수되는 탄수화물들 말이다. 한편 식이섬유는 여러 다당을 묶어 합산한다. 당지수와 MAC 정보가 없는 상황에서 식이섬유 함량은 이 식품으로 장 미생물총을 먹여 살릴 수 있을지를 대충이나마 판단하는 유일한 정보다. 하지만 여기에는 무시할 수 없는 중요한 한계점이 있다.

식이섬유의 정의는 해석하는 단체마다 다르다. 어디서는 MAC처럼 식이섬유가 장 미생물총이 발효시키는 물질이라고 하고, 또 어디서는 장 미생물총과 무관하다고 한다.[7] 이렇게 통일되지 않은 용어 정의와 더불어 식품 중 식이섬유 함량을 측정하는 표준 방법이 없다는 사실도 애꿎은 소비자의 혼란만 가중시킨다.

UN 산하 FAO^{식량농업기구}에 의하면, 영양성분표에 표기할 식이섬유 함량 측정방법이 최소 15가지가 넘는다고 한다.[8] 게다가 어떤 검사법을 사용하느냐에 따라 결과 수치가 미묘하게 달라진다. 언젠가는 대장 미생물의 발효작업을 독려하는 특정 탄수화물, 즉 MAC가 식품에 얼마나 들어 있는지 정확하게 아는 검사법이 나올 것이다. 사람마다 장 미생물총 구성이 다르고 장 미생물총 자체가 환경 변화에도 민감한 까닭에 그런 검사법으로 확인한 수치도 결국은 추정에 그치긴 할 테지만. 어쨌든 현 시점에서는 장 미생물총에 초점을 맞춰 딱 MAC만 측정하는 검사법이 개발될 때까지 그저 식이섬유 함량에 기대는 수밖에 없다.

식이섬유의 정의와 측정법을 둘러싼 논란보다 더 큰 문제는, 사람들이 평소에 자주 먹는 가공식품들에 식이섬유가 한 톨도 들어 있지 않다는 것이다. 가공식품은 흔히 정제 밀가루와 설탕으로만 만들어지는 까닭에 장 미생물총이 먹을 만한 영양소가 전혀 없다. 한마디로 사람은 살찌우고 장 미생물총은 굶기는 것이다. FDA는 성인 남성은 하루에 38그램, 성인 여성은 29그램의 식이섬유를 섭취하도록 권장한다. 하지만 미국인의 하루 식이섬유 섭취량 평균은 고작 15그램에 불과하다. 그러니 서양인의 장 미생물 총이 그렇게 빈약할 수밖에 없는 것이다.

그렇다고 해서 수척해진 미생물이 맥없이 기어 다니는 모습을 상상한다면 대단한 착각이다. 박테리아는 생활력이 엄청나게 강해 식이섬유가 없는 환경에서도 어떻게든 꿋꿋하게 살아간다. 녀석들이 궁핍할 때 애용하는 탄수화물 공급원은 바로 장 점막이다. 식이섬유 공급이 부족할 때는 장 미생물총이 대장벽 세포에서 인체 세포와 장 미생물총 사이의 분계선 역할을 하는 점막으로 분비되는 탄수화물에 의지한다.[9] 하지만 장 미생물총이 점막 탄수화물로 배를 채워갈수록 보호벽 역할을 하는 장 점막이 얇아져 방어 기능이 약해지고 염증이 잘 생기게 된다. 이렇게 장 점막이 약한 상태가 오래 지속될 때 사람 건강에 전반적으로 어떤 영향을 미치는지는 아직 정확하게 규명되지 않았다.[10] 다만, 장 점막 소실이 대장염의 원인일 수 있다는 근거 있는 추측이 조심스럽게 나오고 있다. 다행인 점은 장 미생물총은 눈치가 몹시 빠르다는 것이다. 그래서 사람이 곧장 식이섬유를 보충해주면 점막에 달라붙어 있던 녀석들이 금세 위쪽에서 내려오는 음식을 향해 달려간다.

장 미생물총을 위한 탄수화물, MAC

앞서, '식이섬유'라는 표면에 모호함이 있으니 장 미생물총이 먹을거리라는 관점에서 MAC라고 딱 집어 말하기로 했다. 다시 한 번 설명하면 MAC

는 과채류, 콩류, 곡물 등의 식물에 들어 있는 성분으로, 장 미생물총이 발효시키는 탄수화물이다. 그런데 영양제나 각종 먹을거리의 식이섬유 성분에는 장 미생물총이 이용하지 못하는, 그래서 대장에서 발효되지 않는 탄수화물이 섞여 있다. 이런 식이섬유는 변의 부피를 늘려 수분이 들어갈 공간을 만듦으로써 장을 부드럽게 통과하도록 하기 때문에 변비 해소에 효과적이다.

하지만 장 미생물총을 먹여 살리고 녀석들로부터 SCFA를 얻으려면 이런 식이섬유보다도 MAC를 반드시 먹어주어야 한다. MAC를 많이 먹으면 장에서 발효가 더 활발히 일어나고 SCFA도 더 많이 생성된다. 그뿐만 아니라 어떤 MAC를 보급하느냐에 따라 어느 미생물 집단이 번성할지, 장 미생물총 구성원이 얼마나 다양해질지, 이 작은 생태계가 어떤 능력을 발휘할지가 달라진다. 만약 이눌린이 풍부한 양파를 많이 먹는다면 이눌린 발효 전문가인 미생물이 다수를 차지하게 될 것이다. 사과는 펙틴을 분해하는 박테리아의 개체수를 늘리고, 밀기울은 아라비녹실란^{arabinoxylan} 처리 능력을 가진 미생물을 먹여 살리며, 버섯은 만난^{mannan}을 특히 잘 먹는 미생물의 번영을 돕는다. 일일이 다 열거할 수 없어 일단 이 네 가지만 중요한 MAC의 예로 들었지만, 사실 모든 식물에는 장 미생물총이 좋아하는 다양한 MAC가 들어 있다.

현재로서는 식품 샘플을 가지고 이들 MAC의 함량을 단백질처럼 간단하게 측정할 방법은 없다. 게다가 장 미생물총의 개인차까지 감안하면 한 사람에게 완벽한 MAC가 다른 사람에게는 전혀 안 맞을 수도 있다.

2010년 한 연구진이 포르피라나제^{porphyranase}라는 효소를 가지고 연구를 실시했다.[11] 이 효소는 김에 들어 있는 다당을 분해한다. 회를 싸거나 다양한 일식 요리에 고명으로 얹어 먹는 해조류인 김에 특별한 다당이 들어 있는데, 이 다당을 분해하는 것이 바로 포르피라나제다. 자연히, 김을 먹는 해양 박테리아에는 이 김 분해효소를 만들라는 명령을 내리는 유전자가 있다는 추측이 가능하다. 그런데 놀랍게도 장 박테리아도 이 유전자를 가졌다는 분석결과가 나왔다. 장 미생물에게 해조류를 분해하는 효소가 도대체 왜 필요한 걸까? 그 답은 일본인과 서양인의 장 미생물총 게놈, 즉 마이크로바이옴을 비교한 연구의 결과를 보면 바로 알 수 있다. 일본인에게는 있는 이 유전자가 서양인에게는 없었던 것이다. 역사상 어느 시점엔가 일본인의 장 미생물총이 이 새로운 식량원을 이용할 능력을 획득한 것이 분명하다. 어떻게 그런 일이 가능했을까? 가장 가망성 높은 추측은 해양 박테리아가 김 조각에 묻어 사람 뱃속에 끌려 들어왔다는 설이다. 음식을 만들 때 너무 깔끔한 척하지 않는 것이 유익한 환경 미생물을 만나는 데 얼마나 유리한지를 다시한 번 깨닫게 하는 대목이다. 이 해양 박테리아는 아마도 대장에 도착한 뒤에 자신의 유전물질을 장에 상주하는 박테리아에게 전해주었을 것이다. 그렇게 장 미생물총은 새로운 능력을 얻은 것이다.

해조를 먹는 장 미생물의 얘기에서 두 가지 중요한 사실을 확인된다. 첫째는 마이크로바이옴은 인간 게놈과 달리 환경변화에 금세 적응한다는 것이다. 이 점을 이용하면 끼니때마다 채소만 잘 골라 먹어도 장 미생물총 구성을 원하는 대로 바꾸거나 현상 유지할 수 있다. 일본 사람들이 일제히 김을 그만 먹는다고 상상해보자. 그러면 일본인의 장 미생물총은 얼마 못 가김 분해 능력을 잃고 말 것이다. 둘째는 마이크로바이옴 전체적으로는 유전자 종류가 천문학적으로 많다고 해도 각 미생물 개체는 자신이 쓸모 있게 자주 사용하는 유전자만 계속 보존한다는 것이다. 사실 녀석들이 현재 지닌 유전자들을 계속 갖고 있으려면 분열할 때마다 복사해내느라 엄청난 에너지를 소모해야 한다. 그런 까닭에 미생물은 체력 낭비를 최소화하고자 쓸 것만 추려 몸을 가볍게 한다.

부자 장 미생물총, 가난한 장 미생물총

만약 MAC의 종류와 양이 장 미생물총 구성을 결정한다는 게 사실이라면, 서양인처럼 MAC 섭취가 줄면 장 미생물총도 그에 맞게 적응한다는 말도 논리적으로 들어맞는다. 다양한 국적의 과학자들이 모인 연구팀이 덴마크 사람 292명의 마이크로바이옴 유전자를 분석한 결과를 2013년에 발표했다.[12] 연구진은 사람들을 마이크로바이옴에 유전자 종류가 다양한 집단과 유전자가 몇 종류 들어 있지 않은 집단, 이렇게 두 그룹으로 나눴다. 이 둘을 편의상 부자 마이크로바이옴 그룹과 가난한 마이크로바이옴 그룹이라 칭하자.

그런데 부자 그룹은 장에 염증을 가라앉히는 균주가 더 많고 더 날씬한 반면, 가난한 그룹은 염증성 장질환 환자에게 흔한 염증을 일으키는 균주가 더 많고 비만의 비중이 높았다. 그뿐만 아니라 인슐린 저항성이나 발암물질을 만들어내는 대사반응이 일어날 가능성도 후자 집단에서 더 컸다. 즉,

가난한 마이크로바이옴 그룹의 사람들은 제2형 당뇨병, 심혈관계 질환, 간 질환, 암에 걸리기 쉬운 특징의 소유자들이었던 셈이다. 더불어 부자 그룹의 마이크로바이옴에는 건강을 증진하는 SCFA의 생성에 관여하는 유전자도 더 많았다. 여기서 질문. 어느 그룹이 앞으로 살찔 위험이 더 높을까? 정답은 가난한 그룹이다. 즉, 부자 마이크로바이옴을 가지는 게 여러 모로 바람직하다는 게 자명하다는 말이다. 그렇다면 어떻게 해야 마이크로바이옴을 부자로 만들 수 있을까?

같은 주제를 조명한 연구는 또 있다. 프랑스에서 수행된 비슷한 연구에서는 덴마크 연구와 마찬가지로 대상자들을 두 그룹으로 나누어 식단과 마이크로바이옴을 관찰했다.[13] 그 결과, 마이크로바이옴이 가난한 그룹은 부자인 그룹에 비해 과채류를, 그리고 당연히 MAC도 덜 먹는 것으로 나타났다. 그런데 여기서 끝이 아니다. 연구진은 일단 이 차이를 확인한 후에 마이크로바이옴이 가난한 그룹에게 지방 함량과 칼로리를 낮추고 단백질과 섬유질 비중을 높인 식단을 6주 동안 공급했다. 그랬더니 이렇게 짧은 기간에 사람들의 몸무게가 준 것뿐만 아니라 마이크로바이옴의 유전자 구성이 더 풍성해졌다는 놀라운 변화가 관찰되었다. 덤으로, 혈중 콜레스테롤 저하나 염증 감소와 같은 다른 건강 지표들도 덩달아 개선되었고 말이다.

이 두 건의 연구는 똑같이 비만이어도 누군가는 당뇨병, 심장질환, 각종 성인병 등에 잘 걸리지 않는데 다른 누군가는 쉽게 걸리는 이유에 대한 단초를 제공한다. 어쩌면 겉으로는 전혀 뚱뚱하지 않은 이른바 마른 비만인 사람들이 이런 병에 걸리는 이유 역시 이것과 관련 있을지도 모른다. 이들 연구결과가 사실이라면, 체중보다는 마이크로바이옴 상태가 서구형 질환에 걸릴 위험을 더 정확하게 예측하는 지표인 것으로 보인다. 그런 의미에서 미래는 의사가 환자의 체질량지수$^{BMI, body mass index}$를 재는 게 아니라, 마이크로바이옴을 검사해 이것이 빈약한 것으로 확인되면 MAC가 보강된 식단을 처방하는 세상이 될지도 모를 일이다.

이렇게 MAC를 보충하는 것 말고, 새로운 유전자를 가진 다른 균주들을 추가하는 것도 마이크로바이옴을 부자로 만드는 효과적인 방법이다. 워싱턴 대학교의 제프리 고든 연구팀은 2013년에 한쪽은 체중이 정상 범위에 속하고 다른 한쪽은 비만인 쌍둥이의 장 미생물총을 가지고 동물실험을 했다.[14] 실험 전반부의 내용은 별로 특별할 게 없다. 연구진이 쌍둥이 가운데 비만인 쪽의 가난한 장 미생물총을 쥐에게 이식했더니 실험동물들이 뚱뚱해지기 시작했다. 반면에 날씬한 쪽의 부자 장 미생물총을 이식했을 때는 쥐 개체들의 체중이 정상 범위로 유지되었다.

그런데 지금부터가 재미있다. 연구진은 어떤 일이 일어나는지 보려고 두 그룹의 쥐를 한 우리에 넣어 사육했다. 쥐는 변을 먹는 동물이기 때문에 한 우리에서 키우면 두 그룹의 쥐가 서로의 변을 먹게 된다. 변에 섞인 박테리아와 함께 말이다. 앞서 우리는 가난한 장 미생물총 집단에 새 식구를 더해주면 다양성이 증가하고 건강이 개선될까라는 질문을 던졌다. 고든의 실험은 그 답을 알려준다. 이 실험에서 날씬한 쥐의 장 미생물총이 비만 쥐의 장을 점령해 장 미생물 다양성을 높이고 비만을 억제하는 효과를 낸 것이다.

그런데 잠깐, 내 뱃속에 이식할 장 미생물총 샘플을 좀 달라고 부탁하기 위해 가장 날씬한 친구의 전화번호를 누르기 전에, 알아둘 것이 하나 있다. 마침내 부자 장 미생물총을 갖게 된 비만 쥐가 이 건강 체질을 유지하려면 지방 함량을 낮춘 과채류 위주 식단을 계속 유지해야 했다는 점이다. 날씬한 쥐와 같이 살 기회를 얻었어도 여전히 과채류 비중이 낮은 고지방 음식만 먹은 비만 쥐는, 살이 계속 찌고 겨우 얻은 부자 장 미생물총마저 금세 사라져버렸다. 즉, 부자 장 미생물총을 대장에 확실히 정착하게 하려면 그저 균주를 넣는 것만으로는 부족하다는 소리다. 우리는 모두 미생물을 먹는다. 그 중 어떤 것은 불가피하게 다른 사람의 장 미생물총에서 떨어져 나온 것들이다. 그러나 건강에 이로운 균주들이 처음에 우리 장에 적응하고 자리를 잡는 데 필요한 먹을거리를 우리가 먹어주지 않으면 녀석들은 미련 없이 떠나버리고 만다. 이 사실을 반드시 기억해야 한다.

알맹이는 버리고 껍데기만 남기다

식재료가 음식으로 완성되면 처음에는 그렇게 많던 MAC들이 죄다 어디로 사라지는 걸까? 그 흔적은 인류의 밀 소비 역사에서 추적할 수 있다. 오늘날에는 밀의 평판이 그다지 좋지 않지만 옛날에는 그렇지 않았다. 대부분의 문화권에서 인류가 주식으로든 부식으로든 밀에 의지해 살아온 세월은 1만 년이 넘는다. 그렇다면 이렇게 유구한 역사를 자랑하는 식재료가 왜 요즘 들어 욕을 바가지로 들어먹는 걸까?

밀알의 구조는 배젖과 겨, 씨눈으로 구성된다. 배젖은 들판에서 밀이 자랄 때 필요한 모든 종류의 자양분을 단순 전분의 형태로 담고 있다. 겨는 밀알을 겉에서 감싸는 섬유질 성분의 두꺼운 껍질이다. 씨눈은 섬유질도 약간 들어 있지만 지방이 주성분인 일종의 생식기관으로, 발아해 새로운 식물 개체로 자라난다.

수천 년 전, 인류는 맷돌로 밀알을 갈아 음식을 만들기 시작했다. 밀가루는 바로 이렇게 탄생했다. 하지만 이렇게 수작업으로 가공된 밀가루는 오늘날의 대량생산에 비교하면 간에 기별도 안 가는 양이었다. 그러다 산업혁명 덕분에 증기기관으로 가동되는 제분소가 생겨났고 밀가루의 대량생산이 가능해졌다. 관건은 제분소에서 가공한 후 각 가정에 배달하기까지 소요되는 몇 개월이라는 시간 동안 밀가루를 신선하게 보관하는 것이었다. 이 문제를 해결하기 위해 제분업자들은 밀을 빻기 전에 씨눈을 제거하는 전략을 택했다. 기름기가 많아 산패하기 쉬운 씨눈을 제거하면 보관기간이 거의 영구적으로 늘어나기 때문이었다. 여기서 그들이 몰랐던 사실이 하나 있다. 바로 씨눈을 잘라내는 것이 건강에 이로운 다른 미세영양소들은 말할 것도 없고 식이섬유 대부분을 모조리 버리는 짓이라는 것이다.

게다가 설상가상으로 그들은 겨까지 벗겨내면 오로지 배젖만 남은 희고 뽀얀 밀가루 제품을 소비자에게 공급할 수 있다는 것을 깨달았다. 당시 사람들은 깨끗하고 고운 밀가루가 다루기도 쉽고 음식을 더 맛깔스러워 보이게 한다고 생각했다. 공업기술이 '부자만 먹던 가루'를 국민 식품으로 보편화시켰지만, 장 미생물총의 식탁은 부실해져만 갔다. 물론 그때는 이 사실을 아무도 몰랐다. 그런 와중에 제분기술의 발전에 힘입어 분쇄입자 크기를 조정하게 되어 화장품 파우더만큼이나 곱디곱게 갈려 단정하게 포장된 밀가루 제품들이 식료품점 매대를 가득 채워갔다.

이제 우리는 겨와 씨눈을 떼어내면 MAC가 줄어든다는 것을 확실히 안다. 그런데 밀가루 입자 크기는 도대체 MAC와 무슨 상관이란 말인가? 통밀가루나 그냥 밀알이나 MAC 함량은 똑같지 않나? 이런 의문이 들겠지만, 그렇지가 않다. 인체가 분해하는 능력이 없어 장 미생물총이 기다리는 대장에 안전하게 도착하는 MAC는 사람에게 열쇠 없는 금고와 같다. 반면에 어떤 MAC는 덩어리가 너무 커서 대장에 이르기 전에 인체가 미처 다 소화시키지 못하는 음식물 입자에 끼어 이동함으로써 장 미생물총과 만난다. 이 경우는 열쇠가 있긴 하지만 금고 자체가 숨어 있는 상황과 비슷하다. 이렇게 숨은 탄수화물은 인체가 소화시킬 수는 있지만 주위에 장애물이 많아 효소나 세포가 접근하지 못한다. 그래서 위장관을 무사히 통과해, 발효 준비를 마치고 저 아래서 기다리는 장 미생물총에게 한 몸을 다 바치는 것이다. 그런데 만약 밀을 너무 곱게 갈아버리면 인체 소화효소가 이 탄수화물 고리를 손쉽게 끊고 일당이나 이당으로 쪼개 혈류로 모조리 흡수하고 만다. 반면 밀가루 입자가 거칠면, 소화효소가 탄수화물 고리를 모두 끊는 데 한참 걸리기 때문에 요리저리 피해 장 미생물총이 있는 곳까지 도달하는 MAC가 얼마든 생긴다.

다시 말해, 같은 양이라도 입자가 더 거칠어 겨와 씨눈이 섞여 있는 밀가루로 빵을 구운 우리 증조할머니는 우리보다 MAC를 훨씬 많이 섭취했다는 얘기가 된다. 증조할머니가 보셨다면 빵이 아니라 케이크라고 말씀하셨을, 요즘 밀가루로 구운 새하얀 빵 한 덩어리에는 MAC가 사실상 전혀 없다. 반면에 통밀빵 한 조각에는 섬유질이 2그램 정도 들어 있다. 그런데 만약 밀알을 아예 빻지도 않고 그대로 익히면 한 컵에 무려 9그램의 섬유질을 섭취할 수 있다. 이것은 권장 하루 섭취량의 4분의 1 내지 3분의 1에 해당하는 양이다.

샌프란시스코 만안^{灣岸} 지구에 가면 사워도우 반죽으로 만든 빵을 어디서나 볼 수 있다. 이런 빵을 사지 않고 사워도우 종균을 구해 반죽부터 직접 만드는 사람도 많다. 이 종균은 전문분야가 밀가루 처리라는 점만 다를 뿐 우리 장 미생물총만큼이나 복잡한 생태계를 이룬다. 우리 집에서는 빵 반죽에 MAC를 최대한 많이 남기기 위해 작은 수동 제분기를 사용해 아예 밀가루를 직접 빻는다. 제분공장에서 만들어진 것 말고 적당히 거친 밀가루를 사용하면 겨와 씨눈을 모두 포기하지 않아도 된다. 거친 밀가루로 구운 빵은 제과점에서 사온 새하얗고 폭신폭신한 빵보다 훨씬 질기지만, 겨와 씨눈 덕분에 무엇과도 비교할 수 없이 고소하다. 게다가 반죽 단계에서 제과용 이스트 말고 사워도우 종균을 넣으면 당부하지수까지 크게 낮출 수 있다. 종균이 밀가루에 들어 있는 단순 탄수화물 대부분을 먹어치우기 때문이다. 내 주방에서 또 다른 미생물 집단과 어울려 논다는 생각을 하면 재미도 있고 말이다. 사실 사워도우 빵은 완제품 형태로도 시중에 나와 있다. MAC를 조금이라도 더 많이 먹으려면 이런 제품을 살 때 통밀가루로 만든 것인지 꼭 확인해야 한다.

이누이트는 왜 다를까?

대다수의 연구결과가 고식이섬유 식단의 장점을 지지하는 가운데, 고단백 식단이 더 낫다는 회의적인 시각이 여전히 존재한다. 그 중 일부는 이누이트의 예를 증거로 든다. 이누이트는 섬유질을 거의 먹지 않는데도 매우 건강하다. 북극 근처에 사는 사람들은 원래 채소를 거의 먹지 않는다는 것은 사실이다. 식이섬유는 베리류, 뿌리채소, 해조류를 채집할 수 있는 여름에만 잠깐 맛볼 뿐이다. 연례행사로 한때만 섭취하다 보니 몇몇은 며칠씩 소화불량으로 고생하기도 한다. 케르스틴 아이들리츠Kerstin Eidlitz가 써서 1969년에 출간된 ≪북극의 먹을거리와 비상식량Food and Emergency Food in the Circumpolar Area≫이라는 책에 이런 대목이 있다.

"아마살리크Angmagssalik 에스키모는 한동안 해조류를 안 먹다가 갑자기 많이 먹으면 배탈이 난다. 하지만 며칠 동안 익숙해지고 나면 아무 불편 없이 다시 먹을 수 있다."[15]

아마도 그들이 겪은 위 통증은 섬유질의 갑작스런 등장이 발효 반응을 폭발적으로 증가시켜 장에서 SCFA와 함께 가스가 다량 발생했기 때문이었을 것이다.

이 대목에서 많은 사람이 공감할 궁금증이 하나 떠오른다. 우리도 섬유질을 많이 먹으면 배가 가스로 빵빵해지는 것 아닐까? 가공식품 천국인 요즘 세상에 건강하게 먹는 것은 쉬운 일이 아니다. 쉬지 않고 뿡뿡거리면서 악취를 피우면 사람들이 가까이 오려 하지 않을 텐데 누가 그렇게까지 하겠는가. 박테리아 발효반응의 부산물 중 하나가 수소나 이산화탄소와 같은 기체인 것은 사실이다. 사실 이 가스 자체는 냄새가 없다. 단지 체외로 배출될 때, 마찬가지로 장 미생물총의 작품인 고린내가 나는 휘발성 분자들을 데리고 나올 뿐이다. 그 중에 황 원자가 포함되는 것들 때문에 달걀 썩은 내 같은 악취가 나는 것이고 말이다.

그뿐만 아니다. 장 속의 생태계는 워낙 복잡하게 얽히고설켜 있어서 어느 한 미생물의 배설물이 다른 미생물의 먹이가 되는 일이 흔하다. 같은 맥락으로 몇몇 균주가 발효를 통해 만드는 가스도 대부분 다른 장 미생물이 원료로 사용한다. 대표적인 것이 메타노브레이박터 스미티Methanobrevibacter smithii다. 이 미생물은 엄밀히 말해 박테리아가 아니라 고세균 계*에 속하는 단세포 생물인데, 수소와 이산화탄소를 이용해 메탄을 만든다. 이 역시 냄새가 없는 가스다. 그런데 메탄을 생성하는 생화학 반응 과정에서 M. 스미티가 만드는 가스보다 소비하는 가스의 양이 더 많다. 장에 M. 스미티가 있으면 낯부끄럽게 하는 가스 배출량을 줄일 수 있다는 소리다.

여기서 장 미생물총 다양성을 높이는 것의 이점이 다시 한 번 강조된다. 장 미생물총 구성원이 다양할수록 발효산물인 가스를 더 많이 복잡한 먹이사슬의 중간에 밀어넣어 다른 미생물이 내부에서 처분하게 할 수 있다. 안에서 미생물이 더 많은 가스를 소비할수록 몸 밖으로 배출할 가스는 줄어든다.

이누이트에게는 식이섬유를 여름철마다 보충하는 것만으로도 해마다 다양성을 적정 수준으로 회복시키는 데 충분할 것이다. 속이 며칠 불편한 것은 장 미생물총이 갑작스런 환경 변화에 적응하는 일시적인 진통 현상일 뿐이다. 이누이트는 발효시킨 바다표범 지느러미도 먹는데, 이 발효식품은

MAC 공급원은 아니지만 대신 장 미생물총에게 적지 않은 새 식구를 소개하는 역할을 한다. 하지만 전통 음식문화를 따르는 이누이트의 장 미생물총을 공식적으로 조사한 연구가 없고, 요즘에는 거의 모든 이누이트가 서구식으로 먹고 살기 때문에, 안타깝게도 전통 이누이트의 장 미생물총 구성이 정확히 어떤지는 앞으로도 영영 알지 못할지도 모른다.

이런 상황과 더불어 이누이트가 지리적으로도 고립되어 있다는 점을 감안할 때, 그들의 게놈과 마이크로바이옴 모두 독특한 특질이 쌓이고 쌓여 섬유질 없이 고기와 지방만으로도 건강을 유지할 수 있었다는 추측이 가능하다. 일본인의 식습관 때문에 그들의 장 미생물이 김을 소화시키듯이, 이누이트도 축적된 마이크로바이옴 유전자 덕분에 극한 환경에서 살아남은 것이다. 짐작컨대 평범한 서양인의 장 미생물총에게는 이러한 적응력이 없으리라. 그러나 이런 얘기들은 전부 짐작일 뿐, 모든 사람이 MAC 섭취량을 늘려야 한다는 주장을 이누이트가 효과적으로 반박하기에는 여전히 근거 자료가 부족하다.

반면에 고기 위주 식습관이 건강을 해치는 쪽으로 장 미생물총에 영향을 미친다는 연구결과는 많이 나와 있다. 이들 연구에서는 고단백, 저탄수화물 식단을 먹은 실험군은 4주 이내에 SCFA와 섬유질 유래 항산화물질이 급격하게 감소하고 대장에 유해한 대사물질이 다량 쌓인 것으로 확인되었다.[16] 이런 환경은 염증성 질환과 대장암의 위험을 높여 장기적으로 대장 건강을 해친다. 채식주의자와 달리 음식 종류를 가리지 않는 사람의 장 미생물총은 심장질환과 무관하지 않은 특정 화학물질을 더 많이 만들어낸다.[17] 트리메틸아민-N-옥사이드TMAO, trimethylamine-N-oxide라는 이 물질은 붉은 고기에 풍부한 어떤 성분을 장 미생물이 분해해 만들어지는 대사산물이다. 이밖에도 MAC가 풍부한 식단이 장 미생물총을 부자로 만들어 사람의 건강을 증진한다는 증거를 제시하는 비슷한 연구는 계속 쏟아져 나오고 있다.

부자 장 미생물총을 갖는 식단

우리 가족도 생선과 유제품, 육고기를 먹긴 한다. 하지만 우리 집 식탁에서는 늘 MAC가 풍부한 현미, 통보리, 콩으로 만든 요리나 구운 채소의 비중이 훨씬 크다. 후식으로는 보통 과일이나 다크초콜릿을 먹는다. 단순 탄수화물의 경우는 가공식품을 아예 사지 않음으로써 되도록 먹지 않으려고 노력하고 빵이나 과자를 구울 때도 우리는 통밀가루만 쓴다. 식이섬유를 충분히 섭취하는 것은 누구에게도 쉬운 일이 아니다. 하지만 우리는 나름의 해결책을 찾았다. 바로 콩 요리를 일주일에 두 번 이상 식탁에 올리는 것이다. 또 콩을 많이 삶아 두었다가 샐러드에 뿌리거나 퀘사디아 속을 채울 때 바로 꺼내 사용한다. 통조림 콩보다는 날콩을 직접 씻어 삶아 먹는 것을 좋아하기 때문에, 우리 집에서는 주말마다 서리태, 병아리콩, 강낭콩 등 각종 콩류를 한 솥 삶아내는 것이 일상이다. 콩을 삶는 것은 그리 어렵지 않다. 약한 불에 몇 시간 동안 올려두고 거품이 넘치는지, 물이 부족하지 않은지만 때때로 봐주면 된다. 이렇게 익힌 콩을 유리병에 담아 냉장고에 넣어두면 일주일 동안 편하게 써먹을 수 있다. 만약 더 오래 보관하고 싶다면 냉동실에 얼리면 된다. 샐러드에든 메인 요리에든 당장 쓸 콩이 없을 때는 견과류로 대체해도 좋다.

이렇게까지 하는 것이 별스럽게 보인다면, 각자가 감당할 수 있는 작은 것부터 시작하면 된다. 일단 매 끼니마다 의식적으로 식이섬유 함량을 따져보는 것을 출발점으로 삼으면 어떨까. 또 그동안의 습관을 되돌아보고 앞으로는 장 미생물총이 먹을 MAC가 많은 식재료로 요리를 하거나 그런 메뉴를 골라 주문하자. 혹시 이누이트들이 초여름에 그러듯 갑자기 MAC를 왕창 먹었다가 가스가 차고 속이 더부룩해질까봐 걱정되는가? 그럴 필요 없다. 몇 주 혹은 몇 달을 두고 MAC 비중을 조금씩 늘려 가면 되니까. 장을 볼 때든 외식을 할 때든 주도권은 언제나 당신에게 있다. 식재료와 메뉴를 잘 고르는 것만으로도 장 미생물을 잘 먹이고 우리 건강도 챙길 수 있다.

CHAPTER 6

뱃심과 용기

뇌와 위장관을 연결하는 축

뇌와 위장관gut은 원초적으로 연결되어 있다. 우리는 가끔 누군가를 처음 만난 뒤에 그가 어떤 사람인지 명치의 직감gut feeling으로 알겠다는 말을 한다. 또 어려운 결정을 내릴 땐 몸이 시키는 대로 맡겨보라trust our gut instinct거나, 용기와 결단력이 시험받는 상황을 뱃심을 점검하는 시간gut check time이라고 표현하기도 한다. 그런데 정신과 장의 긴밀한 관계는 이런 은유적인 말장난에 그치지 않는다. 뇌와 장은 실제로 수많은 신경세포들의 네트워크를 통해 연결되어 있다. 각종 화학물질과 호르몬이 복잡한 신경 고속도로를 사방팔방으로 질주하면서, 배가 고플 때, 스트레스를 받을 때, 모르고 유해균을 섭취했을 때, 인체가 적절하게 반응하게끔 조정한다.

이 정보 고속도로를 뇌-장관 축brain-gut axis이라고 한다. 이 축을 통해 뇌와 장관 양 끝에 위치한 상황실에서 서로가 보낸 정보가 실시간으로 업데이트 된다. 휴가를 흥청망청 보낸 후 신용카드 고지서가 날아왔을 때 가슴 한 구석이 덜컹 내려앉는 걸 느껴본 적이 있는가? 그런 느낌이 바로 이 축이 제대로 작동한다는 생생한 증거다. 뇌가 스트레스를 받으면 장도 똑같이 스트레스를 받는 것이다.

그런 의미에서 소화관 신경계를 흔히 두 번째 뇌에 비유한다. 소화관을 담당하는 이 두 번째 뇌와 첫 번째 뇌 사이에는 수백만 개의 신경세포가 거미줄처럼 얼기설기 얽혀 있다. 이 거대한 네트워크는 식도부터 항문까지 소화관 전체에서 벌어지는 모든 일을 실시간으로 모니터링한다. 양쪽이 정기적으로 연락을 주고받긴 하지만 소화관 신경계는 중추신경계의 명령을 일일이 받지 않아도 될 만큼 방대하고 체계적인, 하나의 독립된 시스템이다. 물론 소화관 신경계가 두개골에 싸여 있는 진짜 뇌처럼 교향곡을 작곡하거나 명화를 그리는 등의 창조적인 일을 하지는 못한다. 그러나 이 신경계가 맡은 튜브 관리라는 임무도 못지않게 중요한 일이다. 그런 까닭에 소화관의 신경 네트워크는 척수의 네트워크만큼이나 복잡하다. 소화관 신경계는 음식물이 지나가는 길을 지킬 뿐인데 이렇게 정교할 필요가 있을까 싶을 정도다. 소화관에 자신만의 뇌가 따로 있어야 하는 이유가 뭘까? 정말로 오로지 음식물 소화만을 위해서일까? 혹시 장에 사는 100조 미생물의 목소리를 듣는 것도 이 뇌가 하는 일이 아닐까?

소화관 신경계는 기본적으로 뇌와 중추신경계의 감독을 받는다. 중추신경계가 위장관과 소통하는 구체적인 통로는 자율신경계의 교감신경 분지와 부교감신경 분지다. 자율신경계의 본업은 의식 저 바닥에서 심장박동과 호흡, 음식물 소화를 조절하는 것인데, 그 중에서도 소화와 관련해서는 음식물이 튜브를 통과하는 속도를 조절하고, 위산 분비를 제어하고, 장 점막에서 점액이 만들어지게 한다. 이때 뇌는 시상하부-뇌하수체-부신hypothalamic-pituitary-adrenal 축, 즉 HPA 축이라는 또 다른 채널을 통해서도 호르몬 분비를 지시해 위장관의 소화 작업을 돕는다.

신경세포와 신경세포 사이를 호르몬과 각종 신경전달물질들이 바삐 왕래하는 이 신경 고속도로는 뇌에 메시지를 보내 위장관의 상황을 알리는 게 주 용도지만, 뇌가 이 정보망을 통해 위장관에서 벌어지는 일을 직접 조종하기도 한다. 이렇게 중추신경계가 음식물 이동 속도라든가 점막 두께 등을 적극적으로 통제하면 장 미생물총의 거주 환경에도 직접적인 영향이 간다.

대등한 생물종들끼리 경쟁하는 여느 생태계가 그렇듯, 장 속도 환경조건에 따라 번성하는 미생물종이 달라진다. 습한 우림기후에 익숙한 생물이 사막에서 골골대는 것처럼, 점액 의존도가 높은 미생물은 점막이 얇고 성긴 장 속에서는 불리할 수밖에 없다. 이런 미생물을 살리고 위장관 정착을 도우려면 점막층을 두텁게 강화해야 한다. 바로 이것을, 신경계가 음식물 이동 속도와 점액 분비량을 조절함으로써 해낸다. 무의식적으로 일어나는 일이긴 하지만, 미생물이라는 실체가 인간의 정신력에 끌려가는 것이다.

그렇다면 반대 방향에서는 어떨까? 들어오는 음식의 종류가 달라지거나 스트레스 때문에 음식물 이동 속도가 빨라지는 바람에 장 미생물총이 적응하기 위해 그에 맞춰 변하면 뇌가 이 변화를 감지할까? 뇌-장관 축에서는 일방통행만 가능해서 모든 신호가 뇌에서 위장관 쪽으로만 갈까 아니면 신호 종류마다 이동 방향이 정해져 있을까? 한마디로, 과자를 더 달라는 머릿속 아우성이 의식에서 나온 걸까 아니면 뱃속에 우글대는 허기진 군중의 외침일까? 최근 연구에 의하면, 인간의 뇌가 장 미생물총의 존재를 신경 쓰는 것은 물론이요, 반대로 장 미생물이 인간의 세계관과 행동을 변화시킬 수도 있다고 한다. 장 미생물총의 영향력이 장에만 머물지 않고 그 누구도 상상치 못했던 인체 생물학의 영역, 즉 정신세계에까지 미치는 것이다.

예를 하나 들어보자. 강력한 신경전달물질 중에 행복감을 조절하는 세로토닌serotonin이라는 성분이 있다. 그런데 장 미생물총이 이 세로토닌의 수치를 변화시킬 수 있다고 한다. 세로토닌 조절은 프로작Prozac, 졸로프트Zoloft, 팍실Paxil 등 미국에서 자주 처방되는 불안과 우울증 치료제의 작용원리이기도 하다. 사실 세로토닌은 장 미생물총의 눈치를 보고 사람의 기분과 행동을 변화시키는 수많은 체내 생화학물질 중 하나일 뿐이다.

무모하고 건망증이 심한 쥐

미생물이 인간의 행동을 좌우한다는 것이 완전히 새로운 얘기는 아니다. 실제로 다양한 병원균이 인간의 정신 상태에 영향을 미친다. 매독을 일으키는 활동성 나선균인 트레포네마 팔리둠Treponema pallidum은 숙주의 척수와 뇌에 침투하는 능력을 갖고 있다. 그래서 좀비처럼 숙주 신경계를 점령함으로써 우울증과 기분조절 장애를 일으키고 심하면 사람을 미치광이로 만든다. 그뿐이 아니다. 어떤 미생물은 이 세뇌능력을 종족 전파 경로로 알차게 활용한다. 대표적인 예가 설치류의 뇌로 들어가는 원생동물 톡소플라즈마 곤디이^{Toxoplasma gondii}다. 이 균에 지배를 당하는 쥐는 두려움이 사라져 겁 없이 고양이 앞에 얼쩡거리게 된다. 다 차려놓은 식탁과 다름없는 이런 녀석을 고양이가 잡아먹으면 톡소플라즈마 곤디이가 이번에는 고양이를 삶의 터전으로 삼는다. 그러고는 고양이 분변을 통해 더 넓은 세상으로 퍼져나간다. 설치류의 정신을 조절하는 것이 이 병원균 입장에서는 생존에 매우 유리한 능력이다. 이렇듯 숙주의 정신을 지배해 이득을 취하는 '못된' 미생물이 자연계에는 차고 넘친다. 이와 비교하여 '사람에게 우호적인' 장 미생물도 이런 초능력을 발휘하는지 여부는 연구된 바가 별로 없다.

장 미생물총이 숙주의 뇌 기능 및 행동과 긴밀하게 얽혀 있다는 첫 번째 증거는 무균 쥐를 엄격한 통제하에서 사육하며 관찰한 연구에서 찾을 수 있다. 무균 쥐는 장 미생물총이 존재하는 일반 쥐와는 확연히 다른 성격을 갖는다고 한다.[1] 무균 쥐는 더 대담하고 탐험을 좋아한다. 그래서 인간 세계에 비유하면 익스트림 스포츠와 다름없는, 개방된 공간에서 장거리 질주를 즐긴다. 야생이었다면 굶주린 매의 눈에 띄기 딱 좋은 짓이다. 진화론적 관점에서 이렇게 튀는 습성은 생존과 번식에 하등 도움이 되지 않는다. 자고로 구석지고 어두운 길만 골라 다니는 것이야말로 쥐다운 행동이다. 그래야 자신의 목숨을 보존하고 유전자와 뱃속 미생물을 대대손손 물려줄 수 있기 때문이다.

그런데 장 미생물총이 없어 겁도 없는 쥐의 장에 미생물을 이식하자, 일반 쥐처럼 몸가짐이 한결 조신해졌다.[2] 단, 이렇게 행동을 변화시키려면 어른이 되기 전에 미생물을 심어주어야 한다는 조건이 붙는다. 어른이 되고 나면 이미 굳어버린 호방한 성정이 조금도 바뀌지 않았다. 정확히는 장 미생물이 쥐의 성격에 영향을 미치는 시기가 유아기 중에서도 특정 기간에 한정되는 걸로 보인다. 사람의 경우는 이 유아기에 뇌와 신경 네트워크가 광속으로 발달한다. 그런 맥락에서, 만약 장 미생물이 사람의 인격과 행동 형성에도 관여하는 게 맞다면 그 영향력이 유아기에 가장 크다는 논리가 성립한다.

무모하다는 것 말고도 무균 쥐가 보이는 특징이 하나 더 있다. 바로 기억력이 나쁘다는 것이다. 한 연구진이 무균 쥐 그룹과 일반 쥐 그룹을 나누어 기억력 테스트를 했다.[3] 첫 번째 테스트에서는 작고 밋밋한 냅킨고리와 크고 체크무늬가 있는 냅킨고리를 주고 5분 동안 탐색하게 했다. 그런 다음 물건을 모두 치우고 20분을 기다렸다. 쉬는 시간이 지난 후 이번에는 아까 구경했던 체크무늬 냅킨고리를 전에 본 적이 없는 별모양 쿠키커터와 함께 집어넣었다. 만약 쥐가 이 냅킨고리를 기억한다면 익숙한 물건에는 별로 신경 쓰지 않고 새로운 쿠키커터를 살펴보는 데 더 많은 시간을 보낼 터였다. 일반 쥐가 실제로 그랬던 것처럼 말이다. 그런데 장 미생물총이 없는 쥐는 냅킨고리와 쿠키커터 모두에 똑같은 관심을 보였다. 20분 전에 봤던 물건을 완전히 잊어버린 것이다.

물론 인체에서 실험쥐의 무균 상태를 완벽하게 재현하는 것은 불가능하다. 몸속에 미생물이 전혀 없는 사람은 이 세상에 단 한 명도 없으니 말이다. 그렇긴 하지만 장 미생물총 규모 면에서 두 극단적 상황을 비교한 이 실험은 장 미생물총이 숙주의 행동과 기억력에 상당한 영향을 미칠 수 있다는 가능성을 보여준다. 그 차이가 설정상 실험처럼 크지는 않겠지만.

지금까지의 자료를 종합하면 장 미생물총이 조심성과 기억력을 개선해 숙주의 생존 확률을 높인다고 추측할 수 있다. 어쩌면 현대인은 모두 장 미생물총이 세대를 거듭하며 생존을 위한 판단력을 끊임없이 업그레이드시킨 작품인지도 모른다. 장 미생물총이 사람의 인격과 지능 형성에 어떤 식으로 관여하는지는 아직 불분명하지만, 녀석들이 하는 일이 음식물을 소화시키는 것만이 아님은 확실하다.

결혼기념일을 깜빡해 놓고 최근에 맞은 항생제 주사 탓을 할 수는 없겠지만, 장 미생물총은 장속에서 화학물질을 통해 우리에게 쉬지 않고 무언가를 속삭인다. 장 미생물총은 위장관을 한시도 벗어나지 않지만 녀석들의 의지는 훨씬 너머에까지 미친다. 장 미생물총이 만드는 화학물질이 장관벽을 뚫고 혈액의 바다를 헤엄쳐 뇌에 도달하기 때문이다. 이런 화학물질의 정체가 무엇인지, 이런 물질들이 사람의 정신을 어떻게 변화시키는지에 관한 연구가 현재 활발히 진행되고 있다.

인격 이식

장 미생물총을 이식받은 개체는 전 주인의 물리적 특징을 똑같이 갖게 된다. 비만 쥐의 장 미생물총을 받은 날씬한 쥐는 몸무게가 늘고 반대로 날씬한 쥐의 장 미생물총을 얻은 뚱뚱한 쥐는 살이 잘 찌지 않는 체질로 변하는 식이다. 그런데 장 미생물총이 뇌 기능에 영향을 준다는 게 사실이라면, 장 미생물총 이식으로 사람의 기분이나 성격도 달라질까? 만약 그렇다면 '행복한' 장 미생물총을 이용해 우울증을 치료할 수 있지 않을까?

2011년에 캐나다 맥마스터 대학교의 한 연구팀이 이 궁금증을 해결하기 위해 나섰다.[4] 실험 주제는 장 미생물총이 몸 체질을 바꾸듯 성격도 바꿀 수 있는가였다. 연구진은 두 가지 계통의 쥐를 실험에 사용했다. 하나는 소심한 종$^{Balb/c}$ ^{종}이었고 나머지 하나는 천성이 걸걸하고 외향적인 종$^{NIH Swiss}$ ^{종}이었다. 편의상 전자를 우디 앨런 쥐, 후자를 이탈리아 감독 겸 배우의 이름을 따 로베르토 베니니 쥐라고 부르자. 연구진이 가장 처음 한 작업은 쥐가 높이 올려놓은 발판에서 도약하기까지 걸리는 시간을 기록하는 것이었다. 타고난 담력이 얼마나 센지 가늠하기 위해서였다. 자신만만한 녀석은 망설임 없이 곧장 뛰어내리기 마련이니, 시간이 오래 걸릴수록 더 겁을 낸다는 증거이다. 이 실험에서 우디 앨런 쥐는 발판에서 발을 떼는 데 평균 4분 30초가 걸렸다. 반면에 로베르토 베니니 쥐가 뛰기 전에 고민한 시간은 몇 초에 불과했다.

다음은 장 미생물총을 맞바꿔 같은 실험을 반복할 차례였다. 일단 우디 앨런 장 미생물총을 로베트로 베니니 쥐에게 이식하자, 사기충천하던 녀석들이 발판 위에서 1분이나 주저하는 모습을 보였다. 반대로 로베트로 베니니 장 미생물총을 이식받은 우디 앨런 쥐는 고민을 전보다 1분 정도 더 짧게 끝냈다. 두 그룹의 장 미생물총을 맞바꾸자 불안감과 그에 따른 실천력 면에서 상당한 변화가 일어난 셈이다. 즉, 뱃속에 어떤 미생물이 사느냐에 따라 행동이 달라진다는 말이 된다.

그런데 장 미생물총을 이식하면 뇌 유래 신경친화인자brain-derived neurotropic factor, 즉 BDNF의 수치도 함께 변하는 것으로 같은 연구를 통해 밝혀졌다. BDNF는 우울증, 정신분열병, 강박충동장애와 같은 정신질환과 관련 있는 단백질이다. 뇌 해마의 BDNF 수치가 낮으면 불안 증세와 전형적인 우울증 행동이 나타난다. 실제로 로베르토 베니니 쥐에게 우디 앨런 장 미생물총을 이식했을 때도 그렇게 활발하던 녀석들이 겁쟁이로 돌변한 동시에 뇌속 BDNF 수치가 확 달라졌다.

과학의 기준에서 이러한 행동 변화의 배경은 규명된 바가 전혀 없다. 장미생물총이 뇌에 존재하는 BDNF의 수치를, 그리고 어쩌면 다른 신경전달물질들의 수치도 변화시킨다는 사실만 확인되었을 뿐이다. 이런 화학적 변화에는 숙주, 즉 이 실험의 경우 쥐의 기분과 행동 변화가 반드시 뒤따른다.

도대체 어떻게 소화관 밑바닥에 처박혀 있는 박테리아가 저 꼭대기에서 일어나는 단백질 발현 반응을 조절하는 걸까? 뇌가 물리적으로도 화학적으로도 위장관과 연결되어 있다는 것은 예전부터 알고 있던 바다. 이 연락망이 있기 때문에 배가 고플 때 뇌가 아는 것이다. 음식은 생존을 위해 없어서는 안 되니 위장과 뇌를 갖고 있는 생물이라면 둘을 연결시켜 사용하는 것이 이치에 맞다. 그런데 이 연락망이 단순히 식량공급 요청 메시지를 전달하기 위한 것만이 아니라는 증거가 나날이 늘고 있다.

감독관 없는 제약공장

장 박테리아는 MAC로 SCFA 외에도 다양한 분자를 만든다. 그 중에 일부는 혈관을 타고 온몸에 퍼진다. 그런데 이런 물질 상당수가 사람 몸에 좋지 않은 것이어서 소변에 섞여 신장을 통해 배출된다. 그래서 신부전 환자는 기계의 힘을 빌려서라도 이 유해물질들을 배설하기 위해 정기적으로 투석을 받아야 한다. 그런데 이렇게 수많은 장 미생물총 대사산물 중에 정상적인 인체의 신호전달 화학물질과 생김새가 거의 똑같아 약과 비슷한 효과를 내는 것들이 있다. 그런 물질들이 장에 흡수되면 장의 신경세포나 면역세포와 상호작용하거나 혈류를 타고 뇌로 올라간다. 이런 생물활성 화학물질은 인체 세포에 젖어들어 신경세포로 메시지를 넘겨주고, 결국 정신세계에 영향을 미칠 수 있다. 그런 면에서 장 미생물총은 몸속에 존재하는 제약공장과도 같다. 상품을 품질검사 없이 뇌에 직배송하는 위험천만한 제약공장 말이다.

장 미생물총이 왜 약이나 다름없는 화학물질을 만드는지는 확인된 바가 없다. 일단은 이런 화학물질로 식욕을 높여 사람이 장 미생물총의 먹이를 더 찾아먹게 하려는 것이라는 짐작이 가장 개연성 높다. 아니면 장 운동성이나 면역기능을 조절하는 등 환경을 저희에게 유리하게 바꿀 목적으로 아직 우리가 알아내지 못한 어떤 기능을 하는 것일 수도 있다. 이런 화학물질들이 정확히 어떤 효과를 내며, 이런 약들을 조제하는 100조 마리의 약사들의 의도가 무엇인지는 학계가 앞으로 밝혀야 할 숙제다.

특이한 점은 장 미생물이 이런 약효성분을 인간을 조종하겠다는 속셈으로 의도적으로 만드는 게 아니라는 것이다. 그럼에도 박테리아가 어떻게 인간의 행동을 좌우하고 인체생리의 근본을 흔드는지는 아래와 같은 가상 상황을 토대로 이해할 수 있을 것 같다.

펙틴 처리 능력이 남다른 어떤 박테리아 종이 있다고 상상해보자. 펙틴은 감귤류 과일에 풍부한 다당인데, 이 박테리아가 귤이나 오렌지에 들어 있는 MAC를 소화시키는 동안 우연찮게 DNA에 돌연변이가 일어난다. 미생물 세상에서는 이런 유전자 복제 실수가 드물지 않다. 그리고 대부분은 유전자 주인인 미생물이 죽는 것으로 결말이 난다. 그런데 아주 드물게, 돌연변이 덕분에 새로운 분자를 합성하는 능력을 얻는 경우가 있다. 만약 펙틴을 먹고 사는 수십 억 박테리아 중에서 딱 한 마리가 감귤류 과일이 몹시 먹고 싶도록 입맛을 돋우는 새로운 분자를 만들어내게 되면, 녀석은 본인과 후손에게 유리하게 사람 행동을 조종하는 특권을 거머쥐는 셈이다.

이 예시처럼 일련의 사건들이 딱딱 들어맞아 일어나려면 정말 운이 좋아야 한다. 하지만 실제로 어떤 박테리아가 감귤류에 딱 꽂힌 식욕만 키우는 특정 화학물질을 만들어내고 또 마침 그 박테리아가 그 과일 성분(즉, 이 경우는 펙틴)의 덕을 보는 종류일 가능성은 극히 희박하다. 인간과 미생물이 영겁의 세월 동안 함께 진화해왔고 30~40분마다 DNA를 복제해 번식하는 장속 박테리아의 수가 사람마다 100조에 달하며 지구촌 인구가 70억임을 감안하면, 앞의 예에서처럼 대박을 터뜨릴 미생물이 전혀 없다고는 장담하지 못한다. 어떤 미생물이 아무 생각 없이 배회하다가 경쟁우위를 선사하는 어떤 특질을 갖게 되었을 때, 설사 뜻밖의 횡재였다 하더라도, 결과적으로 그 녀석은 번성하게 될 것이다. 이렇게 똑똑한 (혹은 운 좋은) 미생물

종족은 부모에게서 자식에게로, 또 그 자식에게로 계속 전달되므로 몇 대에 걸친 가문 전체가 똑같은 미생물 때문에 비슷한 행동을 하게 된다. 어쩌면 지금 이 순간에도 이와 비슷한 시나리오가 우리 몸속에서 실현되고 있을지 모른다.

유독성 쓰레기

장 박테리아가 실제로 대박을 터뜨리는 경우는 거의 없는 까닭에 장 미생물총이 만드는 화학물질 대부분은 쓰레기에 불과하다. 이런 물질들은 인체 생리 전반에 적지 않은 영향을 줄 수는 있어도 특정 박테리아에게만 좋은 일을 하지는 않는다. 게다가 SCFA와 같이 장 미생물총과 사람의 건강에 이로운 것도 있긴 있지만 나머지는 그렇지 않다.

그래서 모든 동물에게는 간이 있다. 간은 장 미생물총이 만들어낸 독성 쓰레기를 중화시킨다.[5] 그래서 간이 제대로 기능하지 않으면 체내에 독성 물질이 쌓여 인지기능에 큰 문제를 일으킨다. 이런 상태를 간성 뇌병증이라 한다. 독성물질이 일단 혈액에 집결한 뒤 뇌로 넘어와 멀쩡하게 잘 작동하던 신경계를 망가뜨리는 것이다. 간성 뇌병증을 치료할 때는 장 미생물 수를 줄여 장 미생물총에 의한 화학물질 생성을 억제하는 두 가지 방법을 주로 사용한다. 하나는 바로 락툴로오스[lactulose]다. 락툴로오스는 위장관의 운동성을 높여 음식물 찌꺼기와 장 미생물총 대사산물을 빨리 배설시킨다. 나머지 하나인 리팍시민rifaximin은 장 미생물을 대량살상하는 항생제다. 락툴로오스와 리팍시민이 세상에 나오기 전에는 장 미생물과 간부전의 합작품인 이 정신질환 환자의 대장을 (다량의 대장 미생물과 함께) 잘라내는 수술로 치료했다.[6]

소변으로 내보낸다는 점만 다를 뿐, 신장 역시 간과 마찬가지로 노폐물 처리 능력을 장착한 장기다.[7] 따라서 소변을 검사하면 장 미생물총이 무슨 짓을 벌이는지 역추적할 수 있다. 신장이 망가지면 혈액에 장 미생물총 쓰레기가 고여 인지력이 저하될 수 있다. 이 경우는 투석으로 유독물질을 걸러내 혈중 수치를 낮추는 방법으로 치료한다. 훗날 장 미생물총 전체를 재이식하거나 식이요법으로 장 미생물총의 기능을 통제하는 것이 가능해지면 번거롭게 투석을 받을 필요 없이 독성 폐기물 생성량을 최소 수준으로 억제할 수 있을 것이다.

일단 지금까지는, 장 미생물총이 만들어내는 유독물질 중에 연구가 가장 많이 된 것으로 TMAOtrimethylamine-N-oxide, 트릴메틸아민산화물가 있다. 이 성분은 미국 오하이오 주에 있는 클리블랜드 클리닉의 연구진이 심혈관계 질환의 발현 시점을 예측하게 하는 혈중 화학물질을 찾다가 우연히 발견했다.[8] 심장마비와 같은 심각한 사건이 조만간 일어날 것임을 예견하는 지표분자는 당사자들에게 미리 경고하고 발병 원인을 학문적으로 헤아릴 열쇠가 된다. 연구팀은 혈액에서 찾은 여러 화학물질을 비교한 결과, TMAO가 많은 사람은 머지않아 심장마비나 뇌졸중이 발생할 위험이 높고 동맥이 생명을 위협하는 수준으로 잘 막힌다는 사실을 알아냈다. 그렇다면 TMAO는 어디서 생겨나며 혈중에 이 물질이 많아지지 않게 하려면 어떻게 해야 할까?

이미 짐작한 사람도 있겠지만, TMAO가 만들어지는 데에는 장 미생물총의 역할이 크다. 하지만 동시에 식단도 만만찮게 중요하다. 식단은 심장질환의 검증된 위험인자 중 하나이니 당연하다. 붉은 고기와 기름진 음식은 장 미생물총에게 TMAO 합성에 필요한 재료를 공급한다. 대표적인 것이 레시틴lecithin이라는 이름으로 더 친숙한 포스파티딜콜린phosphatidylcholine과 카르니틴carnitine이다.

연구 참가자 집단을 장기간 추적관찰한 한 임상연구에 의하면, TMAO의 전구물질인 트리메틸아민TMA, trimethylamine의 생성 능력이 약한 장 미생물총을 가진 사람은 혈중 TMAO 수치가 낮고 심혈관계 질환의 위험도 낮다고 한다.[9] 예상을 빗나가지 않고 이번에도 식습관이 TMAO 생성량을 결정하는 인자 중 하나였다. 채식 위주의 식습관을 가진 집단은 평소에 육식을 즐기는 집단보다 생성된 TMAO가 훨씬 적었던 것이다.

여담이지만, 5년 동안이나 엄격한 채식주의를 고집해온 사람들이 이 실험을 위해 육식을 기꺼이 승낙했다는 점이 재미있다. 이렇게 오랫동안 고기를 입에 대지 않았던 사람들은 어느 날 저녁에 스테이크를 먹고 나서도 TMAO 수치가 여전히 낮았다. 따라서 엄격한 채식주의자의 장 미생물총에는 TMA를 만드는 재능이 없는 종만 모여 있는 걸로 보인다.

그렇다면 채식주의자가 정기적으로 고기를 먹으면 장 미생물총 성질이 TMA 합성에 능숙하게 변하는지 궁금하지 않을 수 없다. 고기를 못 먹는 사람들에게 육식을 계속 강요할 수는 없는 일이므로 연구진은 쥐를 대상으로 비슷한 실험을 실시했다. 이 동물실험에서는 TMA 생성량이 적은 쥐에게 카르니틴을 보강한 사료를 꾸준히 먹였다. 그랬더니 장 미생물총이 TMA

를 활발히 만들어내는 체질로 바뀌었다. TMA 자체의 증가와 함께 장 미생물총에서 TMA 생성 능력이 있는 박테리아 균주의 비중이 높아진 것은 이번에도 마찬가지였다.

이 연구는 붉은 고기를 과다섭취하는 것이 심장질환의 발병 확률을 높이는 정확한 원리를 엿보게 한다는 면에서 의미가 있다. 장 미생물총은 카르니틴으로 TMA를 만듦으로써 숙주의 건강 상태를 송두리째 흔든다. 같은 연구에 근거하면, 이렇게 식단 때문에 달라지는 장 미생물총의 특징을 크게 두 가지로 정리할 수 있다. 바로 장 미생물총을 구성하는 균주의 종류와 그들이 일으키는 화학반응이다.

예를 하나 들어보자. 저녁식사로 스테이크가 차려진 테이블에 두 사람이 앉아 있다. 한 명은 풀포기를 좋아하는 채식주의자고 한 명은 고기를 자주 먹는 잡식주의자다. 아마도 대부분은 똑같은 음식을 먹으면 이 두 사람의 장에서 완전히 똑같지는 않더라도 비슷한 화학반응이 일어난다고 생각할 것이다. 그러나 고기를 접해본 적이 없는 장 미생물총은 클리블랜드 클리닉 연구의 채식주의자 집단과 비슷해서 TMA를 거의 만들어내지 못한다. 이와 대조적으로 잡식주의자의 뱃속에서는 장 미생물총이 만든 TMA가 금세 수북이 쌓인다. 똑같은 음식을 먹었지만 화학적 결과는 완전 딴판인 것이다. 이때 만약 전자가 고기를 더 자주 먹기 시작하면 이 사람의 장 미생물총은 달라진 환경에 적응해 스스로 변하기 시작한다. 그렇게 두 달이 지나 두 사람이 또다시 똑같이 스테이크를 먹는다면, TMA 생성량이 비슷해져 있을 것이다.

분명, 식단은 중요하다. 장 미생물총에게 행동의 동기를 부여하기 때문이다. 사람이 고기를 덜 먹으면, 장 미생물총의 TMA 생성 능력이 아무리 뛰어나더라도 재료가 적으니 만들어지는 TMA도 적을 수밖에 없다. 그런데 이런 상태가 오래 지속되면 장 미생물총의 TMA 생성 능력이 녹슬어버린다. 그런 상태에서는 어느 한 순간 재료가 많아져도 혈중 TMAO 수치가 전처럼 빨리 상승하지 않는다. 장 미생물총의 성질은 사람마다 다 달라서 장 미생물총이 만드는 화학물질의 종류와 양도 다 제각각이다. 게다가 이런 특질은 언제 어떤 음식을 먹느냐에 따라서도 시시각각 변한다. 따라서 미생물학계가 이렇게 변화무쌍하고 예민한 장 미생물총의 성질을 극복하고 일보 전진하려면 지금은 없는 새로운 과학기술이 필요하다. 개개인의 건강과 밀접하게 연관된 장 미생물총의 다양한 기능을 실시간으로 모니터링하는 신기술 말이다.

앞으로 수십 년 뒤면 TMAO가 장 미생물총 기능을 모니터링하는 기준지표로 확실히 자리 잡아 표준검사 목록 제일 윗줄에 오를 날이 올지도 모른다. 아니면 장 미생물총 기능과 관련된 수백 가지 화학물질 중 하나에 불과할 수도 있고 말이다. 지금 이 순간 우리가 확실히 아는 것은 TMAO가 자신의 창조주인 장 미생물총의 번영을 돕는 기특한 물질은 아니라는 것이다. 그보다는 숙주의 건강에 가시적 영향을 미치는, 이상하고도 신기한 장 미생물총 대사산물의 전형적인 예라고 봐야 한다.

뇌와 장 미생물총의 연락망

뇌와 장 미생물총 간의 커뮤니케이션은 양방향으로 일어난다. 장 미생물총이 사람의 기분과 기억에도 영향을 미치지만 뇌도 장 미생물총의 일상생활에 참견을 하는 것이다. 억지로 어미에게서 떼어놓은 실험동물은 스트레스를 받거나 침울해져 장 미생물총 조성이 변한다.[10] 그런데 이런 변화가 구체적으로 어떻게 일어나는지는 아직 아무도 아는 이가 없다. 어쩌면 본능적으로 맞서 싸우거나 도망치는 반응 탓일 수도 있다. 어떤 동물이 포식자로부터 위협을 받으면 체내에서 다양한 호르몬과 신경전달물질이 갑자기 쏟아져 나온다. 이 물질들은 적에 맞서거나 아예 도망치라는 신호를 보낸다. 이런 상황에서는 심장이 방망이질 치고, 저장되어 있던 에너지가 근육에 한꺼번에 유입되며, 혈류량이 많아진다. 그런데 이때 위장관의 운동성도 달라진다. 이렇게 긴장한 소화관이 움직임을 늦추거나 멈추면 장 미생물총도 주변 분위기가 심상치 않음을 금세 알아챈다. 그러면 음식물이 천천히 움직이는 새로운 환경에 최적화된 균주 집단이 기지개를 펴기 시작하고, 옛날 환경에서 호시절을 누리던 균주 집단은 몸을 낮추고 숨을 고른다. 그런 식으로 장 미생물총 조성이 변한다.

스트레스와 장 미생물총과 면역계는 복잡하게 얽혀 있다. 실험동물 새끼를 어미와 생이별시키면 스트레스를 받는데, 이 때문에 달라진 장 미생물총 상태가 성장기 내내 지속되곤 한다.[11] 그런데 스트레스 요인이 사라져도 장 미생물총이 예전으로 돌아가지 않는 걸 보면 스트레스가 면역계에 장기적인 영향력을 미치는 것 같다. 아니면 스트레스 때문에 어지러워진 장 미생물총이 면역계 변화로 이어졌다가 이것이 부메랑처럼 또 다른 장 미생물총 변화로 돌아오는 것일 수도 있다. 젖먹이 때 어미와 헤어진 붉은털원숭이Rhesus monkey는 장속 풍경이 달라질 뿐만 아니라 기회감염에도 더 취약해진다.[12] 만약 이때 면역반응이 적절하게 일어나지 않으면 장 미생물총이 더 불안정해져 쇠망을 재촉하는 시계추만 빨라질 뿐이다.

한편, 장에 병원균이 들어와 있는 쥐는 장이 깨끗한 녀석보다 더 안절부절못하는 모습을 보인다.[13] 이는 장 미생물이 숙주의 행동을 좌우함을 보여주는 또 다른 예이기도 하다. 문제는 이 불안 상태가 장 미생물총의 변화를 유도해 병원균 감염증이 더 심해지거나 더 오래가면 장 염증이 악화된다는 것이다. 그런데 장 염증은 장 미생물총의 조성에 좋지 않은 영향을 준다. 즉, 나쁜 일이 꼬리에 꼬리를 무는 악순환이 거듭되는 것이다. 비슷하게, 불안감과 함께 장 운동성이 변해 설사나 변비가 생기기라도 하면 병원균 번성에 유리한 쪽으로 장의 무게중심이 이동할 수 있다. 그런 맥락에서 과민성 대장 증후군이나 장운동 장애, 염증성 장질환을 앓는 환자들은 이 불균형의 희생양이다.

이 시나리오는 뇌-장관 축이 오작동할 때의 결과가 얼마나 심각한지를 잘 보여준다. 장 미생물총이 분비하는 화학물질이 사람의 기분에 영향을 주는 동시에 또 사람의 감정 상태도 장 미생물총을 변화시키므로, 이 돌고 도는 악순환의 미로에서 출발점을 찾는 것은 쉽지 않은 일이다. 염증성 장질환과 과민성 대장 증후군은 만성적 설사와 변비, 더부룩한 느낌 등의 신체 증상과 함께 우울증, 불안, 통증 지각력 항진과 같은 감정의 변화도 나타난다.

그렇다면 무엇이 먼저였을까? 스트레스가 장 미생물총을 나쁘게 변질시

컸을까? 아니면 장 미생물총 불안정이 먼저이고 이것이 강박적 불안증세와 우울증을 불러온 걸까? 이런 유형의 질환을 이해하고 치료하려면 장 미생물총과 뇌 사이의 의사소통 과정에서 어디가 어떻게 틀어졌는지를 알아야 한다. 하지만 장 미생물총은 짐작도 못 하게 복잡한 생태계이고 뇌는 인체에서 가장 난해한 고급 장기이기에 이것은 하늘의 별 따기 만큼이나 어려운 일이다.

일각에서는 유익균을 삐걱대는 뇌-장관 축을 바로잡을 열쇠로 본다. 이렇게 장에서 향정신성 화학물질을 뇌에 보내 정신 증상을 개선할 목적으로 선별된 프로바이오틱스 균을 사이코바이오틱스psychobiotics라고 한다. 이 유익균이 장에 자리를 잡으면 그곳에서 숙주의 행동을 정상으로 되돌리는 물질들을 합성한다. 그러면 뇌-장관 축을 온전하게 재건할 수 있다. 실제로 스트레스로 우울증이 생긴 실험동물에게 프로바이오틱스 균을 먹였더니 행동이 개선되더라는 연구결과가 꾸준히 증가하고 있다. 그뿐만 아니다. 사람을 대상으로 한 연구에서도 만성 피로와 과민성 대장 증후군의 증상을 프로바이오틱스로 치료할 수 있다는 희망이 엿보인다.[14] 심지어는 건강한 사람이 두 균주를 섞은 프로바이오틱스를 한 달 동안 매일 먹었을 때도 걱정이 줄고 기분이 좋아졌다고 한다.[15]

하지만 핑크빛 꿈에 부풀어 큰 기대를 하기에는 아직 이르다. 이런 연구들은 모두 사전조사일 뿐이기 때문이다. 과민성 대장 증후군이나 염증성 장질환과 같은 신체 질환과 우울증이나 중증 불안과 같은 감정조절 장애를 프로바이오틱스 균주를 활용해 치료할 최선의 전략을 찾으려면, 유익균을 위약placebo 대조군과 객관적으로 비교 평가한 연구가 더 많이 수행되어야 한다. 게다가 이런 치료는 특성상 개인맞춤형이어야 한다는 조건이 일을 더 어렵게 만든다. 그렇긴 해도 이들 연구 자료가 뇌와 위장관을 동시에 뒤흔드는 질환에서 장 미생물이 작지 않은 역할을 한다는 사실을 뒷받침하는 증거임은 분명하다.

장 밖으로 질질 새는 화학물질

최근 들어 자폐 스펙트럼 장애의 발병률이 유행병 수준으로 심각해지고 있다. 미국 질병관리센터^{CDC, Centers for Disease Control}의 집계에 의하면, 미국 아동 여섯 중 한 명꼴로 자폐 스펙트럼 장애를 앓고 있으며, 이 비율이 10년 전부터 꾸준히 증가 추세에 있다고 한다. 자폐 스펙트럼 장애의 위험인자는 부모의 나이와 직업, 특정 유전인자를 비롯해 이미 밝혀진 것만 해도 한둘이 아니다. 하지만 조사 중이거나 완전히 탈락한 후보까지 따지면 지금 이 순간에도 목록은 바뀌고 있다. 그만큼 이 질환은 알쏭달쏭하고 어렵다. 예상했겠지만, 장 미생물총도 당연히 위험인자 목록에 올라 있다. 장 미생물총이 의료계에서 위험인자로 의심받은 이유는 자폐 스펙트럼 장애 아동 중 다수에게서 나타나는 증상 때문이었다. 이 아동들은 만성적 설사, 변비, 위경련, 더부룩함 등 다양한 위장관계 문제로 고생하고, 심하면 염증성 장질환을 앓기도 했던 것이다.

자폐 스펙트럼 장애 아동과 정상 아동 간 장 미생물총 조성의 차이점을 조목조목 세분하는 작업은 이미 상당히 진행됐다. 자폐 아동에게 많은 '못된' 박테리아와 유독 부족한 '착한' 박테리아의 목록을 구체적으로 작성하는 것은 이 병의 원인을 완벽하게 밝히는 것만큼이나 고된 일이다. 자폐 아동의 장속 풍경이 남다른 것은 사실이지만 연구마다 관찰된 결과가 일치하지 않는다는 게 특히 걸림돌이 되고 있다.[16] 즉, 자폐 스펙트럼 장애와만 관련 있는 장 미생물총의 특질이란 게 따로 없다는 말이다. 그런데 이는 개개인마다 장 미생물총이 워낙 개성적이고 이 질환 중증도와 세부유형의 편차 범위가 넓다는 면에서 당연한 것일지도 모른다. 그런 의미에서 자폐 아동에게 일어나는 장 미생물총 문제가 다양한 양상으로 표출될 것은 충분히 예상할 수 있다.

자폐 아동에게 전형적인 장 미생물총의 특징을 딱 집어낸 연구는 아직 없다. 하지만 자폐 아동의 장 미생물총이 보통 아이들의 그것과 다르다는 것만은 확실하다. 그런데 장 미생물총의 차이가 자폐 스펙트럼 장애의 병인이나 경과와 관련 있을까? 아니면 병 자체와는 아무 상관없는 부작용일 뿐일까? 만약 관련 있다면, 이 병을 장 미생물총 조정으로 치료 혹은 예방하는 것이 가능할까?

이와 관련해 2013년에 사르키스 매즈매니언이 이끄는 칼텍 연구팀이 장 미생물총과 자폐 스펙트럼 장애 사이의 관계를 둘러싼 진실에 한 걸음 성큼 다가가는 큰 성과를 이뤄냈다.[17] 연구진은 마치 병원균에 감염되었을 때처럼 면역계가 항진된 어미에게서 태어난 쥐로 실험을 진행했다. 사람의 경우, 임신 기간에 감염병에 걸려 한때 면역반응이 활발했던 여성이 아이를 낳으면, 이 일이 훗날 아이의 자폐 스펙트럼 장애 발병에 기여한다는 지적이 있다. 쥐의 경우는 화학물질로 면역반응을 유도한 어미에게서 태어난 새끼들이 전형적인 자폐 환자의 특징과 일치하는 위장관 증상과 행동을 보인다. 우선 장 특성부터 살펴보면 위장벽 타일 사이사이의 마감이 엉성해 투과성이 크고, 그런 까닭에 장 밖으로 새어나가는 장 미생물총 대사산물이 많다. 이렇게 성긴 소화관을 가진 쥐 개체들은 계속 초조해하고 같은 행동을 반복하며 무리와 잘 어울리지 못한다. 한마디로 사람 환자가 그렇듯, 자폐 쥐의 장 미생물총도 정상이 아니다.

칼텍 연구팀은 이런 쥐의 장에 유익균을 넣어주면 자폐 증상이 달라지는지 알고 싶었다. 그래서 사람 장에 흔한 유익균 박테로이디스 프라질리스Bacteroides fragilis를 아픈 쥐에게 공급했다. B. 프라질리스는 대장 상피세포를 채근해 위장벽 누수 부위를 메울 회반죽 단백질을 합성하게 한다. 연구진은 누수를 줄이면 다른 신체조직으로 새어나가는 화학물질의 양이 줄어들어 자폐 증상이 약해질 거라는 가설을 세웠다.

그들의 예상은 정확하게 들어맞았다. 쥐의 장에 B. 프라질리스를 투입하자, 장 투과성이 보정되고 장 미생물총 구성도, 완전히 똑같지는 않지만 정상 쥐와 가까워진 것이다. 더 놀라운 결과는 B. 프라질리스가 장 생리뿐만 아니라 여러 행동 문제도 해결했다는 점이다. B. 프라질리스 치료를 받은 녀석들은 예전만큼 불안에 떨지 않고 특정 동작을 더 이상 반복하지 않으며 친구들과도 잘 지냈다. 사교성이 여전히 떨어지긴 했지만, 장 미생물 치료로 자폐 증상이 개선된다는 사실 자체가 큰 시사점을 갖는다.

그런데 B. 프라질리스 제제를 사러 약국으로 달려가기 전에 알아두어야 할 사실이 두 가지 있다. 첫째, 이 균주는 현재 어디에서도 판매되지 않는다.

의약품 허가가 떨어지려면 사람을 대상으로 하는 임상연구를 거쳐야 하는데 아직 그런 연구가 수행되지 않았기 때문이다. 둘째, 자폐 스펙트럼 장애의 개선 효과를 내는 장 미생물총 균주는 이것만이 아니다. 예를 들면 박테로이디스 테타이오타오미크론Bacteroides thetaiotaomicron도 비슷한 작용을 한다. 즉, 똑같은 효능을 발휘하는 균주가 하나 이상일 수 있다는 소리다. 어쩌면 자폐 유형이나 장 미생물총 상태, 환자의 DNA 특성마다 가장 효과적인 장 미생물 균주가 정해져 있을지도 모른다. 그게 무엇이든 그런 균주를 찾으려면 임상연구를 통해 효능뿐만 아니라 안전성을 증명하는 과정이 필요하다. 다행히도 그런 연구는 이미 시작되었다. 만약 장 미생물들이 정말로 자폐 치료에 도움이 된다면, 이 최정예 작전조를 투입해 자폐 장애의 전반을 보정하는 일석다조의 효과를 노릴 만하다.

자폐 장애 상태를 모방한 동물실험에서는 쥐의 혈중에 장 미생물총이 합성한 특정 화학물질이 떠다니는 것으로 확인되었다. 그런 물질 가운데 하나인 EPS는 정상 쥐에 비해 40배나 많았다. 이때 자폐 쥐에게 B. 프라질리스를 먹이자 위장관 누수가 줄면서 혈중 EPS 수치도 낮아졌다. 그런데 EPS 증가만으로도 불안 증세가 나타날까? 이 궁금증을 해결하기 위해 연구팀은 건강한 쥐에게 EPS를 주입한 후 지켜봤다. 그랬더니 녀석들의 행동이 자폐 증세와 비슷하게 변하는 것으로 관찰되었다. 하지만 이 실험만으로 EPS가 사람의 자폐증과 관련 있는 유일하거나 가장 중요한 화학물질이라고 단정하는 것은 지나친 비약이다. 실험대상이 사람이 아닌 쥐였기 때문이다. 그럼에도 장 미생물총이 장에서 숙주의 행동에 영향을 미치는 특별한 화학물질을 만든다는 것만은 분명하다. 이런 화학물질은 위장벽에 빈틈이 많으면 많을수록 혈류로 더 잘 들어갈 것이다.

우리 장속, 감독관이 없는 제약공장에서는 아직 우리도 모르는 다양한 화학물질이 만들어진다. 그 중에는 다량이 혈류로 새어나가 비정상적 행동이나 감정 상태를 유발하는 것들도 있다. 이럴 때 B. 프라질리스와 같은 유익균을 투입하면 장관벽의 새는 곳을 막아주므로 자연히 장 미생물총 대사산물의 혈중 농도가 낮아진다. 실제로는, 쥐 자폐 모델의 혈액에서 B. 프라질리스 치료 후 수치가 달라진 박테리아 화학물질이 100가지가 넘는다. 그 중 일부는 정상 쥐와 별 차이 없을 정도로 수치가 확 떨어졌고 말이다. 다른 병인은 하나도 없이 장 미생물총만 교란되어도 특정 유형의 자폐 스펙트럼 장애가 발병하는지는 아직 불분명하다. 하지만 장 미생물총이 자폐 장애에 기여할 가능성이 있다는 사실 자체만으로도 학계와 의료계가 나아갈 방향을 정하는 데에 큰 보탬이 된다.

자폐 스펙트럼 장애는 정신분열병, 강박충동장애, 우울증을 비롯한 다양한 행동장애가 장 미생물총과 무관하지 않음을 짐작케 하는 수많은 사례 중 하나에 불과하다. 장 미생물은 향정신성 물질 합성 능력에 힘입어 표면적으로는 아무 상관없는 인체 생리의 다방면에 영향력을 발휘한다. 그런 의미에서 우리가 흔히 말하는 육감이나 촉이 실은 뱃속 입주민들이 사람의 뇌에 보낸 화학적 메시지일 수도 있다. 이런 메시지는 장 미생물총 구성에 따라 개개인의 유전적 소인과 힘을 합해 행동장애의 발현 가능성을 높이거나 낮출 수 있다. 언젠가 장 미생물총이 뇌-장관 축을 쥐고 흔드는 원리가 완전히 밝혀지면 장 생태계를 체계적으로 조작해 다양한 행동장애를 치료할 날이 올지도 모른다. 현재의 의학기술은 장 미생물총을 예측가능한 방식으로 변화시키기에 한참 모자란다. 하지만 아직 방법을 모를 뿐, 목적을 이룰 도구는 거의 다 마련되었다. 식단이나 환경 미생물 노출과 같은 이 열쇠를 잘 활용하면 장에서 뇌로 이어지는 굳게 닫힌 문을 활짝 열 수 있을 것이다.

대화의 매개체, 발효식품

장 미생물총과 뇌의 연결고리를 조사한 연구는 많다. 하지만 대부분이 실험동물을 이용한 것이기 때문에 연구결과를 해석할 때는 조심스럽게 접근할 필요가 있다. 동물 연구에 의하면 장 박테리아가 뇌와 밀접하게 연결되어 있다는 것이 기정사실에 가깝다. 이는 사람에서도 마찬가지일 것이다. 하지만 쥐 뱃속에 사는 특정 미생물과 관련해 관찰된 쥐의 특정 행동 특성을 사람에게 그대로 대입할 수는 없다. 사람의 뇌와 장 미생물총은 쥐의 경우와는 확연히 다르다. 따라서 사람의 장 미생물총이 구체적으로 어떻게 자폐 스펙트럼 장애, 우울증, 불안 장애 등의 질병은 물론이고 사람의 성격과 기분에까지 관여하는지를 정확하게 파악하려면, 사람을 대상으로 한 임상 연구를 반드시 해야 한다.

2013년에 UCLA의 한 연구팀이 사람 뇌가 장 미생물의 영향을 받는지 알아보기 위한 연구를 실시했다.[18] 이 연구에서는 위장관 증상이나 정신 증상이 전혀 없는 건강한 여성 12명에게 네 가지 종류의 유익균이 들어 있는 요구르트를 4주 동안 매일 두 번씩 먹게 했다. 이 실험군과 비교할 대조군으로는 하루에 두 번 위약, 즉 유익균이 들어 있지 않은 요구르트를 먹은 집단과 아예 아무것도 하지 않은 집단을 두었다. 공정을 기하기 위해, 연구는 이중으로 눈가림 처리되어 참가자와 연구진 모두 연구가 끝날 때까지 누가 유익균을 먹고 누가 먹지 않는지 몰랐다. 연구진은 4주 체험을 시작하기 전과 완료한 후에 각 참가자의 뇌를 기능적 자기공명영상^{fMRI, functional magnetic resonance imaging}으로 촬영했다. fMRI 촬영은 두 가지 조건에서 실시했는데, 한 번은 편안하게 쉬어 안정된 상태에서 찍고 다른 한 번은 두려움이나 분노와 같이 부정적인 감정을 표현한 얼굴표정 사진을 보여주고 찍었다. 이렇게 감정의 동요를 유발한 것은 같은 사진을 본 특정 불안장애를 앓는 환자들의 뇌를 fMRI로 들여다보면 실제로 뇌의 활동 패턴이 변하기 때문이다.

검사 결과, 두 가지 조건 모두 유익균을 먹은 집단과 그렇지 않은 집단 간에 뇌 활동의 차이가 있는 것으로 관찰되었다. 특히, 전두엽, 전전두엽, 측두엽피질, 수관주위회색질 등 뇌로 들어오는 감각 정보와 감정을 처리하는 영역 몇 곳에서 변화가 두드러졌다. 이들 영역은 불안 장애, 통증 인지, 과민성 대상 증후군과도 밀접하게 관련 있는 곳이다. 뱃속에 사는 수백 종의 미생물 중에서 고작 네 가지 별것 아닌 유산균이 뇌 곳곳에 이렇게 엄청난 영향력을 발휘하다니 믿기 힘들 정도다. 하지만 이 연구에서 증명되었듯, 한 달 동안 요구르트를 하루에 두 번 먹는 것만으로도 뇌 활동 양상을 가시적으로 바꾸기에 충분하다.

이렇게 사람도 장 미생물총과 뇌의 사이가 가깝다는 것을 알고 나서 그 다음을 생각하면, 여러 가지 궁금증이 샘솟기 마련이다. 뇌 검사 영상의 차이가 정신건강에 어떤 의미가 있을까? 이 네 가지 프로바이오틱스 생균이 뇌의 기능에 어떤 식으로 영향을 주는 걸까? 화학물질을 직접 보내서일까 아니면 더 우회적인 경로로 돌아갈까? 뇌 기능을 변화시키는 것이 장 미생물 대부분의 기본 옵션일까 아니면 소수의 균주만 가진 특별한 재능일까? 요즘 약들은 부작용 때문에 말이 많은데 미생물이 그런 부작용 없이 정신질환을 효과적으로 치료할 수 있을까? 이렇게 폭포처럼 쏟아지는 질문들은 앞으로 학계를 연구로 정신없이 바쁘게 만들 건설적인 원동력이 될 것이다.

쥐 실험에서 확인된 것처럼, 사람에서도 병원균이 불안 증세를 일으키거나 프로바이오틱스 균이 우울증을 개선하는지는 아직 한참 더 두고 봐야 확실히 알 수 있다. 박테리아로 자폐 스펙트럼 장애 환자를 치료할 수 있는지, 만약 그렇다면 어떻게 그게 가능한지 또한 지금은 대답할 수 없다. 장 박테리아가 뇌에 영향을 미치는 원리를 정확하게 이해하고 이 관계가 정신건강에 이롭다고 선언하기까지 앞으로 적지 않은 연구가 뒤따라야 한다. 지금까지 수행된 연구들은 사전조사 격이다. 본경기에 들어가기 전에 몸을 푼 준비운동을 한 것이다. 본경기에서는 인체에서 장 미생물총이 하는 일을 구체적으로 밝히고, 장 미생물총 조작을 통해 인간이 내외적으로 건강한 삶을 누릴 방법을 찾을 것이다. 미리 경고하지만, 뇌가 워낙 복잡하고 신비한 장기라 연구 진행 속도는 무척 더딜 것이다. 게다가 심사를 기다리는 미생물이 100조 마리나 되기에 뇌와 장 미생물총의 미스터리를 모두 밝히는 데는 적지 않은 시간이 걸릴 것이다. 이렇듯 장 미생물총학은 앞으로 갈 길이 멀다. 그래도 뇌와 장 미생물이 쉬지 않고 대화를 나눈다는 것은 확실해졌으니 일단 첫 걸음은 잘 뗀 셈이다.

뇌와 장 미생물총을 평생의 동지로

인간은 모든 면에서 미숙한 상태로 이 세상에 태어난다. 신생아의 장에는 구멍이 숭숭 뚫려 있고 면역계는 미약하기 짝이 없으며 뇌는 몇 년이 더 흘러야 그럴듯한 신경정보망을 갖춘다. 갓난아기에게는 제대로 된 장 미생물총이란 게 아직 없으므로, 뇌-장관 축도 장 미생물총이 자리 잡는 폭발적인 성장기에 함께 형성된다. 그런데 장 미생물총 구성 과정에서 벌어지는 일 때문에 뇌-장관 축도 달라질까? 첫 돌까지 한 해는 장 미생물총이 정착하느라 정신없는 혼돈의 시기다. 이 결정적 시기에 구축되는 장 미생물총 사회가 뇌-장관 축이 바로 서는 데 기여하거나 그 기능을 영구적으로 결정할까? 만약 장 미생물총 사회가 자리 잡는 동안 일이 잘못되어도 뇌와 장 미생물총 사이의 연락망에는 이상이 없도록 금방 복구하는 시스템이 있을까? 우여곡절 끝에 아기의 뱃속 세상이 형태를 갖추고 안정을 찾는 시점의 장 미생물총 조성이 평생의 뇌 기능을 결정할까?

사람의 뇌는 평생에 걸쳐 발달하지만, 특히 생애 첫 몇 해가 매우 중요하다. 어릴 적 경험이 뇌의 물리적 구조를 조금씩 바꿔 그대로 굳히고 우울증, 불안 장애, 다양한 정신장애의 위험성 등 정신건강 상태도 좌우한다. 이렇듯 유년기가 뇌와 장 미생물총 모두의 발달에 중차대한 시기인 걸 보면 뇌의 물리적 구조와 정신건강은 처음부터 둘이 아닌 하나인 것 같다. 아기의 뇌는 장 미생물이 만든 화학물질이 혈액을 타고 넘어와 영향을 주기에 훨씬 더 용이하다. 아기가 모유를 끊고 고형식으로 넘어가는 이유기에 처음으로 고기를 입에 대거나 발효식품을 처음 접하거나 하는 식단 변화를 겪으면 장 미생물총 조성이 갑자기 달라져, 전신으로 퍼져나가는 장 미생물총 대사산물의 종류도 급변한다. 그뿐만 아니라 태어나서 처음으로 세균성 장염에 걸리거나 항생제를 처음 맞았을 때도 장 미생물총과 숙주의 관계가 좋은 쪽으로든 나쁜 쪽으로든 확 달라진다. 장 미생물총이 운영하는 제약공장은 아기가 탄생한 순간부터 가동을 시작해 아기의 뇌가 발달하는 단계 단계마다 제품의 종류와 양을 바꿔가는 것이다.

장 미생물과 우리 뇌 발달 사이의 연결고리에 관한 현재 지식수준은 신생아의 장 미생물총만큼이나 미숙하다. 앞서 우리는 무균 쥐는 통증을 예민하게 감지하지 못하고 무모할 만큼 겁이 없다는 실험결과를 살펴봤다. 이런 증상들은 장 미생물총을 심어주면 정상으로 돌아온다. 단, 치료 시기가 반드시 어릴 때여야 한다. 때가 너무 늦으면 죽을 때까지 이렇게 비정상적인 상태로 살게 된다. 이처럼 사람의 경우도 어릴 때 미생물 경험을 어떤 식으로 쌓느냐에 따라 뇌 기능이 달라지는지를 알아내려면 더 많은 연구가 필요하다. 어른인 우리가 스트레스에 반응하는 방식이나, 학습하고 기억하는 능력, 자세히 관찰하지 않으면 잘 안 보이는 미묘한 성격 차이 모두 어쩌면 우리가 어릴 때 간직했던 장 미생물총 생태계가 남겨놓은 유산일지도 모른다.

비슷하게, 특정 사물이나 상황에 과도한 공포를 느끼거나 익스트림 스포츠와 같은 위험한 행동을 즐기는 사람은 장 미생물 때문에 그런 성격을 갖게 된 것일 수 있다. 실제로 자폐 스펙트럼 장애, 간성 뇌병증, 다발성 경화증 등 장 미생물총 조성의 변화가 증상 변화를 불러오는 중추신경계 질환이 적지 않다. 그뿐만 아니라 항생제 과용과 MAC 비중이 적은 식단 등으로 인한 장 미생물총 변화는 서양에서 비만과 심장질환 위험을 높이는 동시에 자폐 장애, 우울증, 불안 장애를 확산시키는 원인인자로 지목된다. 그런 맥락에서 만약 식단을 조절하고, 프로바이오틱스 생균 섭취량을 늘리고, 항생제와 항균용품 사용을 자제함으로써 망가진 장 미생물총을 복구할 수 있다면 현대인의 정신건강 회복을 기대해도 좋을 것이다. 물론, 어느 하나 쉬운 일은 없겠지만 말이다.

뇌-장 미생물총 축의 건강을 보강할 구체적인 지침이 나오면 좋겠지만, 지금은 과학적 근거가 빈약하기 때문에 그러기에는 아직 때가 이르다. 그래도 막 싹이 튼 이 신생 연구 분야는 무한한 잠재력을 갖고 있다. 위약과 비교한 임상연구 데이터가 전무하지만, 장 미생물총 건강 도모가 사람의 정신건강도 개선할 거라고 기대하는 것이 지나친 망상은 절대 아니다. 지금도 장 미생물총 생태계와 우리 뇌의 상태를 최상으로 끌어올리기 위해 일상생활에서 실천할 방법이 있다. 바로 MAC가 풍부한 식이요법으로 장 미생물총을 잘 먹이고, 항생제를 되도록 사용하지 않고, 아기에게 엄마젖을 물리고, 안전한 범위에서 환경 미생물과 자주 접촉하는 것이다. 미국 국립정신연구소National Institute of Mental Health의 토머스 인설Thomas Insel 박사는 정신질환 치료제로서 장 미생물총이 가진 잠재적 가치에 큰 기대를 건다. "장 미생물 세상의 차이가 뇌와 행동 발달에 영향을 미치는 원리가 다음 10년 동안 임상 신경과학 분야의 최우선적 연구과제가 될 것입니다."[19]

장 미생물총과 사람의 뇌는 미생물이 인류 건강의 전반에 얼마나 광범위하게 관여하는지를 잘 보여준다. 장 미생물총학 분야가 발달할수록 인체 생리의 실타래를 풀어가다 보면 직접적으로든 간접적으로든 장 미생물총에 닿지 않는 요소가 하나도 없다는 사실이 재차 확인되고 있다. 그런 의미에서 어디가 아플 때 꼭 그 장기에만 문제가 있다고 생각하는 사고방식은 버릴 때다. 불과 몇 년 전만해도 상상할 수 없었던 일이지만, 뇌 문제의 뿌리가 때로는 장에 있을 수 있다. 인체는 하나의 복잡한 생태계이고 모든 것이 서로 복잡하게 연결되어 있다. 장 미생물총도 그런 요소 중 하나여서, 이것이 불안정해지면 연쇄반응이 일어나 그 영향이 몸 전체에 파급된다. 하지만 너무 겁먹지 마시길. 이것을 뒤집어 생각하면 생태계의 한 요소를 강화함으로써 전체 건강을 도모할 수 있다는 소리도 되니까.

CHAPTER 7

똥을 먹는 자, 살지어니

미생물 신분세탁

게놈은 한 인간의 거의 모든 것을 정의한다. 사람은 자신의 DNA를 본인의 의지대로 바꾸지 못한다. 그래서 유전자에 질병 정보가 적혀 있는 사람은 그 병에 그대로 걸리는 수밖에 없다. 어느 유전자가 어떻게 잘못 되었는지 알더라도 질병을 치료하거나 예방하기 위해 유전물질을 뜯어고치는 일명 유전자 요법은, 현재 의학기술로는 꿈같은 얘기일 뿐이다.

하지만 독불장군 게놈과 달리 마이크로바이옴은 더 융통성 있어서 건강 증진과 질병 완치를 소망하는 인류에게 훨씬 협조적이다. 장 미생물은 인체 건강과 거의 모든 측면에서 연결되어 있으면서 게놈보다 다루기가 훨씬 쉽다. 이렇게 생각해보자. 만약 장속 병원균 하나가 병을 일으키는 독소를 분비하는 경우, 이놈 하나만 처치하면 병 자체를 치료할 수 있다. 또 장 미생물총이 중요한 기능 하나를 하지 못하거나 핵심 멤버 유익균이 뱃속 생태계에서 빠져 있다면, 그런 균주를 넣어주면 문제가 말끔하게 해결될 것이다. 이렇게 수시로 재프로그래밍이 가능한 장 미생물총의 가변성은 인간의 건강을 도모할 강력한 수단이 되어주므로 인류에게 밝은 미래를 약속한다.

파티 불청객

장염, 배탈, 식중독, 여행자 설사, 몬테수마의 복수(멕시코 여행자가 잘 걸리는 설사병. 몬테수마는 고대 아즈텍 군주의 이름이다) 등등 여러 이름으로 알려진 위장염은 누구나 살면서 한번쯤 앓는 흔한 병이다. 어릴 때 발병하는 위장염의 형태는 전 세계적으로 감염성 설사가 가장 흔한데, 개발도상국에서 5세 미만 소아의 사망원인 상위권에 자리하기도 한다. 서구권에서는 위장염으로 인한 사망률이 매우 낮지만, 위장염 자체의 빈도는 예나 지금이나 높다. 미국에서는 해마다 100만 명 이상이 감염성 설사 때문에 입원치료를 받으며, 외래까지 합치면 환자 수가 수백만 명이 넘는다. 통틀어 미국 국민이 한 해에 겪는 급성 설사는 약 2억 건에 달하는데, 이는 감기 유병률 다음으로 두 번째로 높은 것이다.[1]

문제는 이 중에 미생물이 용의자로 지목된 증례가 적지 않다는 것이다. 집단 식중독 사건의 단골손님인 노로바이러스, 덜 익은 달걀부터 땅콩버터까지 사실상 모든 음식에서 검출되는 살모넬라, 오염된 물을 통해 퍼지는 기생충 지아르디아^{Giardia}가 대표적인 것들이다. 이런 감염성 미생물은 우리의 주변 환경 도처에 도사리고 있으므로 살면서 어떤 경로로든 맞닥뜨려 한바탕 전쟁을 벌이게 된다. 그 중에서도 어린이와 노약자, 면역력이 저하된 사람이 감염성 설사에 특히 취약하다. 게다가 이런 고위험 계층은 유아원, 학교, 노인정, 병원 등에 모일 일이 많으므로 감염성 병원균이 삽시간에 퍼져나간다.

병원성이 있는 미생물이 소화관에 들어왔을 때 실제로 병에 걸릴지 아닐지는 수많은 인자들에 따라 결정된다. 병원균이 소화관을 따라 이동해 대장에 이르면 시끌벅적한 장 미생물총 세상과 마주한다. 이때 달라진 분위기를 감지한 유익균들은 똘똘 뭉쳐 살모넬라나 C. 디피실리에와 같은 악의를 띤 침입자들을 경계한다. 한창 물오른 파티에 초대받지 않은 불청객이 나타났을 때처럼 말이다.

이처럼 집단으로 불청객 병원균을 배척하는 장 미생물총의 성질을 학계에서는 '군집 저항$^{colonization\ resistance}$'이라 한다. 방어 방식은 직접적인 것도 있고 간접적인 것도 있다. 첫째, 장 미생물총은 물리적 공간을 차지해 자원을 선점함으로써 애초에 병원균이 발을 붙이지도 먹을거리를 찾아 나서지도 못하게 막는다. 둘째, 일부 장 미생물총 균주가 살균 효과가 있는 화학물질을 살포해 병원균을 죽인다. 셋째, 이것은 간접적인 방식인데, 장 미생물총이 면역계를 부추겨 방어 활동을 강화하게 한다. 이렇듯 평소에는 장 미생물총이 병원균을 쫓아내는 데 다방면으로 총력을 기울이기에, 항생제 때문에 잠깐이라도 장 미생물총이 약화되면 병원균은 이 절호의 기회를 놓치지 않는다.

불로 불길을 잡다

C. 디피실리에는 중증 설사와 장 염증을 일으킨다. 이 병원균의 감염 확률을 높이는 위험인자가 여럿 있는데 항생제는 그 중 상위권을 차지한다. 항생제는 장 미생물총 생태계 전체를 불길에 휩싸이게 한다. 개중에 살아남는 균주도 있지만 항생제 폭격을 맞은 장 미생물총 세상은 전소되어 황폐해진 숲처럼 불과 얼마 전 번영했던 시절의 모습을 조금도 찾아볼 수 없다. 이렇게 주인 잃은 허허벌판은 어디서 날아왔는지도 모르는 새싹이 움터 민둥산을 메우듯 새로운 균주들로 채워진다. 이때 새 정착민 중 일부는 공생균과 같이 건강한 생태계를 재건해줄 성실한 양민이지만, 공격적이고 악랄한 병원균이 끼어들어올 수도 있다. 산불이 휩쓸고 지나간 숲이 시간이 흘러 녹음을 되찾을 무렵 선량한 식물종들이 조화를 이루며 공존하는 모습이라면 더할 나위 없이 좋을 것이다. 하지만 때때로 잡초가 무섭게 번성해 숲의 조경을 영구적으로 망치기도 한다. 장에서 C. 디피실리에가 기세를 잡았을 때 바로 이런 상황이 벌어지는데, 이것을 C. 디피실리에 관련 질환의 의미로 CDAD^{C. difficile associated disease}라고 한다.

CDAD는 미국에서 해마다 약 1만 4,000명의 목숨을 빼앗는다.[2] 죽을 정도는 아니지만 이 병원균 감염과 사투를 벌이는 환자까지 합치면 그 수는 10배로 껑충 뛰어오른다. 그 중에서 내성 때문에 항생제가 말을 듣지 않는 환자는 별 방도 없이 하늘에 운명을 맡겨야 한다. C. 디피실리에는 병원에서 옮을 확률이 가장 높지만, 수영장이나 익히지 않은 채소, 애완동물 등 도처에 매복하고 있다. 그렇다고 해서 수영장 물에 염소를 드럼통으로 풀고 채소를 항균 세척제로 박박 닦아 씻고 애완동물에게 항생제를 잔뜩 먹이면 C. 디피실리에의 접근을 원천봉쇄할 수 있을 거라고 생각하면 큰 오산이다. 전체 인구의 2~5% 정도는 자신도 모르게 뱃속에서 C. 디피실리에를 키우고 있기 때문이다. 병원 안만 따지면 이 숫자가 20%로 올라가고 장기요양시설에서는 C. 디피실리에 보균자가 무려 절반이나 되는 것으로 집계된다.[3] 즉, CDAD를 앓은 적이 없다고 해서 장에 C. 디피실리에가 없다는 뜻은 아니라는 소리다.

보균자 대부분의 뱃속에서는 C. 디피실리에가 작은 말썽도 부리지 않고 아주 착실하게 살아간다. 그러다 항생제를 투하하거나 해서 장 미생물총 생태계가 대혼란에 빠지면 C. 디피실리에가 자신에게 유리해진 상황을 악용해 세력을 키우고 막강한 악한으로 돌변한다.

이렇게 사나워진 C. 디피실리에는 극심한 설사와 장 염증을 일으키며 어떤 치료도 듣지 않는다. 최근까지만 해도 재발성 C. 디피실리에 감염을 치료하는 유일한 방법은 더 많은 항생제를 쓰는 것뿐이었다. 이 방법은 용케 유익균들만 회생하기를 소망하며 숲에 다시 불을 놓는 것과 다름없다. 이 전략의 문제점은 C. 디피실리에가 어떤 항생제도 듣지 않는 난공불락의 포자라는 동면 상태로 불길이 잦아들 때까지 숨어 지낸다는 것이다. 포자는 끓이거나, 구워서 바싹 말리거나, 얼리거나, 심지어 공기를 쫙 빼 진공으로 만든 극한의 상황에서도 살아남기 때문에 포자를 만드는 박테리아를 박멸하는 것은 하늘의 별 따기 만큼이나 어려운 일이다.

포자로 변신해 때를 노리던 균은 항생제의 영향력이 사라지면 활동을 재개하기 시작한다. 그런데 말끔히 청소되어 경쟁자는 없고 자원은 풍부한 새로운 장 환경에서는 발아한 포자가 더 멀리, 더 빨리 퍼져나간다. 그래서 CDAD 환자의 장 미생물총에는 C. 디피실리에의 비중이 매우 높다. 이 병원균이 유익균 수백 종을 멸종시키고 그 자리를 점령해버린 것이다. C. 디피실리에는 독소 합성을 지시하는 유전자를 여러 개 갖고 있다. C. 디피실리에는 장내 개체 수가 적을 때는 함부로 독소를 만들어내지 않고 몸을 사린다. 그러다 집단이 적당히 커지면 그때서야 독소를 분비해 장벽을 손상시키고 설사와 통증을 일으킨다.

현 시점에서는 항생제가 소용없는 C. 디피실리에 감염에 걸린 환자에게 제안할 만한 치료법이 별로 없다. 보통은 일단 항생제를 주고 두고 보다가 다음번에 다른 항생제를 더 많이 투약하는 식으로 조금씩 강도를 높여간다. C. 디피실리에가 빨리 항복하고 유익균이 부활하기를 바라면서 말이다. 하지만 이렇게 항생제 요법을 연달아 시도해도 효과가 없다면, 수술로 감염균과 병든 장 조직을 떼어내는 방법만 남는다. 수술이 확실한 치료법이긴 하지만, 경과가 아무리 좋아도 평생 가는 후유증이 남는 까닭에 웬만해서는 추천하지 않는다.

그런데 장 미생물을 모조리 화형시키거나 장에 칼을 대어 잘라내는 것 말고 건강한 미생물이 스스로 돌아오게 할 다른 방법이 있다면 어떨까? 바람직한 장 미생물총 사회를 수복함으로써 C. 디피실리에가 설 자리를 효과적으로 제한하고 감염 증세를 잠재울 수 있다면?

뭘 이식한다고?

2013년 네덜란드 암스테르담에 있는 의학연구소Academic Medical Center의 연구진이 여러 유익균을 섞은 혼합액이 자꾸 재발하는 C. 디피실리에 감염의 악순환을 멈출 것이라는 가설을 세웠다.[4] 이 가설을 검증하기 위해 연구진은 무작위 배정, 대조 디자인의 임상연구를 통해 재발성 C. 디피실리에 감염 환자를 두 군으로 나누고 한 치료군에게는 항생제만 주고 다른 한 치료군에게는 항생제와 함께 특별한 시술을 실시했다. 바로 대변을 이식하는, 일명 박테리오테라피bacteriotherapy 혹은 대변미생물 이식수술FMT, fecal microbiota transplant 이다. 수술 내용은 간단하다. 이름 그대로 기증자가 대변을 제공하면 이것을 환자의 장에 이식하는 것이다. 구체적인 방법은 코로 삽입한 튜브를 통해 위에서 아래로 내려 보내는 방식과 관장 혹은 대장내시경을 통해 항문에서 대장으로 올려 보내는 방식이 있다. 어느 방향으로 넣든, 시술 전에 이식할 대변을 액화시켜 거르는 준비 절차가 필요하다. 액화시킨다는 건 별게 아니고 분쇄기로 곱게 간다는 의미다. 보통 사람에게는 설명만 들어도 구역질나는 수술이지만, 생사의 기로에 서 있는 CDAD 환자에게는 이것이 마지막 희망일 수도 있다. 어느 누구라도 이런 상황에 처하면 살기 위해 잠깐의 수치심 정도는 기꺼이 참는 쪽을 택할 것이다.

네덜란드 연구진은 이미 항생제 치료를 시도했지만 실패한 환자로 연구에 참여할 수 있는 자격 요건을 제한했다. 그렇게 선발된 연구 참가자들에게 대변미생물 이식수술을 1차로 실시했는데, 완치율이 무려 81%나 되는 놀라운 결과가 나타났다. 이와 비교해 항생제만 투여한 대조군에서는 완치율이 31%에 머물렀다. 뒤이어 1차 치료시 완치되지 않은 나머지 참가자 19%에게 2차 시술을 실시하자, 누적 완치율이 94%로 껑충 올라갔다. 이것은 연구진이 연구를 계속 진행하는 것이 비윤리적이라고 판단하고 서둘러 마무리한 뒤에 대조군 참가자들에게도 같은 시술을 해줄 정도로 놀라운 성공률이었다. 이렇듯 건강한 장 미생물총을 다시 심어주는 무식한 전략이 대성공을 거둠에 따라, 대변미생물 이식수술은 혐오대상이 아니라 환자들의 구미를 당기는 매력적인 치료법으로 환골탈태했다.

대변미생물 이식수술의 효과를 증명한 이 임상연구가 이 시술의 인지도를 확 끌어올리는 견인차 역할을 한 것은 분명하지만, 사실 미국에서 이 시술이 시행된 역사는 50년이 넘는다. 1958년 덴버 종합병원의 외과장 벤 아이즈먼Ben Eiseman은 대변 관장으로 위막성 결장염을 완치할 수 있다는 내용의 논문을 발표했다.[5] 이때는 C. 디피실리에가 위막성 결장염의 원인균임이 밝혀지기 약 20년 전이었다. 따라서 아이즈먼을 필두로 한 덴버 종합병원 연구팀은 이 병의 원인이 정확히 무엇인지 짐작도 하지 못하던 상태였다. 그런 상황에서 그들은 막연히 장내 균형이 깨진 게 문제이고 이것을 장 구성물 이식을 통해 복구할 수 있다는 논리를 세워 값진 성과를 낸 것이다.

그뿐만 아니라 수의학 분야에서는 100여 년 전부터 대변 미생물을 이식해 아픈 동물을 치료했다. 어떨 때는 동물종이 달라도 이런 대변 미생물 교환 이 치료에 효과적이었다.

그런데 대변 자체를 약으로 쓴 역사는 이보다도 훨씬 더 옛날로 거슬러 올라간다. 중국에서는 4세기부터 중증 설사를 대변을 묽게 탄 음료로 치료 했다는 기록이 있다.[6] 당시 중국 사람들은 이 물약을 '황차yellow tea'라고 불 렀다고 한다.

2013년에 네덜란드 연구팀이 연구결과를 공개하자 학계는 순식간에 떠 들썩해졌다. 장 미생물총을 이식해 병을 치료하는 것은 예측 불가능한 미래 로 통하는 문을 여는 도박과도 같은 짓이기 때문이다. 그럼에도 이 수술로 장 미생물총을 복구하면 질병이 호전된다는 것은 분명하기에, 현재 의료계 에서는 이 단순무식한 전략이 질병을 어느 정도나 낫게 하는지 혹은 완치까 지 가능한지 여부를 신중하게 조사하고 있다. 현재 대변 이식수술의 질병치 료 효과를 알아보기 위해 진행 중인 임상연구는 40건이 넘는다. 여기에는 염증성 장질환과 비만을 겨냥한 연구도 포함되어 있다. 관건은 이 시술이 CDAD 말고 다른 질병들도 고칠 수 있는가다. 또한 이 시술이 C. 디피실리 에 박멸에 특효인 이유도 초미의 관심사다. 이런 궁금증들을 속 시원히 풀 기 위해서는 먼저 항생제가 군집 저항을 어떻게 망가뜨리고 C. 디피실리에 가 이 기회를 틈타 어떻게 권력을 잡는지부터 알아야 한다.

항생제와 무차별 살생

항생제라는 단어는 말 그대로 '생명'을 '억제'하는 물질이라는 의미를 갖고 있다. 마치 모든 생명을 앗아갈 것 같은 무시무시한 어감이지만 사실 항생제는 나쁜 녀석들, 즉 병을 일으키는 유해균을 공격하는 일을 한다. 현대인은 누구나 항생제에 익숙하고 아이들에게 맞힐 때도 깊은 고민을 하지 않는다. 심지어 우리는 항생제를 생명의 은인 취급한다. 대체로는 맞는 말이다. 하지만 최근 연구에 의하면 항생제가 인체 생리에 우리가 생각하는 것보다 훨씬 더 광범위한 영향을 미친다고 한다. 장내 유익균을 불구로 만들어 우리 건강을 위협하는 쪽으로 말이다.

인류 역사라는 큰 그림에 항생제가 한 조각을 차지한 것은 수천 년 전부터다. 고대 그리스 사람들은 감염을 막기 위해 곰팡이가 핀 빵을 으깨 상처에 발랐을 정도로 항생제의 살균 활성을 잘 인지하고 있었다. 그런 곰팡이 중 하나인 페니실륨Penicillium은 현대에 들어와 이 세상에서 가장 유명한 항생제인 페니실린penicillin으로 개발되기도 했다. 예전에는 사람이 죽는 것을 지켜볼 수밖에 없었던 많은 질환을 말끔하게 치료했기 때문에 항생제는 의학사에서 세 손가락 안에 드는 위대한 발견이라 부를 만하다.

효능이 큰 반면 부작용은 상대적으로 미약했기 때문에 제약회사들은 너도나도 항생제 개발에 뛰어들었다. 그렇게 해서 다양한 감염질환을 치료하는 항생제가 탄생했다. 하지만 신약 개발에 워낙 많은 돈이 드는 까닭에 업계는 비용과 기간을 단축하고자 꾀를 짜내 한 번에 여러 균주를 죽이는 광범위 항생제에 사업을 집중했다. 그러면 귀부터 요도까지 거의 모든 신체 부위에서 발병하는 각종 감염병을 같은 항생제로 치료할 수 있다. 미국은 오늘날 항생제 의존도가 가장 높은 나라 중 하나다. 2010년 통계에 의하면 미국에서 의사 처방에 의한 항생제 투약 횟수가 2억 5,800만 건에 달했는데, 이는 미국인 10명 당 약 8.5회에 해당하는 투약량이다. 항생제 내성 균주의 등장이 말해주듯 항생제 과용은 심각한 문제다. 하지만 그보다 더 중요한, 하지만 훨씬 덜 알려진 문제는 항생제가 장 미생물총에 적지 않은 영향을 미친다는 것이다.

항생제의 대부분은 병원균이 문제를 일으킨 부위가 어디든 상관없이 경구로 복용한다. 그게 뭐가 어쨌다는 거냐고? 귀가 병원균에 감염되어 귀가 아픈 환자가 있다고 치자. 이 환자가 항생제를 삼키면 약효 성분이 혈류를 타고 귀로 이동해 병원균을 죽인다. 문제는 항생제가 귀로 가고 나오는 길에 만나는 다른 미생물들도 죄다 공격한다는 것이다. 이때 최대의 피해자는 다름 아닌 장 미생물들이다. 게다가 대부분의 항생제는 설계상 공격 대상을 가리지 않기 때문에 우리가 아무 생각 없이 항생제를 먹거나 맞을 때마다 장 미생물총 사회는 무고한 피해를 적지 않게 입는다. 한 번 휘청인 장 미생물총 사회가 예전 모습을 되찾기까지는 보통 여러 달이 걸리는데 그 사이에 감염성 설사에 걸릴 위험이 매우 높아진다.

스탠퍼드 대학교의 데이비드 렐먼David Relman과 레스 데스레프슨Les Dethlefsen은 강력한 항생제 시프로플록사신ciprofloxacin을 여러 차례 복용했을 때 장 미생물총에 어떤 변화가 일어나는지 알아보기로 했다.[7] 시프로플록사신은 다양한 박테리아 감염을 치료할 때 사용되는 광범위 항생제다. 미생물의 DNA 복제 활동을 억제함으로써 균 증식을 막는 것이다. 이 항생제는 넓은 항균 스펙트럼을 가지므로 다양한 종류의 박테리아에 작용하는데, 여기에는 병원균뿐 아니라 사람과 공생 관계에 있는 다양한 장 미생물도 포함된다. 렐먼과 데스레프슨은 이 항생제를 닷새 동안 복용할 때 장 미생물총이 얼마나 망가지며, 완전 회복이 가능한지를 조사하는 실험을 했다.

그 결과, 풍성하고 다채로웠던 연구 참가자의 장 미생물총 생태계가 항생제를 투하하자마자 급격하게 무너지기 시작했다. 단 5일 만에 장 박테리아 수는 적게는 10분의 1, 많게는 100분의 1까지 줄었고 살아남은 균주의 조성도 훨씬 단조로워졌다. 그뿐만 아니라 장 미생물총 구성 패턴도 크게 바뀌어서 전체의 25~50%를 차지하던 균주들이 죄다 자취를 감춰버렸다. 그런데 피해가 우려했던 것보다 훨씬 크긴 했지만, 이런 변화를 전혀 예상 못한 것은 아니었다. 시프로플록사신은 다른 모든 광범위 항생제들과 마찬가지로 장 유익균을 특별히 배려하지 않기 때문이다.

장 유익균은 인체 건강에 없어서는 안 되는 중요한 핵심 구성원이지만, 장 미생물총은 다시 자라니까 항생제를 맘껏 써도 된다고 사람들은 생각한다. 그렇다면 정말로 유익균이 다시 번성해 예전과 똑같은 상태로 돌아올까? 미안하지만 그렇지 않다. 이 실험에서 항생제 폭격이 있은 후 몇 주 뒤에 참가자들의 장 풍경을 관찰했더니 예전 상태로 완전히 회복된 사람은 딱 한 명뿐이었다. 나머지 두 명의 장 미생물총은 아직도 회생하기 위해 고군분투하고 있었다. 둘 중 한 명은 안정을 거의 되찾았지만 폭격의 흔적이 뚜렷하게 남았고, 다른 한 명은 두 달이 지나도록 여전히 기운을 차리지 못했다.

현대인의 장 미생물총은 매년 여러 차례 항생제 노출을 견뎌내야 한다.

연구진은 이런 현실을 반영해 시프로플록사신을 다른 시점에 다시 투약했을 때 같은 참가자에게 어떤 일이 벌어지는지 관찰했다. 그 결과, 2차 공격으로 장 미생물총 생태계가 더 심하게 파괴되는 것으로 확인되었다. 장 미생물총 개체 수가 줄어들고 조성이 바뀌고 다양성이 급감한 것은 종전과 다르지 않았다. 하지만 이번에는 참가자 세 명 중 장 미생물총이 완전히 회생한 사람이 한 명도 없었다. 세 사람 모두 장 미생물총이 두 달이 지나도 2차 항생제 폭격의 충격에서 벗어나지 못했다.

그런데 신기하게도 속은 이렇게 곪아터져도 위장관 증상을 호소하는 사람은 아무도 없었다. 그런 걸 보면 증상이 항생제에 의한 장 미생물총의 피해 상황을 가늠하는 믿음직한 지표는 아닌 게 분명하다. 또 이 연구에서는 어떤 사람의 장 미생물총이 항생제 공격에 더 취약한지를 예측하는 것도 불가능했다. 즉, 현 시점에서는 병원에서 검사를 하거나 해서 항생제가 나의 뱃속 입주자들에게 얼마나 해로울지 미리 알 방도는 없고, 피해가 막심할 거라고 막연히 짐작만 할뿐이다. 더불어 첫 번째보다는 두 번째에 그리고 두 번째보다는 세 번째에 장 미생물총 피해가 더 크다는 점도 분명히 기억해야 한다.

겉으로는 항생제의 힘을 빌릴 때마다 아무 대가도 치르지 않고 감염병 치료라는 이점만 취하는 것처럼 보인다. 하지만 피부로 느껴지지 않아도 장 미생물총은 반복되는 공격에 정신을 못 차리고 있다. 장 미생물총 생태계가 기력을 회복하려면 긴 시간이 필요하며 영원히 돌아오지 못하는 균주도 생긴다. 항생제 때문에 병원균 침입을 막는 장 미생물총의 방어능력이 약해지는 이 공백 기간에는 더 위험한 감염병에 걸리기 쉬워진다. 프로바이오틱스 생균을 섭취해 미약해진 장 미생물총 기능을 보완한다고 해도, 망가지기 전 상태로 완전히 되돌릴 방법은 아직 아무도 모른다는 게 현재 우리의 한계다.

머릿수도 능력이다

병원균이 장에 침투하는 것은 완전무장한 군대 전체를 상대하는 것과 같다. 거대한 장 미생물총 무리가 떡 버티고 있기 때문이다. 침략 세력이 작을 때는 본토에서 총집결해 빈틈없이 방비하는 군대를 이길 방법이 없다. 이런 철벽수비에 흠집이라도 내려면 원정군은 머리수를 더 모으고 무기를 제대로 갖춰야 한다. 그런데 장 미생물총의 방어 태세가 허술할 때는 몇 마리 안 되는 병원균 돌격대로도 금세 고지를 점령할 수 있다. 인체는 평소에도 살모넬라와 같은 병원균의 끊임없는 도발을 상대한다. 하지만 장 미생물총의 방어력이 워낙 탄탄하기 때문에 병원균이 실질적인 병을 일으키려면 한두 마리로는 어림도 없다. 덜 익은 달걀에 숨은 살모넬라 몇 마리가 장에 사는 유익균 100조 마리를 무릎 꿇리고 식중독을 일으키는 일 따위는 일어나지 않는다는 소리다.

하지만 항생제 치료를 받아서 장 미생물총 규모가 줄어들었을 때는 사정이 다르다. 이런 위기 상황에서는 장 미생물총이 적은 수의 병원균 무리에도 굴복할 확률이 훨씬 커진다. 그런 면에서 항생제를 사용하는 것은 러시

안 룰렛 게임과 같다. 앞서 설명한 것처럼, 대부분의 경우는 손상이 느껴지지 않을 정도로 미미하다. 하지만 장 미생물총이 절묘한 시점에 항생제의 한 방을 정통으로 맞으면 몸 주인의 생명이 위험해질 수도 있다.

장 미생물총을 구성하는 다양한 미생물 균주들은 대사반응을 통해 상호작용함으로써 복잡한 먹이사슬을 형성하고 이를 통해 모든 자원을 효과적으로 소비한다. 이 시스템이 정상적으로 작동할 때는 자원 재분배가 매우 효율적으로 일어나 외부의 도움 없이도 장 미생물총 다양성을 극대화할 수 있다. 장 미생물총이 창조해낸 이 환상적인 재활용 시스템은 영양가 높은 자원을 재빨리 소진해 남겨두지 않음으로써 떡고물을 노리는 병원균에게 순간의 기회도 허락하지 않는다. 이런 이상적인 상황에서는 장 미생물총 생태계가 매우 안정적이어서 병원균의 침략을 모두 막아낸다. 하지만 누구나 한번쯤 경험하듯, 원숭이도 집중력이 흐트러지면 나무에서 떨어진다. 잠깐의 실수로 장 미생물총이 방어에 실패하면 병원균이 먹이사슬을 끊고 들어와 훔친 식량으로 개체수를 우후죽순 불린다.

건강한 쥐는 살모넬라나 C. 디피실리에에 노출되어도 별다른 변화를 보이지 않는다. 하지만 최근에 항생제 치료를 받은 쥐에게 병원균을 주입하면 장 염증이 발생한다. 어째서 그럴까? 미생물이라고는 코빼기도 보이지 않는 고요한 장 환경에 살모넬라가 당도하면 살모넬라 게놈 안에서 잠자던 발효 본능이 살아난다. 하지만 장 유익균과 달리 살모넬라는 유전적으로 음식에 들어 있는 MAC와 장 점막 탄수화물을 잘게 잘라낼 효소를 만들어내지 못한다. 반면에 장 유익균들은 사람이 먹은 음식을 분해해 자신들을 위한 9첩 반상을 거하게 차려낸다. 군집 저항력을 갖춘 건강한 장 미생물총 사회에서는 자원 경쟁이 치열한 까닭에 한 미생물이 버리는 쓰레기를 다른 미생물이 바로 받아 재활용한다.[8] 따라서 살모넬라와 같은 침입자가 훔쳐 쓸 건더기가 하나도 남지 않는다.

자원 도둑질이 성공할 확률은 장속 재활용 전문가들이 골골거릴 때 가장 높아진다. 이때 일등공신이 바로 항생제다. 항생제는 복잡한 먹이사슬을 망가뜨려 빈틈을 만들고, 이 틈새로 살모넬라와 C. 디피실리에가 들어온다. 그런데 불청객 병원균이 비옥한 장 환경에 진입하자마자 활개를 펴고 있는 티를 내는 것은 아니다. 즉, 최근에 항생제를 맞았다면 달걀이 들어간 메뉴를 주문하거나 놀이터 모래밭에서 노는 등 살모넬라 노출 위험이 있는 활동을 한동안은 피하는 것이 좋다. 시간이 흘러 장 미생물총이 항생제의 공격으로부터 적당히 회복되면 먹이사슬이 다시 효율적으로 돌아가기 시작하고 병원균 침략도 다시 막아낼 수 있게 된다.

그런 면에서 병원균 입장에서 장 생태계 침략에 성공하려면 치밀한 입성入城 전략이 중요하지만 들어간 후의 수성守城 대책도 세워두어야 한다. 오래 머물면서 누릴 걸 다 누릴 심산이 아니라면 눈총을 받아가며 파티에 끼어드는 게 무슨 소용이 있겠는가. 그래서 살모넬라는 장속 환경을 망가뜨려 자신에게 유리하게 자원 공급선을 확보함으로써 자구책을 마련한다. 이 전략이 사람에게는 설사와 장 염증으로 나타나는 것이다. 이런 식으로 환경이 급변하면 유익균들이 정신을 차리고 살모넬라가 훔쳐간 자원을 되찾아오기가 점점 힘들어진다. 이렇듯 착한 편을 제압한 나쁜 편은 장 생태계가 돌아가는 기반을 뒤흔듦으로써 주도권을 쥐고 놓지 않는다.

사람들은 염증이 우리 면역계가 병원균의 공격에 대응해 침입자를 열심히 찾아내고 있다는 증거라고 생각한다. 하지만 몇몇 병원균은 영리하게도 인체의 면역반응을 자신에게 유리하게 유도할 줄 안다. 사람의 장에 침투한 살모넬라는 처음에 거대한 진입장벽에 맞닥뜨린다. 이때 항생제 때문에 장 미생물총이 약해진 상태라면 장벽의 높이는 훨씬 낮아진다. 어찌어찌해서 한 고비를 무사히 넘긴 녀석들은 이제 장 염증을 일으키는 것을 다음 목표로 삼는다. 염증은 장 생태계를 지배하는 생존 규칙을 살모넬라에 유리하게 통째로 뒤바꾼다. 다른 병원균들과 마찬가지로 살모넬라가 숙주의 면역반응과 생리기능을 와해시킨 뒤 자신에게 유리하게 재성형하는 고급기술을 발휘하는 것이다.

다시 아군 쪽에서 생각해보자. 인해전술은 장 미생물총이 구사하는 방어전략 중 하나일 뿐이다. 장 미생물총과 인체 면역계의 협력관계를 고려할 때 군집 저항은 단순한 배척 메커니즘이 아니다. 장 미생물총은 위장관과 쉬지 않고 대화를 나눈다. 그 과정에서 장 미생물은 면역계를 부추겨 병원균의 위협을 상대하기에는 충분하지만 자가면역반응이나 과도한 피해까지는 가지 않는 반응을 일으키게끔 한다. 동시에 어떤 장 미생물은 직접 나서서 자체 합성한 생화학무기를 병원균에게 발사한다. 고용량 항생제를 난사하는 융단폭격 전술과 달리 천연 항생제를 사용하는 저격수 장 미생물이 출격하면 무고한 피해가 최소화된다.

군집 저항이 무너지는 것이 일차적인 문제긴 하지만, 항생제 과용의 진짜 위험성은 따로 있다. 바로 항생제 내성 슈퍼버그다. 무분별한 항생제 남용은 어떤 항생제 공격에도 끄떡없는 초강력 병원균을 양산했다. 작지만 무시무시한 이런 괴물은 어떻게 만들어졌을까? 한 무리의 박테리아 집단이 항생제에 노출되었을 때 항생제를 이기는 유전 형질을 우연히 획득하는 경우가 있다. 그런 균주는 항생제가 있건 없건 끝까지 살아남아 번식하여 거대한 내성균 군대로 성장한다. 박테리아는 수평적 유전자 이동이라는 메커니즘을 통해 유전자를 활발히 공유하므로, 내성균 옆에 있던 녀석들도 내성 유전자 복사본을 얻어 항생제 내성을 어렵지 않게 갖게 된다. 그런 맥락에서 항생제 치료를 여러 차례 받으면 장속에 굴러다니는 내성 유전자가 점점 많아지는 게 당연하다. 그러다가 어떤 병원균이 마침 이 튜브를 지나가다가 내성 유전자를 얻게 된다. 슈퍼버그는 바로 그렇게 탄생한다.

사실 다중약제 내성 균주에 감염되는 것보다 더 끔찍한 상황은 없을 것이다. 하지만 이것은 단순한 가상 시나리오가 아니다. 지금 이 순간에도 병원균의 항생제 내성이 이렇게 강력하지 않았다면 완치가 가능했을 감염병으로 사람들이 죽어가고 있다. 항생제 역사상 유례가 없던 일이다. 이 문제는 새로운 항생제로 잠시 잠재울 수 있지만, 병원균을 상대로 한 군비 확장 경쟁을 심화시키면 심화시키지 멈추는 데는 조금도 보탬이 되지 못한다. 그나마 인류가 내성균에 역전당하지 않으려면 다방면으로 방비책을 마련할 필요가 있다. 첫째, 병원균에게 생소해 아직 내성이 생기지 않은 새로운 항생제를 계속 개발해내야 한다. 둘째, 장 미생물총의 힘과 다양성을 잘 관리해 인체 방어력을 강화해야 한다. 애초에 항생제를 쓸 일이 없게끔 말이다.

유속도 중요하다

　메이오클리닉의 푸르나 카샵 박사는 재발성 설사나 변비처럼 위장관 운동성에 문제가 있는 환자들을 많이 봐왔다. 장 운동성 문제가 일으키는 질병은 한두 가지가 아니다. 대표적인 것이 염증성 장질환과 과민성 대장 증후군이다. 카샵 박사는 이런 만성 질환들이 장 미생물총을 교란하고 병을 악화시키지 않을까 추측했다. 하지만 그가 스탠퍼드에 온 2010년에는 장 미생물총이 장 운동성 변화에 어떤 영향을 받는지에 관한 정보가 거의 없었다.

　앞에서도 얘기했듯이 위장관은 하나의 완전한 생물반응장치다. 다량의 음식과 물이 튜브를 가득 채워 흐르고 인체 세포와 장 미생물이 튜브 주위에 모여 이것들을 처리한다. 장 미생물총이 살아가는 장내 환경은 음식물 덩어리가 튜브를 따라 흐르는 속도가 달라질 때 매우 민감하게 반응한다. 가령 유속이 너무 빠를 때는 미생물이 음식물을 모두 처리하기에 시간이 부족하고 음식물에 휩쓸려 몸 밖으로 배출되기도 쉽다. 반대로 유속이 너무 느릴 때는 장 미생물총이 완전히 다른 성질의 문제에 직면한다. 어느 쪽이든 두 경우 모두 장 미생물총 건강에 좋지 않다는 것만은 확실하다.

　그런 맥락에서 카샵 박사는 유속이 너무 빨라 생기는 설사나 반대로 너무 느려 생기는 변비가 이 천연 생물반응장치의 오작동을 초래하는지 알아보는 연구를 실시했다. 그 결과, 설사와 변비 모두 장내 환경을 변화시키는 것으로 확인되었다.[9] 설사가 있을 때는 빠른 이동에 최적화된 균주들이 많아졌고, 변비가 있을 때는 또 그 속도에 익숙한 균주들이 번성했다. 어느 쪽으로든 정상에서 벗어난 두 경우 모두 장 미생물총의 다양성이 현저히 낮아진다. 그러면 장 미생물총 생태계가 불안정해져 잉여 자원이 생기게 된다. 병원균이 훔쳐가 활용할 수 있는 자양분 말이다. 즉, 장 미생물총 균형을 무너뜨리고 군집 저항력을 약화시키는 위험인자가 항생제 말고도 또 있다는 뜻이다.

설사와 항생제 그리고 아직은 구체적으로 모르는 다른 위험요소들은 악순환을 일으킬 수 있다. 병원균 감염은 장 운동성을 증가시키고 장 미생물총 균형을 파괴함으로써 다른 병원균의 침입이 줄줄이 이어지게 한다. 다행히도 C. 디피실리에 감염의 경우는 대변미생물 이식수술이 좀 무식하긴 하지만 효과적인 탈출구가 될 수 있다. 그런데 만약 이 수술이 불가피하다면 당신은 누구의 대변을 이식받겠는가? 또 효과와 안전성 측면에서 어떤 점들을 고려해야 할까?

약은 약사에게, 진료는 의사에게

2013년 미국 FDA는 앞으로 대변미생물 이식수술을 임상연구약과 똑같은 수준으로 엄격히 규제하겠다고 공표했다. 이에 환자 단체와 의학계는 이 조치가 생명을 구하는 치료의 활용 범위를 크게 제한할 거라는 우려를 강력하게 피력했고, FDA는 재발성 C. 디피실리에 질환의 치료 목적에 한해 이 수술을 자유롭게 시행하도록 허용하겠다며 한 발 물러섰다.

이 에피소드가 지나친 정부 간섭의 또 다른 사례로만 들릴지 모르지만, 뒷얘기가 더 있다. FDA는 C. 디피실리에 감염 이외의 모든 영역에서 이 수술을 제한하면서도 시술에 사용할 대변 시료에 감염성 위험물질이 있는지 확인할 표준화된 안전성 검사는 의무화하지 않았다. 의사들은 대부분 수술 전에 기증자 시료의 안전성 검사를 자체적으로 실시하지만, 검사의 성격과 범위가 병원마다 천차만별이다.[10] 현재는 기증자 시료에 어떤 검사를 실시해야 한다는 협의된 기준이 없는 실정이다. 물론 시료에 HIV, 기생충, 전염병 원인균 등의 감염성 병원균이 없어야 하는 것은 당연하다. 그런데 과연 이것만으로 충분할까?

장 미생물총이 실험동물의 신체적, 심리적 특질을 좌우하는 것으로 증명되었고 사람에게도 충분히 그럴 가능성이 있으니, 기증자 자격을 정신장애가 없고 알레르기를 앓지 않는 날씬한 사람으로 제한해야 할까? 기증자가 자연분만으로 태어났는지, 어릴 때 모유를 먹었는지, 항생제를 잘 쓰지 않는지, 채식 위주 식습관을 갖고 있는지가 얼마나 중요할까? 이 모두가 사실이라 하더라도 이 조건들을 다 만족하는 사람은 몇 안 될 텐데 말이다.

사업 수완이 어찌나들 좋으신지, 안전성 검사를 마친 대변미생물 이식수술용 대변 시료를 병원에 공급하는 회사가 벌써 생겨났다. 운영 방식은 혈액은행과 비슷하다. 안전성 검사를 통과한 기증자의 대변 시료를 모아두었다가 병원에 돈을 받고 파는 것이다. 기증자의 신원을 몰라도 되니 병원 입장에서도 이쪽이 훨씬 편하다. 최근 FDA가 이런 대변은행의 관리 체계에 우려를 표하며 새로운 규정을 준비하고 있다는 게 복병이긴 하지만.

대변미생물 이식수술은 복잡한 문제를 간단하게 해결하는 명쾌한 방법이다. 고장 난 생물반응장치의 리셋 버튼을 눌러 건강한 상태를 회복시키는 것이다. 그런데 염증성 장질환, 자폐증, 자가면역질환, 비만처럼 장 미생물총 불균형이 문제가 되는 다른 질환들에는 왜 이 전략을 사용할 수 없을까? 최근 사회 전반에 전염병처럼 번지는 비만을 대변 이식수술처럼 간단한 방법으로 해결할 수 있다면 어떨까? 안타깝게도, 이 수술이 모두가 바라마지 않는 만병통치약은 아니라고 한다.

대변미생물 이식수술이 비만 관련 질병을 개선하는 효과를 조사한 소규모 임상연구가 수행되었는데, 연구결과는 희망적이긴 했지만 놀랄 정도는 아니었다.[11] 날씬한 기증자의 대변을 이식받은 비만 환자는 인슐린 저항성이 일시적으로 개선되는 듯했지만 체질량지수나 체지방률이 낮아지지는 않았기 때문이다. 한편 다른 연구에서 염증성 장질환 환자에게 대변을 이식했을 때도 CDAD의 경우만큼 완치율이 높지 않았다.[12] 게다가 부작용이 상당해서 많은 연구 참가자가 발열과 더부룩함 증상으로 고생했고 병세가 전혀 호전되지 않은 환자도 있었다. 이들 연구는 모두 사전조사 격이므로 대변미생물 이식수술이 염증성 장질환이나 과민성 대장 증후군의 증상 개선에 효과가 없다고 단정하기에는 아직 이르다. 현재 임상연구 여러 건이 대규모로 진행되고 있으니, 이 수술법이 CDAD 말고 또 어느 방향으로 우리에게 밝은 미래를 열어줄지 더 기다려봐야 한다.

장 미생물총이 얽혀 있는 병들은 하나같이 복잡하고 다 개성적이다. 어떨 때는 장 미생물총이 병들면 생물다양성이 크게 낮아져 장속 풍경이 황무지처럼 황폐해진다. C. 디피실리에에 감염되기에 딱 좋은 상태로 말이다. 이 경우에는 빨리 종자를 새로 뿌려 생태계를 성공적으로 회복시킬 수 있다.

반면에 장 생태계가 잡초로 무성한 앞마당처럼 되었을 때는 잡초더미 위로 우수한 종자를 뿌려봐야 아무 소용이 없다. 이 경우에는 파종하기 전에 제초 작업을 하거나 잡초 생장에 유리한 환경적 요소를 제거해야만 아름다웠던 정원의 옛 모습을 되찾을 수 있다. 이때는 항생제를 쓰거나 관장을 해서 유해균을 싹 쓸어내는 게 가장 효과적이다. 이렇게 깨끗해진 장에 유익균을 심은 뒤에 MAC가 풍부한 음식을 먹어주면, MAC가 유익균 성장을 돕는 비료 역할을 한다.

황무지와 잡초밭이라는 극과 극의 두 풍경은 장 미생물총이 오작동할 때 발생 가능한 상황을 설명하기 위한 예시일 뿐이다. 사실은 이 양극단 사이에 다양한 특징의 각종 질환이 존재한다. 앞으로 각 질환의 실체가 더 자세히 밝혀지면 그에 맞춰 대변미생물 이식수술의 성공률을 높일 구체적인 전략을 짤 수 있을 것이다.

암흑의 시대는 지났다

감염균이 섞여 들어가거나 다른 병에 걸릴 위험이 증가한다는 것은 그동안 대변 이식수술을 반대하는 측이 내세우는 이유 중 하나였다. 그런데 이런 부작용 걱정 없이 아픈 장 미생물총에 유익균을 심는 게 가능하다면 어떨까? 아직은 방법이 단순무식하고 원시적이지만 이것은 장 미생물총이 망가져 생기는 질병들의 치료 분야를 새로운 차원으로 끌어올릴 예고편에 불과하다. 대변미생물 이식수술이 미래에는 어떤 형태로 진화하게 될까?

대변미생물 이식수술의 위험성을 최소화하는 방법 중 하나는 건강할 때 대변 시료를 나중을 대비해 보관해두는 것이다. 수술 전에 수혈할 자기 혈액을 조금 뽑아놓듯이 말이다. 본인의 대변을 이식하면 감염성 물질이 사람들 간에 전파되는 일을 막을 수 있다. 캐나다 토론토에 있는 노스욕North York 종합병원은 얼마 전에 입원 환자의 대변을 받아두는 프로그램을 시운영하기 시작했다. 쓸 일은 거의 없지만 혹시나 해서 컴퓨터 하드드라이브를 백업하는 것처럼, 만에 하나 병원에 머무는 동안 CDAD에 걸리면 큰일이니 만반의 준비를 해두는 것이다. 병원은 항생제의 천국이고 항생제 내성 C. 디피실리에가 곳곳에 도사리고 있기 때문에 자칫하면 병원이 CDAD의 산실이 될 수 있다. 따라서 환자마다 대변 시료를 보관해뒀다가 필요할 때 수술에 사용하면, 기증자를 찾는 데 드는 시간과 돈을 절약하고 우발적인 질병 전염의 가능성을 최소화할 수 있는 것이다. 그런 의미에서 점점 더 많은 사람이 미리 대변은행에 저축을 해두는 것을 신중하게 고려하고 있다. 어쩌면 곧 더 많은 병원에서 통상적인 입원 절차로 자리 잡을지도 모른다.

그런데 산 너머 산이라고, 대변은행이 정식으로 인정되더라도 모든 문제가 해결되는 것은 아니다. 더 이상 남의 대변에 잠복해 있던 다른 병원균에 감염되는 것 따위는 걱정하지 않아도 되지만, 이식수술을 준비하는 의료진이 시료를 다루다가 감염성 물질에 노출될 위험은 여전히 존재하기 때문이다. 게다가 농담이 아니라, 그 냄새는 또 어쩔 건가. 이 주요 현안들을 한 방에 해결할 한 가지 방법이 있다. 바로 대변 시료 그대로를 사용하지 않고 엄선된 미생물들만 섞어 실험실에서 배양하는 것이다. 그러면 병원균이 없어 안전하면서 표준화된 치료를 모두가 똑같이 받을 수 있다.

실제로 한 연구팀이 CDAD 치료를 목적으로 33가지 박테리아를 조합한 혼합액을 개발하고 리푸폴레이트^{RePOOPulate}라는 이름을 붙였다.[13] 균주 선정 기준은 유익균으로 알려져 있으면서 CDAD 환자의 장 미생물총에는 없어야 한다는 것이었다. 연구진은 내성 유전자가 장 미생물총에 전이되는 것을 막기 위해 각 균주마다 항생제 내성 검사까지 실시했다. 이렇게 준비한 시료를 CDAD 환자 두 명에게 이식했을 때, 결과는 희망적이었다. 두 명 모두 병이 완치되었고 6개월 뒤에는 리푸폴레이트의 성분인 균주 33가지가 장 미생물총에 정착해 잘 살고 있었다. 개체수로 따지면 전체 장 미생물총 집단의 많게는 4분의 1에 해당하는 규모였다. 즉, 녀석들은 환자의 장에서 군집을 이루었을 뿐만 아니라 안정적으로 살아남았다. 더 놀라운 점은 참가자 두 명 모두 나중에 CDAD와 무관한 다른 감염 때문에 항생제를 투여했는데도 CDAD가 재발하지 않았다는 것이다. 짐작컨대 항생제 공격으로 잠시 휘청거리는 동안에도 리푸폴레이트 균주가 C. 디피실리에를 계속 견제했거나 아에 몰살시켰을 테다.

대변 시료 대신 미생물 혼합액을 써도 똑같이 효과적이라는 가능성이 엿보인 이 연구는 표적맞춤치료가 나아갈 길을 알려준다. 그런 추세에 발맞추어 장 미생물총 이식수술에 쓸 맞춤형 미생물 혼합액을 만들어 대박을 노리는 신생 제약업체도 최근 속속 생겨나고 있다. 이런 제품들 중 어떤 것은 정제 형태여서 관장을 하거나 비위관을 통해 액체를 장에 흘려보낼 때보다 비용과 부작용 위험이 훨씬 낮다. 이런 제제들은 항생제 치료를 마친 후에 약해진 장 미생물총에게 보약을 제공하는 후속관리의 일환으로 활용할 만하다.

미생물 혼합액은 대변시료보다 깔끔하지만, 정부는 살아 있는 생명체로 사람을 치료한다는 아이디어를 여전히 불편해한다. 살아있는 미생물을 삼키는 행위는 뱃속에 있는 판도라의 상자를 여는 짓이 될 수도 있기 때문이다. 리푸풀레이트 균주들은 6개월 뒤에도 건강하게 살아 있을 정도로 생활력이 강하니 반대로 생각하면 뭔가 잘못될 경우 이 균주들을 몸 밖으로 꺼내는 것이 쉽지 않을 수도 있다. 아직까지 제약업계의 상도덕은 살아 있는 생명체가 아닌 화학물질 분자로 가장 좋은 약을 만드는 것이다. 분자는 다루기 쉽고 특허 출원이 가능하며 생명이 없기 때문에 용량 조절이 용이하다는 장점이 있다.

그런데 리푸풀레이트 연구에서 이 균주들이 장 미생물총 구성의 절반 이상을 차지한다면 어떻게 되었을까? 이게 어떤 문제를 일으켰을까? 만약 그렇다면 개체 수를 다시 줄일 방법이 있을까? 살아있는 미생물은 일단 장에 집어넣기만 하면 알아서 번식한다. 효과적인 CDAD 치료를 위해서는 또 그래야 하고 말이다. 하지만 용량을 소수점까지 재단하는 게 가능한 화학성분 약물과 달리, 생균은 인간이 녀석들의 번식력을 통제하지 못할 경우 용량조절에 실패해 어떤 사태가 벌어질지 알 수 없는 일이다.

앞서 장 미생물총을 제약공장에 비유했듯이 장속은 장 미생물이 만들어낸 다양한 분자로 넘쳐흐른다. 어떤 것은 염증 수위를 조절하고 또 어떤 것은 장관벽을 보수한다. 이렇게 특별한 효능이 있는 화학물질을 잘만 활용하면 위험을 감수하면서까지 살아 있는 미생물을 통째로 투입하지 않아도 될 것이다. 토질을 개선함으로써 예전부터 땅속에 묻혀 있던 꽃씨가 싹을 틔우고 화사한 꽃밭을 이루게 하는 것처럼 말이다. 그런 맥락에서 먼 옛날부터 장 미생물총이 생산해왔지만 인류는 미처 몰랐던 다양한 신물질이 앞으로 속속 발견될 것으로 기대된다.

장 운영체제를 업그레이드하라

대변 이식수술과 장 미생물총 기반 요법의 출발은 꽤 성공적이다. 이에 따라 장 미생물총학계는 배설물, 정확히는 그 안에 사는 미생물의 힘으로 고약한 난치 질환들을 깨끗하게 치료하는 날이 올 거라는 기대에 부풀어 있다. 앞으로는 대변을 이식하거나 식단을 바꾸는 단순한 방법 말고, 장 미생물총을 재구성하는 더 고차원적인 전략이 다양하게 개발될 것이다. 그 일환으로 제약업계는 균주들을 표적으로 삼아 장 미생물총 구성이나 기능을 바꾸는 신약의 가능성을 타진하기 시작했다. 질병을 감지하거나 약효성분을 전달하도록 설계된 장 미생물 역시 장 미생물총 재프로그래밍의 강력한 신무기로 맹활약하게 될 것이다.

생명공학 기술이 계속 발달하고 있고 대변미생물 이식수술에 대한 관심이 고조되고 있지만 인류는 지금까지 이룬 것보다는 앞으로 넘어야 할 산이 더 많다. 해로운 균주를 유익한 균주로 교체하는 것이 얼마나 쉬울지 혹은 어려울지도 가늠하지 못하는 상황이다. C. 디피실리에가 휩쓸고 간 장 미생물총은 건강한 사람의 대변 시료로 완전히 갈아엎는 게 비교적 쉽지만, 비만 환자에게 날씬한 사람의 대변을 이식하는 것은 또 다른 얘기다.

지금까지의 연구에 의하면 날씬한 사람의 장 미생물총은 비만 환자의 뱃속에서 고작 세 달을 버티지 못하고 원래 상태로 돌아간다고 한다.[14] 짐작컨대 이 경우 식단 조절을 병행하지 않은 게 대변 이식수술 실패의 가장 큰 원인일 것이다. 앞서 언급했듯 동물연구에서도 날씬한 쥐의 장 미생물총을 이식하면 끝이 아니라 과채류 위주 식단을 계속 유지해야 비만 장 미생물총과 영원히 작별할 수 있지 않았던가. 과채류로 보양한 날씬한 장 미생물총은 힘을 내어 비만 장 미생물총의 권역을 잠식하고 더 이상 살이 찌지 않게 함으로써 숙주의 건강 상태를 눈에 띄게 변화시킨다. 어쩌면 사람의 경우도 마찬가지일 것이다. 날씬한 사람의 장 미생물총을 이식받은 사람이 식이요법까지 실천하면 날씬한 장 미생물총이 안정적으로 정착해 궁극적으로 더 건강해지는 것이다. 물론 식이요법만으로도 체중감량에 도움이 되고 비만 관련 합병증의 위험이 낮아지는 게 사실이지만, 식이요법을 대변 이식수술과 병행하는 전략은 죽어가는 장속 생태계를 심폐소생하는 결정적 계기가될 수 있다. 이 양동작전이야말로 비만이라는 전 세계적 골칫거리를 한 방에 해결할 열쇠일지 모른다.

한편, 미생물 새 식구를 들이지 않고 식이요법만으로도 장내 병원균을 쫓아내는 데 도움이 되는 경우도 있다. 개발도상국에서 흔한 감염병인 이질은 시겔라^{Shigella}라는 박테리아가 일으킨다. 대표적인 증상은 피똥 설사를 싸는 것이다. 이질에 걸리면 보통은 항생제로 치료한다.[15] 그런데 항생제 투약과 함께 설익은 바나나를 구워 먹으면 훨씬 빨리 낫는다고 한다. 바나나가, 콕 집어 말하면 그 안에 들어 있는 MAC 성분들이 황무지에 거름 역할을 해 유익균의 회생을 돕는 것이다. 이 보조치료는 식이요법에 가깝지만, 장 미생물총을 건강하게 되살려 녀석들이 병원균을 박멸하게끔 한다는 면에서 대변미생물 이식수술과 비슷하다. 그런 걸 보면 인체 생리의 많은 부분에 관여하는 미생물을 우리가 원하는 대로 프로그래밍 혹은 재프로그래밍하고자 할 때 식이요법만큼 강력하면서도 쉬운 도구는 또 없는 것 같다.

CHAPTER 8

늙어가는 장 미생물총

평생의 동반자, 장 미생물총

젊어지고 싶은 인간의 욕망은 안티에이징 산업을 거대한 시장으로 키웠다. 사람들은 한 살이라도 어려 보이려고 보톡스 주사, 산성 용액을 이용한 박피술, 크리스털 필링 등 고통스러운 각종 시술에 기꺼이 지갑을 연다. 그뿐만 아니다. 남녀노소 불문하고 뇌가 녹슬면 안 된다며 스도쿠 퍼즐과 컴퓨터 두뇌훈련 게임에 열성을 다한다. 요가로 유연성을 다지고 무산소 운동으로 근육량을 유지하면서 체력과 건강을 관리하는 건 기본이다. 그런데 최근 연구에 의하면, 젊음을 유지하기 위해 챙겨야 할 게 하나 더 있다고 한다. 바로 장 미생물총 안티에이징이다.

사람의 몸과 마음처럼 장 미생물총도 세월이 흐르면 낡고 헤진다. 그래서 장 미생물총의 노화 속도로 내 몸의 건강도 예측할 수 있다. 하지만 우리가 노화 시계를 멈추거나 최소한 늦추려고 피부를 가꾸고 심신을 단련하듯, 노력하면 장 미생물총도 젊게 유지할 수 있다.

장에 사는 미생물들은 놀라울 정도로 한결같다. 물론 어제와 오늘이 약간씩 다른 균주도 있긴 하다. 이런 편차는 대개 항생제나 식단 변화나 발열과 같은 외인적 인자들 때문에 벌어진다. 하지만 때때로 정확한 원인을 알 수 없는 경우도 있다. 이렇게 잔잔한 기복을 무시한다면 개개인마다 고유한 장 미생물총 조성은 지금이나 5년 뒤나 거의 변함이 없다.[1] 누구나에게나 뱃속에는 우리가 죽을 때까지 장 생태계를 고집스럽게 지켜주는 터줏대감들이 있기 때문이다. 타고난 눈동자 색깔이나 머리카락 색깔이 평생 변하지 않듯이 말이다. 그런 면에서 누군가의 장 미생물총 조성이 내 것과 비슷하다면 그 사람은 가까운 친척일 확률이 높다. 이런 장 미생물총 고정 멤버들은 전체 장 생태계 규모의 3분의 1 내지 3분의 2를 차지하며 수십 년을 몸 주인과 함께 한다.

학계는 중간에 성형수술을 받지 않는 한 태어날 때 달고 나온 코를 가지고 생애 마지막 날까지 살아가듯, 이 균주들 중 다수가 수십 년이 아니라 평생을 함께하는 동반자라고 보고 있다. 그뿐만 아니다. 이 균주들이 부모로부터 물려받은 것이어서 형제들 간에 닮는다는 증거도 존재한다. 태어날 때부터 있는 것도 있고 어릴 때 장에 들어온 것도 있지만 녀석들은 일단 정착하면 우리 목숨이 다하는 날까지 우리와 함께 한다. 말하자면 장 미생물총의 특질도 세대를 거듭하며 되물림되는 것이다. 올곧은 고정 멤버들과 달리 나머지 균주들은 더 유동적이고 환경에 따라 민감하게 변한다. 마치 헤어스타일을 바꾸거나 옷을 갈아입는 것처럼. 하지만 장기적인 관점에서 개개인마다 고유한 장 미생물총의 특질은 이런 소소한 변화 따위로 감춰지지 않는다. 장 미생물총의 개성이 워낙에 뚜렷해 가족 간 유사성도 그리 크지는 않지만 보통 생판 남과는 공통분모가 더더욱 없다.

각종 환경 미생물에 노출되고 먹는 게 바뀌고 항생제를 맞는 등 누구나 살면서 많은 일을 겪기 마련인데 특정 장 미생물들은 어떻게 그렇게 세월의 풍파에 초연할 수 있을까. 비밀은 몇몇 균주가 가진 특별한 재능에 있다. 녀석들은 일단 한곳에 발을 붙이면 무슨 일이 있어도 다른 균주에게 자리를 내주지 않는다.[2] 각 균주마다 장속에서 마치 전문직처럼 대체 불가능한 장기를 발휘해 입지를 굳히는 것이다. 어떤 균주는 재주가 한둘이 아니어서 여러 일을 맡기도 한다. 가령 펙틴이 주식인 어떤 균주는 사람이 사과를 먹어줄 때는 사과 펙틴으로 포식하지만 장점막 탄수화물을 소화시킬 줄도 알아서 과일 공급이 끊기더라도 어떻게든 목숨을 부지한다. 이런 박테리아는 워낙 능력자여서 식량배급 상황이 좋지 않거나 경쟁 균주가 출현했을 때도 상황에 바로바로 적응한다.

그런데 몇몇 균주가 가진 비밀병기에 비하면 이런 능력은 아무것도 아니다. 펙틴 처리 능력이 타의 추종을 불허할 정도로 특출한 장 박테리아가 있다고 치자. 이 균주는 사람이 사과를 먹으면 펙틴을 연료 삼아 개체수를 순식간에 불려 장 전체를 뒤덮어버린다. 혹시라도 다른 펙틴 처리 균주가 사과에 딸려 들어오더라도 발을 붙일 곳이 없도록 말이다. 이런 상황에서 이기는 쪽은 당연히 진지를 먼저 완성한 수비군이다.

위장관은 병원균 침입이나 항생제 폭격 등으로 바람 잘 날이 없는 곳이지만 장 미생물에게는 나름의 대피소가 있다. 장관벽을 따라 곳곳에 만들어진 구멍이 그것이다. 한 바탕 폭풍우가 휘몰아치고 나면 이 동굴에 몸을 피해 있던 미생물들이 장 생태계 복구 작업의 선발대가 된다. 다양한 변수에도 불구하고 장 미생물총 조성이 안정적인 것은, 이렇듯 하는 일이 비슷한 균주는 애초에 들이지 않고 상황이 좋지 않을 때는 대피소에 숨는 전략 덕이 크다.

그런데 병원균이나 항생제와 달리 노화의 영향은 그렇게 금방 나타나지 않는다. 사람이 그렇듯 장 미생물총도 나이를 먹으면서 전체적으로 서서히 약해진다. 그러다 어느 순간 갑자기 몸 안팎이 예전 같지 않음을 깨닫게 되는 것이다.

은퇴를 준비하는 자세

장 미생물총 입장에서 늙어가는 장은 엄청난 환경 변화로 다가온다. 장이 나이 든다는 가장 큰 증거는 음식물이 장을 통과하는 속도가 느려지는 것이다. 이 경우는 만성 변비에 시달리기 십상이다. 또 후각과 미각이 둔해지고 음식을 잘 씹지 못해, 자연스럽게 섬유질이 풍부한 과채류와 고기를 피하면서 먹는 것도 달라진다. 그뿐만 아니다. 병원에 더 자주 들락날락하고 항생제 사용 빈도가 증가하면서 C. 디피실리에와 같은 병원균에 노출될 일만 많아진다. 이런 생활양식 변화에 발맞추어 장속 환경도 젊을 때와는 사뭇 달라진다. 노인들은 배에 가스가 차 더부룩하다는 불평을 자주 하는데, 이것은 장 미생물총 사회가 대규모 구조조정 중이라는 결정적인 신호다.

인생 말년에 장 미생물총이 다시 미숙해진다는 것은 그동안 학계의 상식이었다. 그런데 이것이 사실인지 확인하기 위한 본격적인 움직임이 최근에서야 비로소 시작되었다. 2007년에 아일랜드 코크 대학교의 한 연구팀이 일명 ELDERMET라는 프로젝트에 착수했는데, 이 연구의 목적은 65세 이상 고령자 수백 명을 대상으로 식단과 장 미생물총, 건강 상태 사이에 어떤 관련성이 있는지를 조사하는 것이었다.[3] 장 미생물총이 어떻게 늙어 가는지, 노화에 따른 장 미생물총 감소가 인간의 수명과 건강에 어떤 의미를 갖는지, 인생의 황금기에 장 미생물총을 회춘시킬 방법이 있는지 알 수 있을 거라는 기대에서였다.

그 결과, ELDERMET 연구에서는 청장년층의 장 미생물총이 사람마다 비교적 비슷한 반면에 고령자 집단은 장 미생물총의 개인차가 큰 것으로 조사되었다. 먼 옛날 장 미생물총 생태계가 처음 생겨나던 대혼돈의 유아기에 그랬던 것처럼 말이다.

그런 의미에서 장 미생물총의 일생을 모래시계에 비유할 수 있다. 인간의 탄생 순간에 해당하는 모래시계 꼭대기에서는 모래가 차지하는 면적이 넓다. 이때는 단면 끝과 끝 사이의 거리가 멀듯이 두 아기의 장 미생물총 조성이 완전히 다르다. 그러다 다섯 살 무렵부터 성년기 내내 장 미생물총 특징이 서로 닮아간다. 밑으로 갈수록 폭이 좁아지면서 모래시계의 허리가 쏙 들어가는 것과 같다. 그러다 인생의 내리막에 접어들면 모래알이 모래시계의 밑바닥을 향해 퍼져나가듯 장 미생물총이 또 각자 갈 길을 걷는다.

그런데 연구팀은 이런 장 미생물총 분포의 차이가 무작위적이지 않다는 사실을 발견하고, 연구 참가자들을 장 미생물총 특성에 따라 세 분류로 나눴다. 먼저 이웃과 어울려 살아가는 보통 노인들이 있다. 이 그룹은 장 미생물총이 동네 젊은 사람들의 그것과 닮아 있었다. 나머지 둘은 주간병동^{입원과} _{외래 치료의 중간 형태로, 낮에는 병원에서 지내고 밤에는 귀가해 가족과 생활하도록 하는 의료시설} 입원 환자 그룹과 요양시설 거주자 그룹이다. 말하자면, 장 미생물총 조성이 거주 장소에 따라 달라지는 것이다.

그렇다면 장소의 어떤 면이 중요한 걸까? 자립해 살아가던 사람이 요양원에 들어가면 식단도 바뀐다. 요양시설 그룹은 식이섬유 섭취량이 나머지 두 그룹에 비해 적다. 그 이유는 아직 확실히 밝혀지지 않았지만, 아마도 구내식당에서 대량으로 조리하는 음식에 섬유질이 풍부하기가 어렵고 노인들이 씹기 쉽도록 뭐든 갈아버리는 경향 때문일 거라고 짐작된다. 이러한 섬유질 섭취량 차이가 장 미생물총 조성의 차이에 그대로 반영된 것이다. 원래 섬유질을 덜 먹는 사람은 장 미생물총이 더 단조롭지만 섬유질을 많이 먹는 사람은 장 미생물총이 훨씬 다채롭다. 게다가 사회에서 사람들과 어울리며 살아가는 노인들은 건강에 좋고 염증 위험을 낮춰주는 SCFA를 충분히 먹을 테니 대체로 더 건강할 수밖에 없다.

그런데 이렇게 장 미생물총 조성에 차이가 벌어지는 것은 애초에 건강이 안 좋은 노인이 요양원에 들어가기 때문일 수도 있다. 식단과 장 미생물총,

건강, 이 세 꼭짓점 사이에는 도대체 어떤 관계가 있을까? 건강이 나빠져서 장 미생물총이 무너지는 걸까, 아니면 반대로 장 미생물총이 감소해 몸이 약해지는 걸까? 병약한 노인이 요양시설에 들어가 섬유질이 부족한 식사를 한 탓에 장 미생물총이 망가지는 걸까? 이는 앞으로 더 많은 연구를 통해 풀어내야 할, 닭이 먼저냐 달걀이 먼저냐의 딜레마다. 하지만 건강증진 측면에서 장 미생물총이 보이는 다양한 활약상을 감안하면, 노환에 장 미생물총 쇠락이 뒤따르는 것이 맞는 순서일지라도, 늙은 장 미생물총이 우리 건강에 몹시 불리하다는 것만은 틀림없다.

ELDERMET 연구팀은 식단이 이 악순환을 가속화하는 스위치라는 쪽으로 가닥을 잡았다. 이것은 식단 변화, 장 미생물총의 변화, 건강 악화, 이 세 가지 요소가 일어나는 순서가 어떻게 되는지를 분석해 내린 결론이었다. 요양원에 막 들어간 사람은 그 동안 먹던 게 그곳에 1년 넘게 있었던 사람과 현저히 다르다. 하지만 딱 한 달만 같은 식당에서 모두 함께 밥을 먹다 보면 식단에 별 차이가 없어진다. 반면에 새 입주자의 장 미생물총이 오래 전부터 그곳에 살던 선배 입주자의 장 미생물총과 닮으려면 길게는 1년이 걸린다. 집 밥과 다른 식당 밥을 먹다 보면 장 미생물총 변화가 더 빨라지긴 하지만, 장기간 MAC 공급이 달릴 때 고정 멤버 장 미생물들이 감소하는 속도는 상당히 느리다. 이 경우는 식단 변화가 먼저, 장 미생물총 변화가 나중이다. 이때 표면화되는 노화 지표는 장 미생물총 변화가 얼마나 극단적인가에 비례한다. 이 연구결과에 의하면, 고령자 집단에서는 식단 변화를 시작으로 장 미생물총이 변하고 이것이 건강 악화로 표출되는 일련의 사건들이 꼬리에 꼬리를 물고 일어난다고 한다.

이 대목에서 늙고 시들어가는 장 미생물총에 젊은 미생물을 더해줄 알약이 언젠가 나올지도 모른다는 생각이 스칠 것이다. 그렇게 간단하게 해결되는 일이면 얼마나 좋겠냐만 불행히도 장 미생물총과 같은 복잡한 생태계는 그렇게 만만한 상대가 아니다. 이탈리아, 프랑스, 독일, 스웨덴에서 수행된 비슷한 연구들에서도 나이 든 집단과 젊은 집단 간에 장 미생물총이 다르다는 사실은 마찬가지였다.[4] 그런데 이 다름의 내용에 차이가 있었다. 아일랜드 노인들의 몸속에 있는 '늙은' 장 미생물과 다른 유럽 노인들이 가진 '늙은' 장 미생물의 종류가 달랐던 것이다. 비슷하게, '젊은' 장 미생물의 종류 또한 지역차가 있었다.

즉, 단순히 부족한 균주를 찾아 보충하는 전략은 장 미생물총 젊음을 유지하는 올바른 방법이 아니다. 돌이켜 생각해보면 이런 지역차가 완전히 의외인 것도 아니지만 말이다. 인간 집단은 지역마다 문화권마다 어느 정도든 독특한 장 미생물총 구성을 갖는다. 향토 음식을 먹고 특정 종류의 환경 미생물에 접촉하며 살아가는 결과다. 따라서 한 집단의 장 미생물총 사회는 다른 어느 집단과도 구분되는 궤적을 그리며 늙어간다. 다만 아일랜드 연구와 유럽 연구가 우리에게 공통적으로 시사하는 바가 하나 있다. 바로 나이가 들더라도 장 미생물총을 젊게 유지할 열쇠는 식단이라는 것이다.

염증노화

　장 미생물총 상태와 노화의 신체증상은 서로 연결되어 있다. 장 미생물총 다양성이 높으면 염증 반응이 상대적으로 약하고, 근육량이 많으며, 머리가 더 맑다. 그런데 이 모든 게 정확히 어떻게 서로 연결되어 있는 걸까? 장 미생물총이 구체적으로 어때야 더 건강하게 늙을 수 있을까? 이 미스터리를 풀 수만 있다면, 인류는 늙어서 생기는 건강 문제들을 미생물을 활용해 해결할 실마리를 얻게 될 것이다.

　사람이 나이 들면 거의 모든 생물학적 기능이 쇠퇴한다. 신장은 독소를 걸러내지 못하고 수십 년 동안 쉬지 않고 달려온 심장은 힘에 부쳐 헐떡거리며, 머릿속에 생생했던 기억은 안개처럼 희미해진다. 하지만 무엇보다도 결정적인 노화 증상은 면역력이 약해지는 것이다. 면역계는 정찰군을 상시 파견해 병원균 침입을 감시하고, 그렇게 벌어지는 접전 때마다 크고 작은 부상을 입는 까닭에 죽는 그날까지 다치고 깨지는 게 일이다. 그런데 어떤 부상은 꽤 심해서 시간이 지나도 완전히 회복되지 않는다. 이런 피해가 차곡차곡 쌓이면 면역계 기능 전체가 약해진다. 이렇게 노화에 의해 기능이 쇠퇴하는 것을 학계에서는 면역노화^{immunosenescence}라고 한다.

　면역노화는 사람과 동물을 비롯한 모든 생명체에게 일어난다. 즉, 누구도 예외가 아니라는 소리다. 이 현상은 면역계의 모든 측면이 매우 복잡하게 얽혀 있지만 대표적인 특징 하나를 꼽으라면 아주 약한 염증이 지속되는 것을 들 수 있다. 이것을 염증노화^{inflammaging}라고 한다. 염증노화가 시작되면 면역계 내 염증유발성 반응과 염증억제성 반응의 균형이 전자 쪽으로 기운다. 이 불균형은 치매, 알츠하이머병, 관절염 등 다양한 노화 관련 질환들에서 흔하며 장 미생물총에도 부정적인 영향을 미친다. 설상가상으로 이때 염증이 약간 있는 환경을 좋아하는 장 미생물들까지 나서면 상황을 만성 염증으로 발전시킨다. 즉, 나이 듦에 따라 염증이 일어나기 점점 더 쉬운 성향은 악순환의 무한 동력이 되어, 장 미생물총 변화를 시작으로 염증노화를 유도하고 결국 전반적 건강을 악화시킨다. 여기에 섬유질 섭취량과 운동량의 감소라는 티끌이 하나둘씩 더해지면 늙어가는 장 미생물총이 건강 악화를 재촉하는 위험성이 태산처럼 커진다.

장 미생물총 노화의 흔한 특징 중 하나는 평소에는 순하게 공생하다가 기회를 노려 병원성을 드러내 병을 일으키는 회색분자들이 증가한다는 것이다. 사람은 누구나 이런 양면적 미생물을 장속에 키우고 있다. 이런 균주들은 건강한 환경에서는 이웃과 무난하게 어울리면서 개체수를 위협적으로 늘리지 않는다. 그러다 장에 염증이 생기면 무리를 키워 염증 상태를 영구화한다. 이런 균주가 많은 것은 나이든 장 미생물총의 대표적인 특징이지만 젊을 때도 특정 식단 조건에서는 녀석들이 흥할 수 있다. 예를 들어, 실험동물 쥐에게 동물성 포화지방이 풍부한 사료를 먹이면 장 미생물총에 이런 잠재적 병원균의 수가 증가한다.[5] 반면에 식물성 불포화지방이 동량 함유된 사료를 먹인 실험군에서는 그런 변화가 관찰되지 않았다.

그렇다면 염증노화를 최소화하고 이 악순환의 고리를 끊을 방법은 없을까? MAC가 풍부한 음식을 먹고 동물성 포화지방을 제한하면 된다. 고령자가 식이섬유를 많이 먹고 지방을 덜 섭취하면 SCFA 생성량이 증가하고 장 염증이 줄어든다. 장 미생물이 식이섬유의 MAC 성분을 발효시켜 SCFA를 만들면 이 물질이 염증을 가라앉히는 까닭이다. 비슷하게, 저지방 식단은 잠재적 병원균의 증식을 막아 염증 위험을 낮춘다. 건강한 장 환경은 염증에 의존하는 이런 유해균에게 취약이다.

몸과 마음과 장 미생물총을 위한 피트니스

아침에 자가용을 몰고 출근해 하루 종일 앉아서 일한다. 퇴근 무렵에는 손가락 하나 까딱하기 싫을 정도로 기진맥진한 상태가 된다. 그렇게 귀가하면 소파에 파묻혀 텔레비전을 보는 것으로 하루를 마무리한다. 일반적인 현대인의 하루 일과다. 일주일에 두세 번쯤 귀갓길에 헬스클럽에 들러 몸을 풀고 오면 좋긴 하지만, 활동량 부족이라는 현대사회의 고질병을 고치기에는 그걸로 충분하지 않다. 게다가 나이가 들어 꾸준히 운동하는 것은 쉽지 않은 일이다. 몸이 맘처럼 움직이지 않고, 온 뼈마디가 나무토막처럼 뻣뻣하고 의욕도 나지 않기 때문이다.

하지만 나이가 들수록 꾸준한 체력 관리가 중요하다는 증거가 산더미처럼 존재한다. 운동은 노화 반응을 늦추고 비만, 심장질환, 암, 당뇨병, 우울증 등 다양한 주요 질환의 위험을 낮춘다. 몸을 움직이면 음식에서 얻은 칼로리를 태우고, 심장을 강화하고, 기분을 전환하며, 노화에 따른 체력 저하를 상쇄할 수 있다. 그뿐만 아니다. 운동은 면역노화와 염증노화를 억제함으로써 장 미생물총도 건강하게 만든다고 한다.

가만히 앉아 있는 시간이 길어지면 장운동 속도가 느려진다. 장운동 속도는 장 건강과 장 미생물총 조성에 중요하다. 따라서 운동을 통해 음식이 장을 통과하는 시간을 단축하는 것이 장 미생물총의 긍정적 변화를 유도할 효과적인 전략이 될 수 있다. 그런데 온전히 운동만이 장 미생물총에 어떤 영향을 미치는지를 알아내는 것은 쉽지 않다. 보통 운동을 하는 사람은 식단에도 신경 쓰기 마련이라 여러 요인이 장 미생물총에 동시다발적으로 작용하기 때문이다. 이런 복잡한 상황을 해결하는 데는 동물실험이 적격이다. 그런 연유로 쥐를 이용해 식단과 운동의 영향을 따로 평가한 연구에서는 각 인자가 제각각 장 미생물총 상태를 개선하는 것으로 증명되었다.[6] 물론 장 미생물총 건강과 인체 건강 모두를 최대한 끌어올리려면 식이요법과 운동을 병행하는 게 제일 좋겠지만 말이다.

암과의 전쟁, 최대 동맹군

세포가 통제 불능으로 자라나는 병인 암은 여러 면에서 면역계 질환으로도 볼 수 있다. 암세포는 평소에도 자주 자연적으로 생겨나지만 보통은 면역계가 암세포를 찾아내 바로바로 없애버린다. 이 수색-파괴 작전이 실패하면 암이 커진다. 악성이 된 암은 시간이 지날수록 똑똑해져, 면역계의 감시망을 피하고 수를 불릴 다양한 전략을 끊임없이 시도한다. 그중 하나가 암세포를 찾으려고 정찰을 도는 면역세포가 접근하지 못하는 미세환경을 조성하는 것이다. 이 철통같은 피난처 안에서 암세포는 면역계가 눈치 채지 못하는 틈에 쑥쑥 자라난다.

그래서 암 치료제 중에는 숨은 암세포를 근절하도록 면역계를 활성화하는 것이 있다. 대표적인 것이 사이클로포스파마이드^{cyclophosphamide}다. 이 화학요법제는 면역계를 항진시키고, 암이 영양소 공급망으로 사용하기 위해 자신의 주변에 혈관을 끌어모으지 못하도록 막는다. 그런데 이 약에는 장관벽을 성기게 만드는 부작용이 있다. 장관벽에 구멍이 숭숭 뚫리면 장 미생물이 이 경계를 넘어 다른 장기조직으로 이동할 수 있다. 실제로 동물연구에서는 쥐에게 사이클로포스파마이드를 투여했을 때 비장과 림프절에서 장 미생물이 검출되었다.[7]

언뜻 보면 화학요법제 때문에 미생물이 장을 탈출해 온몸 구석구석을 헤집고 다니는 게 문제처럼 여겨질 것이다. 하지만 암 치료에는 이게 골칫거리가 아니라 오히려 득이 된다고 한다. 장 미생물이 원래 있을 곳이 아닌 곳에 있으면 면역계가 긴장하고 실질적인 면역반응을 일으킨다. 그런데 면역계의 공격은 정확도가 떨어지는 까닭에 장 미생물을 겨냥해 발사한 무기에 암세포가 맞아 암 조직이 쪼그라드는 어부지리 효과가 나는 것이다. 참고로, 항암제를 투여하기에 앞서 쥐를 항생제로 사전 처치했을 때는 항암치료의 성공률이 훨씬 낮았다. 항생제 폭격을 맞은 장 미생물이 정신을 못 차리고 면역계를 도발하지 못하니 항암 반응이 약할 수밖에 없는 까닭이다.

이 연구결과가 사람의 암 치료에는 어떤 의미가 있을까? 암세포를 죽이도록 고안된 항암제 중 다수는 적지 않은 부수적 피해를 동반한다. 그런데 면역계가 제 딴에는 맡은 바 임무를 계속 성실히 수행하는 바람에 이 피해가 금방 가시지 않는다. 그러면 다른 병원균이 침입하는 기회감염의 위험이 커진다. 그래서 병원에서는 이 위험성을 낮추기 위해 항암치료 후 예방 차원에서 항생제를 자주 사용한다. 그러나 장 미생물이 면역계를 자극하는 것의 긍정적 효과가 밝혀지면서 의료계는 이 관행을 재고하기 시작했다. 어떤 약의 작용원리가 면역계를 항진시키는 것이라면 치료 계획을 짤 때 장 미생물총의 상태도 고려해야 한다. 환자를 면역요법으로 치료할 때 왜 그렇게 반응의 개인차가 벌어지는지를, 적어도 부분적으로라도, 장 미생물총의 차이로 설명할 수 있을지 모르니 말이다. 이것은 암뿐만 아니라 다른 질환들의 경우도 마찬가지다.

한마디로 말해, 면역계를 치료 표적으로 삼으려면 먼저 장 미생물총에 대해 잘 알 필요가 있다. 그런데 모든 항암제가 면역계 활성화를 통해 약효를 발휘하는 것은 아니다. 방사선요법이나 다른 화학요법제는 분열 속도가 비정상적으로 빠른 세포만 골라 죽인다. 재미있는 점은 이런 치료법도 장 미생물총에 의해 영향을 받을 수 있다는 것이다.

이와 관련해 한 연구팀이 시스플라틴cisplatin과 옥살리플라틴oxaliplatin이라는 두 가지 화학요법제를 조사했다.[8] 둘 다 결장직장암, 림프종, 육종 등 다양한 암의 치료제로 널리 사용되는 약이다. 작용원리는 약물 구조에 들어 있는 백금 금속이 암세포의 복제 장치를 틀어막아, 세포분열을 막는 것이다. 암세포는 복제 속도가 정상 세포보다 빠르므로 백금 화학요법제는, 모근세포처럼 원래 성장속도가 빠른 정상 세포들과 함께, 고삐 풀린 암세포만 골라 브레이크를 걸 수 있다. 그런데 여기서 끝이 아니다. 이제는 면역계가 나서서 분열을 멈춘 이 세포들을 치워버려야만 항암제가 임무를 완수했다고 말할 수 있다. 그러려면 면역계가 이 세포들 가까이 다가갈 수 있어야 하는데, 종양이 둘러놓은 미세환경이 거대한 장해물 역할을 한다는 게 문제다.

잘 짜인 종양 미세환경은 빈틈이 거의 없다. 하지만 그렇다고 난공불락의 철옹성도 아니다. 면역계가 공격 강도를 최대로 설정하기만 하면 얼마든지 뚫을 수 있다. 바로 여기서 면역계를 조율하는 장 미생물총의 능력이 진가를 발휘한다.

여기에 주목한 과학자들은 장 미생물총이 면역계를 부추겨 미세환경에 꼭꼭 숨은 암세포를 박멸할 수 있는지를 알아보고자 연구를 수행했다. 항생제에 노출시킨 쥐의 종양 미세환경은 악성 종양세포에 더 유리하고 면역세포는 들어가기가 힘든 생김새를 갖는다. 이번 연구에서는 암을 앓는 쥐에게 백금 화학요법제를 투여했다. 백금 화학요법제가 사이클로포스파마이드와 다른 점은, 장 미생물을 다른 조직으로 직접 파견하는 것이 아니라 장 미생물이 장 안에 머물면서 면역반응을 원격조종하게끔 한다는 것이다. 실험결과, 항생제 사전처치를 한 실험군에서는 항암제의 효과가 거의 없었다. 반면에 항생제 사전처치를 받지 않아 장 미생물총이 완벽하게 건강한 실험군에서는 면역세포들이 종양 미세환경에 쏙쏙 침투해 암세포를 공격했다.

고무적이긴 하지만, 이들 결과는 모두 동물실험에서 관찰된 것이므로 사람 암 환자의 경우 실제로 어떨지는 더 두고 봐야 정확히 알 수 있다. 그래도 사람 장 미생물총이 항암제의 약효에 미치는 영향은 계속 파고들 가치가 있는 연구 주제임은 분명하다. 인체 세포와 장 미생물 세포가 어우러진 생태계는 말도 못하게 복잡하다. 따라서 병을 치료하겠다고 약물로 이 생태계의 어느 한 구석을 건드리면 전혀 예상치 못한 결과가 나올 수 있다는 사실을 항상 염두에 두어야 한다.

감염을 걱정해 항생제를 항암제와 함께 사용하는 게 늘 최선의 방책은 아니다. 어쩌면 미래는 장 미생물총을 억누르는 항생제가 아니라 반대로 장 미생물총을 독려하는 다른 치료를 암 환자에게 권하는 사회가 될지도 모른다. 또한 이제는 많은 이가 알고 있듯, 장 미생물총 조성의 개인차가 크다는 면에서, 앞으로는 화학요법 처방을 환자가 앓는 암의 종류뿐만 아니라 개개인의 장 미생물총 특성에 따라서도 세세하게 조정해야 할 수도 있다.

비슷한 식으로 장 미생물총과 면역계 간의 친분을 감안하면 암의 발병이나 악화 성향이 장 미생물총에 의해 달라진다는 추측도 가능하지 않을까. 만약 그렇다면 발암을 돕는 것과 억제하는 것 중 어느 쪽일까? 장 미생물총을 건강하게 만들어 발암 위험을 낮추거나 이미 생긴 암이 더 이상 진행하지 않도록 막을 수 있을까? 줄줄이 떠오르는 이런 궁금증 중 확실한 답이 나와 있는 것은 아직 하나도 없지만, 병을 예방 또는 치료할 전략을 궁리할 때 지켜야 할 기본 원칙이 하나 있다. 바로 정상적인 인체 생리에 해가 가지 않아야 한다는 것이다. 당연히 장 미생물총도 고이 지켜야 할 본질적 요소이고 말이다.

가령 집에 들끓는 개미를 처리하겠다고 앞마당에 광범위 스펙트럼 살충제 비를 뿌릴 수는 없는 일이다. 그보다는 화학약품 사용을 최소화하면서 개미의 천적인 거미, 말벌, 딱정벌레를 최대한 활용하는 게 바람직하다. 암도 개미 문제와 다르지 않다. 화학요법이나 방사선요법을 장 미생물총의 면역계 항진 기능을 높이는 보조치료와 병행하면 치료 효과를 더 오래 지속할 수 있을 것이다.

문제는 약이 아니라 장 미생물총

장 미생물총은 다양한 약물의 작용에 영향을 미친다. 이를 주제로 한 연구가 활발히 이루어지고 있기 때문에, 이 약물 목록은 점점 길어질 것이다. 영향력은 직접적일 수도 있고 간접적일 수도 있다. 어느 쪽이든 결과적으로는 같은 약이라도 개개인마다 장 미생물총 상태에 따라 치료 효과가 더 커지거나 작아진다. 그뿐이 아니다. 각자가 가진 장 미생물총의 고유한 성질과 장 미생물총이 특정 약물과 상호작용하는 방식 때문에 약물의 부작용도 사람마다 천차만별로 달라질 수 있다.

인체 세포와 장 미생물 세포의 생태계는 지금도 밝혀진 내용이 거의 없지만 워낙 복잡하게 얽히고설켜 있어 연구 진행속도가 매우 더디다. 그런데 사람은 나이를 먹으면 건강이 점점 나빠져 약 쓸 일만 늘어난다. 이런 상황에서 쓰는 약이 늘어나면 안 그래도 어려운 연구를 더 어렵게 만드는 변수 하나가 더하는 꼴이다.

타이레놀^{Tylenol}이라는 상품명으로 더 유명한 아세트아미노펜^{acetaminophen}은 1950년대부터 진통해열제 상비약으로 전 세계인의 사랑을 받아왔다.

이 약은 작용원리가 분자 수준까지 세세하게 밝혀져 있지만 그래도 드러나지 않은 부분이 존재한다. 바로 왜 사람마다 약효와 부작용에 차이가 나는가이다. 미국에서는 아세트아미노펜 과용이 급성 간부전을 일으키는 일이 적지 않지만, 전체 증례의 20% 정도는 그 근본 원인을 모른다.[9] 모두가 효과적이면서도 안전한 용량을 사용하도록 하려면 이 잃어버린 퍼즐 조각을 찾는 것이 중요하다. 약물의 용량은 약물이 체외로 배출되는 속도에 따라 결정된다. 약물 배출이 빠르면 표적 장기나 혈중에 존재하는 약물의 양을 충분한 수준으로 유지하기 위해 더 많은 양을 투약해야 할 것이다. 반대로 약물이 체내에 예상보다 오래 머무른다면, 부작용과 과량투여의 위험이 높아진다.

약물의 체외배출 속도는 간이 약물을 얼마나 빨리 처리하는가에 따라 달라진다. 간은 대표적인 해독 장기다. 음식이나 약물이 위장관에서 분해되거나 인체 세포와 장 미생물이 이것들을 대사시키면 여러 화학물질이 만들어지는데, 이런 화학물질들은 컨베이어벨트에 실려 한 방향으로 이동하는 물건처럼 단순하게 처리된다. 그런데 간의 해독 원리는 이와 상당히 다르다. 간의 해독세포들은 유해성이 의심되는 화학물질에 일종의 꼬리표를 붙인다. 우선적으로 내보낼 물질에 표시부터 해두는 것이다. 이 화학물질 처리 속도는 사람마다 타고난 유전자 구성과 체내에 존재하는 다른 화학물질의 양에 따라 달라질 수 있다. 간의 선별작업 대기라인에 있는 화학물질이 많으면 부하가 걸려 일이 밀린다. 그런데 간에서는 이런 화학물질들이 줄을 서서 얌전히 기다리는 게 아니라 간세포가 덜 바빠질 때까지 다시 혈관을 타고 한 바퀴를 돌아오기를 반복한다. 한 바퀴를 더 돈다는 것은 인체가 이런 화학물질에 더 노출된다는 것을 의미한다.

제약회사와 의사는 신약을 설계하거나 처방 용량을 정할 때 반드시 약물 배설 속도를 고려한다. 기본적으로 어떤 약이 몸 밖으로 빠르게 빠져나갈 경우, 이 약으로 원하는 만큼의 효과를 얻기 위해서는 많은 양이 필요할 것이다. 하지만 간이 약물을 선별하고 내보내는 속도에는 개인차가 있으므로 경우에 따라 실제 투여량이 적정 수준보다 높아질 수도 낮아질 수도 있다. 어떤 사람이 병 치료를 위해 약을 처방받았다고 치자. 그런데 이 사람의 간이 약물을 처리하는 속도가 평균보다 느리다면 실제로 투약한 양이 계획된 것보다 많아진다. 그러면 부작용이 발생할 위험이 더 크다. 반대로 배설 속도가 지나치게 빠를 경우는 체내에 머무르는 약물이 부족해 병이 잘 낫지 않는다.

약물의 대사와 배설속도는 외부 요인들에 의해서도 달라진다. 가령 스타틴statin, 고지혈증 치료제 계열을 복용 중인 사람은 자몽을 먹지 말라는 소리를 귀에 못이 박히도록 들을 것이다. 여기에는 다 이유가 있다. 자몽에는 간에서 스타틴과 경쟁하는 성분이 들어 있다. 간에서 이 성분이 한 자리를 두고 스타틴과 싸우면 스타틴 배설이 느려져 체내 약물 농도가 위험한 수준으로 높아질 수 있다. 그런데 조심할 건 음식만이 아니다. 장 미생물이 만드는 화학물질도 인체의 약물대사 기능에 영향을 주는 까닭이다.

연구에 의하면 아세트아미노펜의 체외 배출 속도에 장 미생물총 대사산물인 p-크레솔p-cresol이 상당히 중요하다고 한다.[10] 장 미생물총이 만들어내는 p-크레솔의 양은 장 미생물총을 구성하는 미생물의 종류와 녀석들이 소비하는 아미노산의 양에 따라 또 달라진다. 장속 미생물이 아미노산을 대사시킬 때 만들어지는 부산물이 p-크레솔이기 때문이다. 이렇게 대장에서 생성된 p-크레솔은 일단 혈관을 타고 간으로 이동해야 한다. 그곳에서 꼬리표를 달아야만 몸 밖으로 배출될 수 있다. 그런데 아세트아미노펜 해독을 담당하는 간 효소가 p-크레솔에 표식을 다는 일도 한다는 게 일을 복잡하게 만든다. 다시 말해, p-크레솔이 너무 많으면 아세트아미노펜 해독 공정에 부하가 걸릴 수밖에 없다. 그러므로 장 미생물총의 p-크레솔 생성량이 많은 사람은 그렇지 않은 사람보다 더 높은 용량의 아세트아미노펜을 복용해야 한다. 하지만 자신의 장 미생물총의 p-크레솔 생성 능력을 알고 있더라도 완전히 안심하기엔 이르다. 같은 사람인데 그날 먹은 음식에 따라서도 달라지니 말이다. 특히 중요한 것은 단백질 섭취량이다.

장 미생물총이 약물 배설속도를 조절해 아세트아미노펜 약효에 영향을 미치는 것은 간접적인 작용원리라고 말할 수 있다. 그런데 장 미생물총의 영향을 보다 직접적으로 받는 약물도 있다. 대표적인 것이 심부정맥 치료제인 디곡신^{digoxin}이다. 디곡신은 디기탈리스 식물에서 합성되는 디기톡신^{digitoxin}을 변형시킨 물질로, 디기탈리스 약초는 심장질환 치료제로 사용된 역사가 수백 년을 넘는다. 디기톡신을 원재료로 만들어진 약물들은 치료 범위가 좁다는 흠이 있다. 이 말은 치료에 효과적인 용량과 인체에 유독한 용량이 한 끗 차이라는 뜻이다. 들리는 소문으로는 고흐의 낯빛이 황록색을 띠었던 게 다 디기톡신 독성 탓이라고 한다.[11] 자신의 주치의가 보라색 디기탈리스 줄기를 들고 있는 모습을 그린 〈가셰 박사의 초상〉에서 고흐가 노란색을 아낌없이 사용한 것도 뭔가 석연치 않다. 현재로서는 고흐의 주치의가 디기탈리스를 과량 처방했다는 설이 가장 유력하다. 하지만 한편으로 고흐의 장 미생물총에 디기탈리스 부작용을 완충할 균주가 부족했다는 가능성도 배제할 수 없다.

장 박테리아의 일종인 에게르텔라 렌타Eggerthella lenta는 디곡신을 불활성화시키는 유전자를 가지고 있다. 따라서 장에 이 박테리아가 있느냐 없느냐에 따라 사용해야 할 디곡신 용량이 달라진다. 장에 에게르텔라 렌타가 사는 사람에게는 그렇지 않은 사람보다 더 많은 양의 디곡신이 필요하다. 그런데 이 미생물이 디곡신을 불활성화시키는 경로와 아미노산인 아르기닌arginine을 대사시키는 경로가 겹친다고 한다. 실제로 동물실험에서 에게르텔라 렌타가 있는 쥐에게 고단백 사료를 먹였을 때 디곡신 해독이 원활하지 않았다.[12] 박테리아가 아르기닌을 처리하느라 너무 바빠 디곡신에 신경 쓸 겨를이 없었던 것이다. 따라서 장 미생물총 조성과 식단 중 단백질 함량, 이 두 가지 다 환자에게 필요한 디곡신 용량을 좌우한다고 볼 수 있다.

그렇다면 이런 사실이 맞춤의학의 미래와 어떻게 연결될까. 장 미생물총에 관해 더 많이 알게 되면 의학이 어떤 방향으로 나아갈까. 쉽게 디곡신의 경우를 예로 들어보자. 의사가 어떤 환자에게 디곡신 치료가 필요하다고 판단하면 처방을 내리기에 앞서 환자의 마이크로바이옴을 구성하는 유전자 목록부터 뽑아볼 것이다. 그리고 이 목록에 디곡신을 불활성화시키는 유전자가 들어있다면, 사용량을 늘려 처방할 것이다. 특별히 단백질 섭취를 제한하라는 당부와 함께 말이다. 그러면 모든 환자에게 디곡신의 효과를 극대화하고 부작용을 최소화하는, 최적화된 치료를 제공할 수 있다.

젊음의 샘에는 박테리아가 가득하다

사람은 누구나 청년기가 지나면 늙는다는 것을 몸으로 느낀다. 체력이 부치고 자주 깜빡깜빡하며 눈도 귀도 서서히 어두워진다. 그런데 우리가 체감하지는 못해도 몸속에서도 노화가 진행된다. 면역력 저하, 염증 성향 증가, 장 미생물총 변화의 형태로 말이다. 누구도 세월을 피해갈 수는 없다. 하지만 열심히 노력하면 나이 때문에 건강이 나빠지는 것을 미루거나 늦출 수는 있다.

장 미생물총은 인체의 대사 기능과 면역계 모두에 밀접하게 관련되어 있어서 노화에도 영향을 미친다. 따라서 변화에 적응이 빠르다는 장 미생물총의 성질을 역으로 이용하면 신체 노화를 최소화해 노년을 보다 건강하고 활기차게 보낼 수 있다. 말하자면 관리를 통해 장 미생물총의 젊음을 유지하면 한 풀 꺾인 면역계에 새 숨을 불어넣음으로써 노화 시계를 거꾸로 되돌리는 셈이다.

장수의 표본인 100세 이상 초고령 노인들은 70대 노인에 비해 확연히 다른 장 미생물총 프로파일을 갖고 있다.[13] 이 어르신들의 장 미생물총만이 가진 특징이 장수에 기여한 걸까? 아니면 반대로 특정 유전자나 라이프스타일이 장 미생물총을 건강하게 만든 걸까? 어느 쪽이 맞는지는 아직 확실히 대답할 수 없다. 하지만 짐작컨대 이분들이 천수를 누리고도 남은 비밀은, 아마도 인체 세포와 장 미생물이 100년이 넘는 세월 동안 서로를 밀어주고 끌어준 이상적인 공생관계에 있을 것이다.

장 미생물총을 젊게

젊음을 열망하는 것은 만국 공통의 사회현상이다. 그래서 사람들은 영양가 높은 음식을 먹고 식단을 조절하고 규칙적으로 운동을 하며 친구를 사귄다. 이런 활동이 근육량 손실을 막는 것부터 시작해서 삶의 목표의식을 심어주는 등 인체 생리의 여러 측면에 동시다발적으로 영향을 주어 건강을 증진한다는 것은 과학적으로도 증명된 사실이다. 학계는 바람직한 생활습관들이 수명을 어떻게 연장시키는지 더 구체적으로 알아보고자 분자학적 메커니즘에 초점을 맞췄다. 그런데 웰에이징well-aging의 한가운데에 바로 장 미생물총이 있었다.

건강한 식단이 주는 유익한 효과 중 하나는 장 미생물총의 번영을 돕고 이것이 건강증진 효과로 이어지게끔 한다는 것이다. 아일랜드에서 수행된 연구에서도 섬유질, 즉 MAC가 풍부하고 지방이 적은 식단을 유지하는 식습관이 노화에 의한 장 미생물총의 쇠퇴를 막는 것으로 입증되지 않았는가. 더욱이 76세부터 95세까지의 고령자 집단에서 식이섬유 섭취량 증가는 SCFA 생성량 증가와 직결된다.[14] SCFA는 염증반응을 억제해 염증노화의 나쁜 영향을 상쇄하므로 노인들에게 반드시 필요한 물질이다. 고령자일수록 영양가를 따져 잘 먹는 것은 나이가 들면 열량 요구량이 줄어든다는 면에서도 매우 중요하다. 이렇게 신중하게 섭취한 칼로리는 어느 하나 허투루 쓰이지 않는다. 그런 맥락에서 터프트 대학교 연구팀이 미국 농무부USDA의 권장식단표를 고령층에게 맞게 열량 요구량을 낮추고 수정해 새로 발표한 것을 참고할 만하다. 이 도표를 자세히 들여다보면, 영양가 높은 과채류 비중이 크고 특히 섬유질이 풍부한 전곡류와 콩류가 강조된 것을 알 수 있다.

잘 먹음으로써 장 미생물총 노화를 늦추는 데에는 프로바이오틱스도 훌륭한 보조수단이다. 전 세계적인 인구 고령화 추세를 감안하면 프로바이오틱스가 고령자에게 주는 효과를 조사하는 연구가 점점 활발해질 것이다. 현시점에는 프로바이오틱스의 효능이 늙어가는 면역계에 힘을 실어주는 데있는 것으로 짐작된다. 차세대 프로바이오틱스 시장은 노년기에 장 미생물총의 상태가 젊을 때와 확연히 다르다는 점에 주안점을 두어 한 단계 진화한 모습으로 다변화될 것이다. 늙어가는 장 미생물총을 적절히 보필하려면나이가 들어 달라진 환경에서 살아남는 특별한 능력을 지닌 프로바이오틱스 균주가 필요하니 말이다.

적어도 프로바이오틱스에 관한 한 하나의 처방으로 모두의 문제를 해결하려는 시대는 지났다. 미래에는 사람 인생의 전환기마다 장 미생물총의 변화를 반영한 프로바이오틱스 테라피가 가능해질 것이다. 시기별 개인 맞춤형 프로바이오틱스가 마침내 세상에 나오면, 시행착오를 거쳐 나에게 가장잘 맞는 제품을 고르는 것은 소비자의 몫이다.

운동은 또 어떤가. 운동이 건강에 좋다는 것은 코흘리개도 아는 상식이니장 미생물총에도 작든 크든 이로울 게 틀림없다. 그런데 운동을 규칙적으로 하는 사람은 흔히 식단에도 신경을 쓰기 마련이므로 운동만의 효과가 어떻다고 확실히 말하는 것은 쉽지 않다. 장 미생물총의 변화가 운동에 의한 것인지 아니면 식단에 의한 것인지 구분하는 것이 거의 불가능하기 때문이다. 다만 같은 사료를 먹인 실험동물이라도 운동을 한 실험군과 그렇지 않은 대조군은 장 미생물총의 모습이 사뭇 달랐다. 음식이 장을 통과하는 시간이나 대사 활성, 면역계 기능 등 몇 가지 생리적 측면이 운동 덕분에 달라진 것이다. 이런 변화는 장 미생물총에도 영향을 미친다. 따라서 운동이 숙주의 생리를 적지 않게 변화시켜 그 안에 사는 장 미생물총도 달라지게 만든다고 충분히 추측할 수 있다. 최종 판정이 나오려면 아직 멀긴 했지만, 내기를 한다면 운동이 일차적으로든 이차적으로든 장 미생물총과 사람 모두의 건강에 이롭다는 쪽에 거는 게 승산이 높다.

왕성한 사교활동 역시 노령기 건강과 불가분의 관계에 있다. 이것은 뒷받침하는 과학적 증거가 부족하긴 해도 모두가 아는 분명한 사실이다. 이 연결고리의 어디쯤에 장 미생물총이 들어가는지는 아직 짐작만 할 뿐이다. 하지만 지금부터 하나씩 차근차근 따져보자. 미생물은 사람 뱃속을 비롯해 도처에 존재한다. 현대인은 위생과 청결에 강박 수준으로 집착하는 경향이 있지만, 사람의 손길이 닿는 모든 곳에서 미생물을 마지막 한 마리까지 박멸하는 것은 불가능하다. 각종 살균제와 세정제 때문에 개체 수가 급격히 줄고 있긴 하지만 말이다. 마을회관 같은 곳에서 동네 사람들과 카드놀이를 하고, 친구와 점심을 먹고, 예배당이나 절에서 사람들과 악수를 나눌 때, 우리는 눈빛만이 아니라 미생물도 교환한다. 이런 사회활동이 주는 안티에이징 효과가 정확히는 다른 미생물과의 더 많은 접촉에서 온다고 말해도 좋을까?

이 아이디어를 장 미생물총에 미친 과학자의 망상이라고 치부하기 전에 한 마디만 더 들어주기 바란다. 날씬한 쥐를 비만 쥐와 한 우리에서 사육한 동물실험에서는 날씬한 장 미생물총이 비만 쥐의 뱃속에 안착하자 비만군의 몸무게가 더 이상 늘지 않았다. 만약 비만 쥐가 날씬한 쥐와 친구가 되지 않았다면 날씬한 장 미생물총에 노출될 일이 없었을 테니 평생 뚱뚱한 장 미생물총에 만족하며 살아야 했을 것이다. 그렇지 않은가?

사교활동을 통해 다른 사람들이 가진 미생물에 우리 스스로를 노출시키면 우리 장에 사는 유익균의 다양성을 더욱 높일 수 있을지 모른다. 혹자는 이런 말을 하는 우리에게 미쳤다고 말할 것이다. 하지만 10년 전에는 장 미생물총이 비만을 일으킨다는 주장도 똑같은 뭇매를 맞았다. 나이가 들수록 사람들을 많이 만나는 것은 여러 모로 득이 된다. 다음에 언젠가 실버 노래 교실에 들어가 볼까 하는 생각이 들면, 그곳에서 새로 사귈 미생물 친구들이 나중에 생명의 은인이 될 수도 있다는 점을 꼭 기억하기 바란다.

CHAPTER 9

내 안의 발효실 관리지침

내 게놈은 1%만 거들 뿐

사람의 유전자를 어찌하는 것은 불가능한 일이다. 하지만 마이크로바이옴은 다르다. 장 미생물을 잘만 이용하면 드로포커draw poker 게임에서 베팅하기 전에 패를 바꾸듯 전세역전을 꾀할 수 있다. 마이크로바이옴이 눈동자 색깔이나 코 모양까지 바꿔주지는 못하지만 몸무게와 면역기능 등 다양한 생리적 측면이 장 미생물 상태에 따라 변하기 때문이다.

누군가는 장 미생물총 조성도 처음부터 인간 게놈이 운명 짓는다고 주장할지 모른다. 인간 게놈이 장 미생물총이 들어앉을 장속의 밑그림을 그리는 것은 맞다. 그리고 어쩌면 어떤 균주가 그곳의 주민이 될지도 인간이 태어날 때부터 거의 정해져 있을지도 모른다. 만약 이게 사실이라면, 장 미생물총의 모습이 이란성 쌍둥이보다 일란성 쌍둥이끼리 훨씬 더 비슷해야 한다. 그런데 실은 그렇지가 않다.[1] 다양한 외부 인자들이 장 미생물총 멤버 모집에 큰 역할을 하는 까닭이다. 장속 환경에는 인간의 의지를 반영할 수 있는 구석이 적지 않다. 따라서 꼬장꼬장한 인간 게놈과 씨름하지 않아도 장 환경을 변화시켜 장 미생물 쪽을 공략함으로써 우리가 원하는 것을 얻을 수 있다. 이것이 가능한 데에는 마이크로바이옴에 인간 게놈보다 100배 더 많은 유전자가 들어 있다는 점의 공이 크다. 즉, 내 몸속에 들어 있는 모든 유전물질 중 나에게 유리하게 마음대로 주무를 수 있는 게 99%나 된다는 소리다.

하지만 장 미생물총의 융통성을 믿고 뒷짐만 지고 있어서는 안 된다. 먼저 건강증진 효과를 높이려면 마이크로바이옴을 어떻게 변화시켜야 하는지 정확하게 안 다음에야 일을 저질러도 저질러야 한다. 그런 의미에서 이 챕터에서는 우리 자신의 건강과 더불어 우리 안의 작은 우주까지 보듬는 바람직한 생활습관들을 구체적으로 살펴볼까 한다. 이 중에는 우리 부부가 직접 조사한 것도 있고 다른 장 미생물총학 전문가들의 연구성과를 토대로 한 것도 있다. 어느 쪽이든 모두 우리 부부와 아이들이 지금까지 실천해오며 효과를 본 것들이니 믿고 따라와도 좋다.

기초부터 탄탄히

영아기에 장속 풍경은 황무지나 다름없다. 이때 자리를 잘 잡은 균주는 아기가 노인이 될 때까지 번성할 확률이 높다. 어떤 균주가 안정적으로 무리를 이룰지는 분만 방법, 식단, 항생제 사용 빈도, 환경 미생물 노출 등 여러 인자에 따라 결정된다. 이 생애 초기에 장 미생물총을 잘 먹이고 보살펴야 처음부터 바람직한 공생관계가 튼튼한 뿌리를 내린다.

아이를 낳는다는 것은 여러 모로 천운에 달린 일이다. 변수가 워낙 많은데 대부분은 인력으로 어찌할 수 없으니 일단은 그저 산모와 아기 모두 건강하길 기도할 수밖에 없다. 하지만 형편이 좀 여유로운 예비 부모라면 장 미생물총의 건강까지 고려해 출산을 준비하는 게 좋다. 자연분만으로 태어난 아기가 산도를 통과할 때 만나는 박테리아 균주의 종류는 제왕절개술로 태어난 아기의 피부에 자리하는 균주와 상당히 다르다. 여자가 임신을 하면 그 기간 동안 장 미생물총의 조성이 달라진다. 짐작컨대, 뱃속에서 태아를 잘 키우고 마지막 순간에 딸려 보낼 선발대 균주를 최정예로 준비하기 위해서다. 하지만 제왕절개술로 태어난 아기에게도 엄마의 산도에서 만날 뻔했던 균주를 친구로 만들 다른 방법이 있긴 있다. 바로 면봉 접종법이다. 아이를 자연분만으로 낳지 못해 불안한 마음이 있는 부모라면 이 방법으로 생애 최초 장 미생물총을 보강해주는 대안을 주치의와 상의해볼 만하다.

살아가면서 장 미생물총을 관리하는 방법은 여러 가지가 있다. 그 중 하나가 식단이다. 아기가 태어나 처음 먹는 음식은 어떤 균주가 아기의 장을 점령하느냐를 결정한다. 이것은 아기의 면역계와 심신 발달에도 지대한 영향을 미친다. 정확히 어떤 장 미생물총 조합이 알레르기, 천식, 비만 등을 일으키는지 혹은 예방하는지는 아직 모르지만, 경험상으로는 일단 장 미생물총을 잘 먹여두는 게 여러 모로 좋다. 그런 의미에서 아마도 가장 강력한 무기는 모유일 것이다. 모유는 각박한 환경에서 수십만 년에 걸쳐 인류의 생존과 건강을 책임진 성공적 진화의 결정체다. 인간의 알량한 지식이 만들어낸 조제분유는, 어디 하나 흠잡을 데 없는 이 신의 음식에 비할 게 못된다. 모유는 특히 그 안에 들어 있는 MAC인 모유 올리고당은 장 미생물총에게 슈퍼푸드와 같다. 요즘은 프리바이오틱스과 프로바이오틱스가 들어가는 분유도 있지만 모유처럼 완벽한 구성을 갖춘 제품은 하나도 없다. 장 미생물총 발달에 관여하는 수많은 인자들의 작용원리가 아직 다 밝혀지지 않은 까닭에, 효과가 모유와 비슷한 제품을 고안하거나 제조하기에는 현재 과학기술 수준이 한참 모자란다. 따라서 태어난 첫날부터 아기에게 MAC를 충분히 공급하는 음식은 이 세상에 모유 딱 하나다.

생애 초기에 아기가 무엇을 먹느냐는 출산 방법만큼이나 장속 환경 조성에 중요한 인자다. 하지만 모유수유는 양자택일의 문제가 아니다. 모유를 한 방울이라도 먹이기만 한다면 아기에게 모유 올리고당과 모유에만 들어 있는 미생물을 공급할 수 있다. 특히 밤에 잠들기 전에 젖을 물리는 것은 산모와 아기 모두에게 하루를 차분하게 마무리하는 심리적 안정감을 주는 동시에 아기의 장 미생물총에게는 영양분을 제공하는 훌륭한 습관이다. 그러니 모유수유에 어려움을 겪거나 젖이 부족하다는 엄마들에게는 산모교실에 참석하거나 컨설턴트의 상담을 받아보기를 권한다.

모유수유는 시간과 연습을 요하는 고난이도의 기술인데다가 번거롭고 고되다. 하지만 노력한 만큼 보상이 돌아온다. 모유를 먹은 아기는 알레르기, 천식, 비만, 당뇨에 걸릴 위험이 낮아지니 말이다.[2] 나의 수고로 아기와 그 안에 사는 장 미생물총이 건강해지고 이 아이가 자라 생산할 후손들이 건강한 장 미생물총을 그대로 물려받을 테니 이 얼마나 보람된 일인가.

일망타진이 능사는 아니다

항생제는 현대의학의 최고 성과물 중 하나로 손꼽힌다. 항생제는 수많은 목숨을 구했고 다양한 병을 그 어떤 약보다도 효과적으로 치료한다. 하지만 그 효과 때문에 항생제가 위험하기도 하다. 대부분의 항생제는 '못된' 박테리아와 '착한' 박테리아를 구분하지 못하기 때문이다. 항생제에 노출될수록 착한 박테리아의 무고한 희생은 복구하기가 점점 더 어려워지고 장 미생물총의 다양성은 눈에 띄게 줄어든다. 이때 장 미생물총이 약해진 틈을 타 C. 디피실리에나 살모넬라와 같은 병원균이 침입하는 것도 걱정을 더한다.

물론 항생제 사용이 불가피한 상황도 있다. 하지만 우리가 항생제를, 특히 아이들에게 과용하고 있다는 것은 분명한 사실이다. 평범한 아이가 항생제를 1년에 한 번씩만 맞아도 아이의 장 미생물총이 영구적으로 변해 그 여파가 몇 년 동안 지속될 수 있다. 장 미생물총 건강을 보호하고 항생제 내성 슈퍼버그가 생기는 것을 최대한 막으려면 항생제를 정말 어쩔 수 없을 때만 사용하는 자세가 필요하다. 우리 가족은 선택의 기로에 섰을 때 늘 주치의의 도움을 받아 비용효과 분석을 먼저 한다. 의사가 일단 두고 보는 게 좋겠다고 말하면 우리는 그대로 따른다. 또 의사가 항생제가 최선의 방법이라고 하면 우리는 그때서야 항생제를 사용한다. 특히 항생제 처방을 받은 게 아이들이라면 우리는 항생제를 사용하는 동안과 그 이후 며칠 동안 신생아용 영양제나 요구르트를 활용해 프로바이오틱스를 반드시 보충해준다.

항생제를 멀리할 최선의 방법은 바로 사용할 일을 애초에 만들지 않는 것이다. 학령기 아이가 있는 집의 식구들에게는 콧물과 따끔따끔한 목구멍을 달고 사는 게 다반사다. 그렇더라도 영양가 높은 식사를 하고 프로바이오틱스 식품을 잘 활용하면 아픈 횟수와 기간을 크게 줄일 수 있다. 흔한 말이지만, 아프지 않으려면 잘 먹고 잘 자는 게 최고다. 우리 집에서는 독감이 유행하는 철에만 손 씻기에 신경 쓴다. 이때는 아이들이 학교에서 돌아오자마자 비누로 손을 씻게 한다. 밖에서 묻혀온 감염균을 깨끗하게 털어내기 위해서다. 하지만 내 몸에 사는 유익균을 보강하는 것도 병원균 노출을 차단하는 것만큼이나 중요한 일이다. 아침마다 케피르 한 잔 혹은 요구르트 한 사발을 먹으면 수십 억 마리의 방위군을 매일 충원하는 셈이다.

장 미생물총의 소셜네트워크

현대의 서구식 생활양식은 세상을 장 미생물총에게 낯선 환경으로 변질시켜버렸다. 지나친 위생관념 탓에 현대인이 알고 지내는 미생물 친구는 맨바닥에 움막을 지어 살고 단벌옷에 흙먼지만 손으로 대충 털어버리면 그만이던 시절에 비해 훨씬 적다. 하지만 현대식 위생시설의 혜택을 포기하지 않고도 유익균 네트워크를 넓힐 방법이 있다. 바로 동물이다. 동물의 몸에는 다양한 미생물이 살고 있거나 수시로 들락날락하기 때문이다. 농장이 딸린 시골집에 사는 사람은 도시의 아파트에 사는 사람보다 훨씬 더 다양한 장 미생물을 가지고 있다. 그뿐만 아니라 시골에서 자란 아이들은 환경 미생물과 접촉할 기회가 더 많으므로 천식이나 알레르기를 훨씬 덜 앓는다.[3]

귀촌이 여의치 않은 사람이라도 지금 사는 곳에서 유익균 접촉 기회를 늘릴 방법은 얼마든지 있다. 작은 정원을 가꾸는 게 그 중 하나다. 정원을 만들 공간이 없다면 약간의 창의력을 발휘해보자. 현관에 화분을 놓아두거나 상자를 창틀에 매달아 허브를 심으면 흙과 식물을 기반으로 하는 자연 생태계를 내 집 안으로 들일 수 있다. 땅값이 금값인 샌프란시스코 만안에서는 이렇게 앞마당 한 구석에 모판을 놓고 작은 정원을 가꾸는 집을 흔히 볼 수 있다. 우리 집도 마찬가지다. 우리 딸들은 맨손으로 흙을 파서 잡초를 뽑으며 땅벌레와 노는 것을 좋아한다. 가끔은 다 자란 채소를 직접 수확하기도 한다. 우리는 제초제와 살충제, 합성비료를 전혀 쓰지 않기 때문에 아이들이 정원 흙을 만지고 놀다 들어와 그대로 점심을 먹어도 나무라지 않는다.

작은 정원마저도 없을 때는 유기재배 농장 체험을 권한다. 이런 농장에 다녀오면 장 미생물총에게 새 친구를 소개시킬 수 있을 뿐만 아니라 아이들 정서교육에도 좋다. 로컬푸드 운동의 일환으로 농산물을 소비자에게 직배송하는 많은 농장들이 이런 체험 프로그램을 운영한다. 어떤 도시 사람들은 주말마다 농장에 내려가 잡초를 뽑고 작물을 수확하는 걸 취미로 삼기도 한다. 이런 곳에서는 대도시나 도시 근교에는 없는 다양한 환경 미생물과 만날 수 있다.

시골 방문에 취미가 없다면 대신 애완동물에게 기대볼 수 있다. 애완동물과 뒹굴며 자라는 아이들은 시골 아이들과 마찬가지로 호흡기 감염이나 알레르기에 덜 걸리고 항생제를 맞는 일이 훨씬 적다. 애완동물이 집 안팎에서 여러 유익균을 옮겨주기 때문이다. 우리 부부가 키우는 개는 뒤뜰을 어슬렁거리며 이곳저곳 쿵쿵거리느라 흙을 잔뜩 묻힌 코를 우리 아이들 얼굴에 마구 부벼댄다. 그러는 매 순간 녀석이 아이들에게 미생물을 옮겨주는 게 우리 부부 눈에는 선명하게 보인다. 녀석이 탐험하기 좋아하는 장소가 뒤뜰만은 아니니 우리 가족이 만나는 환경 미생물들의 본거지는 더 많을 것이다. 우리 집에서는 그 누구도 애완견을 쓰다듬고 나서 화장실로 달려가 손을 씻지 않는다. 우리 부부는 녀석에게 벼룩연고를 사용하지 않고 전염성 장 기생충 검사에 정기적으로 데려가며 화학물질을 한 방울도 쓰지 않은 마당에서 마음껏 뛰어놀게 한다. 우리가 이렇게 사는 것은 손을 잘 씻지 않는 것의 위험성보다 더 많은 미생물에 노출되는 것의 이점이 훨씬 크다고 믿어 의심치 않기 때문이다.

그럼 애완동물을 싫어하는 사람은 어떻게 해야 할까? 걱정할 것 없다. 사람과 사람 간 접촉도 아이들에게 다양한 유익균을 접하게 하는 중요한 통로이기 때문이다. 고무젖꼭지를 세정제로 씻거나 끓는 물에 삶았을 때보다 엄마가 입으로 빨아 닦았을 때 아기가 습진에 훨씬 덜 걸린다는 연구결과가 있다.[4] 그렇다고 해서 대충 닦은 젖꼭지를 문 아기들이 삶은 젖꼭지를 빠는 아기에 비해 호흡기 감염에 더 잘 걸리는 것도 아니었다. 이것은 청결에 집착하지 않는 것이 오히려 건강에 더 이롭다는 사실을 보여주는 좋은 예다. 그런데 젖꼭지 말고 집안 전체도 그럴까? 걱정 마시라. 집안 구석구석을 입으로 빨아 청소하라는 얘기가 아니니까. 요는 식구들 건강에 관한 한 항균 세정제나 소독제가 젖꼭지를 끓이는 것과 같은 효과를 낸다는 것이다. 식초, 식물성 오일로 만든 비누, 레몬즙 등 독성이 덜한 천연성분 세제를 청소할 때 사용하면 보다 미생물 친화적인 환경을 조성함으로써 미생물 노출 기회를 늘리고, 요즘 서양에서 흔한 면역계 오작동을 줄일 수 있다.

장 미생물총을 위해 잘 먹기

이 책에서 필자들이 권장하는 식이요법은 장 미생물총 다양성을 높이고 장 미생물총 발효에 의한 SCFA^{단쇄지방산} 생성량을 늘리는 데 효과적인 것들이다. SCFA를 많이 만드는 균주가 장 미생물총에 많은 사람이 그렇지 않은 사람보다 더 건강하고 서구형 질환에 잘 안 걸린다는 연구결과가 적지 않다. 원시인과 비슷하게 먹고 살아가는 사람의 뱃속 생태계는 산업화된 서구사회 구성원의 뱃속보다 훨씬 더 풍요롭다. 재미있는 사실은 장 미생물총 다양성의 차이가 서양인 집단 내에서도 벌어진다는 것이다. 비만인 사람은 날씬한 사람에 비해 뱃속 균주의 종류가 훨씬 적다. 또한 똑같이 비만이라도 장 미생물이 더 단조로우면 인슐린 저항성, 콜레스테롤 수치 상승, 염증의 발생률이 훨씬 높아진다. 건강과 장 미생물총 다양성이 비례한다는 증거는 이밖에도 많다.

그렇다면 우리가 어떻게 해야 장 미생물총이 다채로워질까? 다양한 박테리아가 환영받고 편하게 오래 머무는 환경을 장속에 조성하는 게 답이다. 적절한 식단 조절을 통해 MAC 공급이 안정적으로 유지되는 그런 환경 말이다.

그런 면에서 음식환경 변화에 적응력이 뛰어나다는 장 미생물총의 성질이 기특하지 않을 수 없다. 이 성질 덕분에 우리가 먹을거리만 바꿔도 장 미생물총 컨디션을 금세 최상으로 끌어올릴 수 있다. 그런데 장 미생물총의 변화는 단기적으로도 장기적으로도 일어나며 다발적이기도 하다는 특징도 고려해야 한다. 장 미생물총은 MAC 공급량이 늘어났을 때도 즉각 반응하지만 공급이 끊겼을 때도 마찬가지다. 후자의 경우 건강 상태가 나빠지는 방향이라는 게 다를 뿐이다. 따라서 MAC가 풍부한 식단을 유지해 장 미생물총을 계속 잘 먹이는 게 중요하다.

올바른 식습관을 장기적으로 들이는 것이 장 미생물총 다양성의 개선과 유지에 핵심적인 요소다. 이에 우리 부부는 기본적으로 장 미생물총을 잘 돌보려면 우리가 어떻게 먹어야 할까에 중점을 두어 식단을 짠다. 혹시나 기대했다면 미안한 일이지만, 반짝 효과만 내는 장 미생물총 보양 식단 따위는 없다. 장 미생물총의 반응이 빠르긴 해도 장 미생물총이 선사하는 건강 혜택을 평생 유지하려면 바람직한 식습관을 일상화하는 것밖에 도리가 없다.

장 미생물총 친화적 식단을 짤 때는 딱 네 가지 원칙만 지키면 된다. 첫째는 MAC가 풍부한 식재료를 사용하는 것이다. 장속 박테리아도 먹어야 산다. 녀석들이 가장 좋아하는 영양소는 탄수화물이다. 공급처는 두 곳인데, 사람이 먹어주는 식이섬유에 들어있는 MAC가 가장 좋고 이게 부족할 땐 녀석들이 장점막을 훑어 찾아낸다. 되도록이면 장점막에 손대지 않고 음식으로만 장 미생물총을 배불리 먹이는 게 좋다. 장점막은 미생물이 너무 가까이 접근하지 못하도록 안전거리를 유지하는 일종의 울타리 역할을 하기 때문이다. MAC 공급이 달려 녀석들이 먹을거리를 찾아 자꾸 장점막을 파고들면 장점막 탄수화물 채집의 달인인 균주만 많아질 수 있다. 그러면 인체조직을 보호하기 위해 깔아 놓은 장점막 조직이 파괴된다.

끼니마다 메뉴를 정할 때는 저 아래에서 목 빠지게 기다리는 장 미생물총도 내가 먹는 걸 그대로 먹는다는 생각을 해야 한다. 달걀, 베이컨, 속살이 하얀 식빵을 구운 토스트, 과육을 싹 걸러낸 오렌지주스로 세팅한 아침 식탁은 오감을 자극하지만 장 미생물총의 SCFA 생산 동력인 MAC가 거의 없다는 면에서 불합격이다. 이렇게 부실한 아침식사를 하고 점심을 샌드위치와 과자, 탄산음료로 때우면 장 미생물총은 두 끼를 굶는 셈이 된다. 그런데 스테이크, 으깬 감자, 너무 오래 삶아 흐물흐물해진 브로콜리 두 조각으로 저녁을 해결했다고 치자. 그러면 이날 이 사람의 장 미생물총은 MAC를 일일 최소 권장량도 먹지 못한다. 이런 상황에서 장 미생물총은 비상식량에 의존할 수밖에 없다. 즉, 내 살점을 긁어먹는 것이다. 장 미생물이 탄수화물을 찾느라 장점막을 헤집고 다니면 장점막이 점점 얇아져 인체 세포와 장 미생물총 간 거리가 너무 가까워진다. 이런 일이 매일 일어날 경우, 면역계가 위협을 느끼고 염증을 대형 산불처럼 일으켜 복수하는 수가 있다.

MAC가 풍부한 음식을 많이 먹어야 하는 이유는 장 미생물총과 장점막 사이의 안전거리를 충분히 확보하는 것만이 아니다. 이런 음식은 장 미생물총의 다양성도 높여준다. 장점막 MAC만 매일 먹고 살아남을 수 있는 균주의 종류는 제한적이다. 하지만 과일, 채소, 곡물을 골고루 섭취해 각양각색의 MAC를 공급해주면 장 미생물총 입장에서는 선택의 범위가 엄청나게 넓어져 다양한 균주가 번성하게 된다. 그러면 장 생태계가 안정되어 어떤 병원균도 감히 침입하지 못하고 건강에 좋은 SCFA도 차고 넘쳐나게 된다.

실제로도 과체중이거나 비만인 사람이 저칼로리, 고식이섬유 식단으로 바꾸자 살이 빠지고 장 미생물총 다양성이 회복되었다.[5] 이때 식단 구성은 식이섬유의 비중을 종전보다 30% 높이고 수용성 식이섬유의 양을 130배 늘리는 것이었다. 그뿐만 아니라 당뇨병, 동맥경화증, 암의 발생 위험이 낮아지는 효과도 있었다. 과채류를 통해 더 많은 MAC를 섭취한 결과, 장에 장 미생물총이 번성하기에 유리한 환경이 조성된 것이다. 녀석들은 그 보답으로 건강을 선물했고 말이다.

장 미생물총 친화적 식단의 두 번째 원칙은 육식을 자제하는 것이다. 붉은 고기에는 L-카르니틴L-carnitine이라는 화학물질이 들어 있다. 그런데 특정 장 미생물이 이 화학물질을 TMA로 변환시킨다. TMA가 산소와 결합한 것이 바로 TMAO다. 고기를 자주 먹는 사람의 체내에는 채식주의자에 비해 TMAO가 더 많다. TMAO 수치가 높으면 뇌졸중이나 심장마비를 비롯한 여러 가지 심장질환의 위험도 따라서 증가한다. 이런 식습관이 오래 지속되면 장 미생물총의 TMAO 생성 능력도 좋아진다. 반면에 고기를 거의 먹지 않고 채식 위주의 식사를 하는 사람의 체내에서는 TMAO가 훨씬 적게 만들어진다. 장속에 TMA를 만드는 균주 자체가 별로 없기 때문이다. 만약 장 미생물총에 TMA 생성 균주가 얼마나 많은지 미리 알 수 있다면 그에 맞는 완벽한 식단을 짤 수 있겠지만, 인간의 과학기술이 아직 그렇게까지 발달하지는 않았다는 게 애석할 뿐이다. 그러니 장 미생물총 조성이 구체적으로 어때야 뭘 얼마나 먹든 TMAO에 초연할 수 있는지가 분명해질 때까지는 일단 고기, 특히 L-카르니틴 함량이 가장 높은 붉은 고기를 너무 많이 먹지 않도록 조심하는 게 상책이다.

이어서 세 번째로 명심해야 할 원칙은 포화지방 섭취량을 줄이는 것이다. 지나치게 많은 동물성 포화지방은 장 미생물총의 다양성을 해친다. 지방이 많은 환경을 좋아하는 박테리아 중에 앞 챕터에서 언급했던 잠재적 병원균은 평소에는 장 미생물총 속에 태연하게 섞여 살다가 포화지방 공급이 늘어나면 장에 염증을 일으킨다. 그런데 같은 지방이라도 식물성 불포화지방은 놈들 입맛에 별로 맞지 않다. 그러니 기름진 게 당길 때는 올리브오일이나 아보카도 같은 식물성 지방을 먹음으로써 잠재적 병원균에게 기회를 주지 않으면서도 식욕을 건강하게 해결하는 걸 추천한다.

장 미생물총 친화적 식단의 마지막 구성요소는 바로 유익균, 즉 프로바이오틱스 생균이다. 인류는 원시시대부터 일부러 먹었건 음식에 섞인 걸 모르고 먹었건 살아 있는 박테리아를 먹으며 살아왔다. 냉장고가 보급되고 위생 수준이 높아지기 전에는 상한 음식이나 덜 씻은 음식과 함께 그 안에 들어 있는 미생물을 먹는 일이 비일비재했다. 오늘날에는 요구르트와 같은 발효 식품을 활용하면 음식이나 공기 중에 숨은 병원균 때문에 병에 걸릴 위험을 감수하지 않고도 살아 있는 미생물을 섭취할 수 있다.

하지만 정부가 프로바이오틱스 규제를 손 놓고 있는데다가 효능이 어떻다는 근거 없는 소문만 무성해 소비자는 혼란스럽기만 하다. 같은 프로바이오틱스 제품이라도 사람이 백 명이면 효과도 백 가지라는 성질도 상황을 더 복잡하게 만든다. 따라서 나에게 꼭 맞는 프로바이오틱스를 찾으려면 내가 직접 내 몸을 가지고 이리저리 실험해보는 수밖에 없다. 어려운 일은 아니고 여러 제품을 하나씩 써보고 제일 효과적인 걸 찾으면 된다.

단, 지병이 있는 사람은 어떤 프로바이오틱스 제제가 적절할지 의사와 먼저 상의하는 것을 권한다. 우리 가족은 무가당 요구르트나 케피르처럼 발효 유제품을 애용하고 피클이나 사워크라우트와 같은 발효채소도 즐겨 먹는다. 정답은 없다. 다 개인 취향일 뿐이다. 전 세계로 눈을 돌리면 이밖에도 발효식품의 종류는 어마어마하다. 유명한 것이 몇 안 되어 그렇지 요즘 유익균이 들어 있는 발효식품의 인지도가 점점 높아지고 있는 추세니, 이런 식품 쪽에도 관심을 갖는다면 선택권이 한층 더 커질 것이다. 나와 그리고 내 장 미생물총과 궁합이 가장 잘 맞는, 그래서 매일 즐겁게 먹을 만한 발효식품을 찾는 재미도 쏠쏠하다.

어떤 이에게 어느 프로바이오틱스가 가장 잘 맞는지는 장 미생물총만큼이나 개인차가 크다. 따라서 딱 내 것을 찾을 때까지 수많은 시행착오를 거처야 한다. 어떤 제품을 먹었는데 배가 더부룩하고 소화가 잘 되지 않는다면 그것은 당신의 장과 혹은 당신의 장 미생물총과 맞지 않는 것이다. 가장 확실한 청신호는 장 운동이 활발해지고 규칙적으로 변해 배변 활동이 원활해지는 것이지만 프로바이오틱스가 이렇게 가시적인 효과를 내려면 다소 시간이 걸릴 수도 있다. 그러니 인내심을 갖고 기다려보시길.

이렇듯 발효식품과 영양제를 합하면 시도해볼 만한 프로바이오틱스 제품이 적지 않다. 그런데 기준에 미달한 후보를 탈락시킬 때는 최소한의 전략이 필요하다. 가령 특정 브랜드 요구르트를 최소 일주일 이상 매일 먹어보고 나서 그 제품이 나에게 좋은지 아닌지 판단해야 한다. 이게 별로인 것 같으면 다른 종류의 발효식품으로 다시 일주일 동안 실험해보는 것이다. 식품보다는 영양제에 더 끌리는가? 그렇다면 믿을 만한 회사에서 나오는 제품을 하나 고르자. 지명도가 어느 정도는 있어야 품질이 보장된다.

또한 하나보다는 여러 균주가 들어 있는 제품을 권한다. 종류가 많을수록 발효식품의 환경과 더 비슷할 테니 말이다. 그런데 영양제도 가공식품인지라, 프로바이오틱스 생균 몇 가지만 들었을 뿐인데 만병을 치료하는 듯 보이려는 과대포장과 미사여구가 80%임을 주의하자. 구관이 명관이라고, 우리 선조들이 그랬듯 환경 미생물을 자연스럽게 만나는 가장 안정적인 방법은 역시 음식에 들어 있는 그대로의 유익균을 섭취하는 것이다.

그런데 가끔 유익균을 왕창 들이붓는 게 효과적인 경우가 있다. 식중독을 한바탕 앓거나 감기 기운이 있어 몸이 으슬으슬하고 목이 칼칼할 때처럼 말이다. 이럴 때 우리 집에서는 매일 케피르를 평소보다 한 잔씩 더 마셔 유익균 섭취량을 늘린다. 항생제 치료를 끝낸 직후에도 마찬가지다.

자꾸 우리 가족 얘기를 하는 것은 프로바이오틱스를 일상생활에서 어떻게 활용할 수 있는지를 보여주기 위함이다. 사실 특정 균주가 다른 것들보다 더 뛰어나다는 증거는 어디에도 없다. 단지 유익균이 들어 있는 식품 혹은 발효식품 자체를 섭취하는 게 건강에 더 좋다는 일반론만 인정될 뿐이다. 하지만 시중에는 프로바이오틱스를 내세운 식품 중 대부분이 설탕 덩어리라는 사실을 경계해야 한다. 아이들을 겨냥한 제품에 이런 식품이 특히 많다. 그러니 프로바이오틱스 가공식품을 살 때는 성분이 가장 단출하고 당이 거의 또는 전혀 첨가되지 않은 제품을 고르자. 성분목록에 외계어 같은 화학물질 이름보다는 프로바이오틱스 생균의 종류가 더 많다면 더 좋고 말이다. 만약 성분목록을 봤는데, 자당, 옥수수시럽, 또는 기타 감미료가 처음 세 항목 안에 들어 있다면, 손에 든 제품을 당장 내려놓기 바란다.

어린 아이들은 무가당 발효식품의 신맛을 못 견뎌 하지만 꿀이나 메이플 시럽을 넣어 입맛을 맞춰준 뒤에 차차 줄여 길을 들이면 된다. 그러면 아이들도 신맛에 익숙해져 나중에는 감미료를 아예 넣지 않은 발효식품을 맛있게 먹는다.

이미 눈치 챈 사람도 있겠지만, 장 미생물총을 특별 우대하는 이 식단은 지중해 음식이나 일본 전통식과 공통점이 많다. 두 가지 모두 건강과 장수의 비결로 손꼽히는 음식문화다. 그런 면에서 셋 다 식이섬유의 함량이 높고 포화지방과 붉은 고기의 비중은 낮으며 끼니마다 발효식품이 일정량 이상 들어간다는 것은 우연의 일치가 아니다. 이런 식단이 구체적으로 어떻게 건강을 증진하는지는 너무 복잡하고 변수가 많아 설명하기 어렵지만, 다행히도 건강한 장 미생물총을 보좌하는 것이 핵심 원칙 중 하나임을 우리는 늦게나마 이해하기 시작했다.

건강을 위한 매일 밥상

이제, MAC 공급이 원활하고, 고기와 포화지방 비중은 낮고, 프로바이오 틱스 생균이 정기적으로 유입되는 환경에서 장 미생물총이 건강하게 번성 한다는 건 알겠다. 그렇다면 실생활에서 장 미생물총 친화적인 식단을 어떻 게 짜야 할까? 지금부터 한 주를 기준으로 구체적으로 설명해보려고 한다.

우선은 매일 재료를 달리하되 식이섬유를 하루에 33~39그램씩 꼭 챙겨 먹어야 한다. 그래야 장 미생물총이 다양한 MAC를 활발히 발효시킨다. 이 권장량은 1,000칼로리 당 식이섬유 14그램이 식단에 포함되어야 한다는 USDA 권장 가이드라인에 따른 것이다. 이밖에 미국 의학한림원^{Institute of} ^{Medicine of the National Academies}이 성별과 연령을 고려해 더 세분하여 내놓은 가이 드라인도 있다.

한편 프로바이오틱스 식품은 매일 한 가지 이상을 먹어야 한다. 장 미생 물총과 환경 미생물의 만남을 주선하기 위해서다. 또한 TMAO 생성을 최 소화하기 위해 평소에는 고기를 먹지 말고 지방은 식물성 식품에서 보충하 는 게 좋다. 그래야 장 미생물총이 MAC 발효에 집중해 더 많은 SCFA를 만 들어낼 수 있다. 이런 식으로 한 주, 한 주 실천해나가면 장 미생물총이 좋아하는 식습관을 몸에 익힐 수 있다.

하지만 학령기 아이가 있는 집에서는 건강한 식단을 고집하는 것이 큰 도전과제다. 점심을 밖에서 먹기 때문이다. 그래서 우리 부부는 우리 나름의 방법으로 아이들의 점심을 매일 챙겨주었다. 식당 음식이 매우 훌륭한 학교에 아이가 다니지 않는 한, 장 미생물총을 잘 먹이는 영양가 높은 메뉴로 구성된 점심 도시락을 직접 싸 보내고 아이가 매일 뭘 먹었는지 확인할 필요가 있다. 좋은 학교식당에는 다양한 과채류가 준비된 샐러드 바가 있다. 하지만 누군가 억지로 식판에 담아주면서 이걸 먹어야 잘 큰다고 강조하지 않는 한 대부분의 아이들은 그쪽을 거들떠도 보지 않는다. 균형 잡힌 식단의 중요성을 아는 어른들조차도 실천으로 옮기기가 쉽지 않은데 하물며 아이들이야 오죽할까.

그렇다면 어떻게 해야 아이들이 치즈버거 세트나 치즈 피자 대신 생채소를 집어들게 할 수 있을까? 여기에는 개인이 아닌 학교 차원의 노력이 필요하다. 아예 식당 메뉴를 건강에 더 좋은 음식 위주로 구성하는 것이다. 안타깝지만 집에서처럼 강제성이 없다면 아이들은 절대로 저절로 바뀌지 않는다. 장 미생물총의 바람직한 변화를 영구적으로 유도하기 위해서는 내 혀끝이 아니라 장 미생물총을 위해 먹는 습관을 들여야 하지만 그러려면 인고의 노력이 필요하다.

장 미생물총 친화적인 식습관이 어려운 이유는 또 있다. MAC가 풍부한 식단으로 갑자기 바꾸면 장에서 가스 생성량이 급증해 헛배가 부르는 증상이 나타나는 것이다. 물론 시간이 지나면 장 미생물총이 이 식단에 익숙해져 다시 속이 편안해진다. 하지만 고식이섬유 식단을 시도해본 사람들 중

다수가 배가 더부룩하고 가스가 자꾸 나온다는 불만을 털어놓으며 식이요법을 포기해버린다. 그러나 이 문제는 식이섬유 섭취량을 서서히 늘림으로써 변해가는 환경에 따라 장 미생물총이 발효용량도 발맞추어 늘리게 하는 식으로 해결할 수 있다. 식이섬유 섭취량을 권장량 수준으로 높이되 부작용은 최소화하는 것이다.

일단 이 목표에 도달하고 나면 장 미생물총이 새로 적응한 상태가 영구화되도록 계속 식이섬유 섭취량에 신경 쓰는 것이 중요하다. 그렇다면 섭취량을 얼마씩 늘려야 할까. 이것은 평소에 식이섬유를 얼마나 먹었는지, 그 사람의 장 미생물총이 어떤 성질을 가지고 있는지 등 여러 변수에 따라 달라진다. 따라서 처음에 식단 변화에 몸이 어떻게 반응하는지 유심히 관찰하고 그에 맞추어 완급을 조절하면 된다. 단, 하루 식이섬유 섭취량을 25~38그램 범위 안으로만 유지하자. 이 목표에 도달할 때까지 몇 주, 심하면 몇 달까지 걸리기도 하지만 누구나 결국은 완벽하게 적응한다.

최상의 시나리오는 장 미생물총 친화적인 식단을 최대한 오래 유지하는 것이다. 그러니 인내심을 가지고 목표를 향해 한 걸음씩 천천히 나아가자. 마음만 급해 서두르면 갑자기 장 미생물총을 보양하려고 들다가 탈이 날 수 있다. 이누이트가 봄철마다 그러듯 말이다. 하지만 우리는 이누이트와 다르다. 보통 사람들이 사는 세상에는 MAC가 사시사철 넘쳐난다. 그러니 우리는 장 미생물총에게 부담을 주지 않고 천천히 돌아가도 된다. 이 과정에서 전략을 잘 짜 그대로 따르면 내 몸, 내 장 미생물총과 궁합이 가장 잘 맞는 MAC 공급원과 프로바이오틱스 제품을 찾는 게 한층 수월해진다. 그런데 이때 특정 음식에 예민한 사람은 주의해야 한다. 간혹 어떤 음식을 먹었을 때 배가 더부룩해지고 가스가 나오고 머리가 아프거나 졸음이 쏟아지는 등 다양한 증세가 나타나는 경우가 있다. 그래서 가령 글루텐에 민감한 사람은 퀴노아, 수수, 메밀처럼 글루텐이 없는 곡물 위주로 먹어야 한다. 에티오피아에서 나는 테프 가루로 만든 납작한 발효빵 인제라^injera도 글루텐은 없으면서 식이섬유가 풍부하고 미생물 발효산물이 많이 들어 있는 좋은 대체식품이다. 미생물은 굽는 과정에서 죽긴 하지만 말이다. 한편 콩류와의 궁합도 개인차가 크다. 이 경우, 병아리콩이 몸에 잘 받지 않는 사람은 검은 콩이나 렌틸콩으로 대신하면 된다.

만약 당신이 미국에 살고 있다면, 미국인 장 프로젝트에 참여해 장 미생물총이 달라지는 과정을 직접 따라가 보는 것도 좋은 방법이다. 우리는 얘기만 들었지만, 탄탄한 자금력을 갖춘 이 서비스가 학계에서 알아주는 과학자들에 의해 운영되고 있으며, 지금까지 수천 명이 이 서비스를 통해 본인의 장 미생물총에 대해 많은 것을 알게 되었다고 한다. 이 서비스는 개선 전과 후의 장 미생물 유전자를 비교해 식습관과 생활 면면을 어떻게 바꿀지 방향을 잡는다는 데 의의가 있다. 검사를 받으면 내 장 미생물총을 구성하는 미생물 균주의 종류가 나열된 보고서를 받게 된다. 또한 다른 서비스 이용자는 물론이고 말라위나 베네수엘라와 같은 개발도상국에 사는 사람들과 비교하는 방법도 알려준다. 이 정보는 각자 본인의 장 미생물총을 더 잘 이해할 수 있어서 개인적으로도 유용하지만 장 미생물총학 자체의 발전에도 기여한다. 특히 내 장속 변화를 생생하게 감상하고 싶다면 여러 시점에 시료를 채취하는 것을 권한다. 일단 처음에 장 미생물총 상태가 어떤지 알아둔 다음, 식이요법과 생활습관 교정을 시작한 뒤 어떻게 달라지고 있는지 점검하는 차원에서 검사를 한두 번 더 해보는 것이다. 여기에는 지적 호기심도 충족시키면서 장 미생물총 건강에 계속 힘써야겠다는 의욕을 불러일으키는 일석이조의 효과가 있다.

나와 그놈들이 아니라, 우리

이제 우리는 내 뱃속을 집 삼아 살아가는 박테리아 무리를 더 잘 이해하게 되었다. 장 미생물총은 형용할 수 없이 복잡다단한 방식으로 사람의 몸과 마음에 영향을 미친다. 상주하는 박테리아 집단의 규모가 가장 큰 곳은 장이지만 녀석들이 쉼터로 삼는 인체 부위가 여기만은 아니다. 입 안과 피부, 코, 폐, 귀, 질, 심지어 배꼽에도 미생물이 모여 산다. 이렇게 뿔뿔이 흩어져 있어도 녀석들은 모두 인간이라는 초개체의 일부를 구성한다. 다른 신체 부위에 사는 박테리아들 때문에 장 미생물 연구가 뒷전으로 밀려난 감이 있긴 하지만, 어느 하나 인간의 건강에 중요하지 않은 집단은 없다.

요즘 들어 우리의 장 미생물총은 1만 년도 더 전에 인간세상이 농경사회로 탈바꿈한 이래로 유례없던 격동의 시기를 보내고 있다. 현대의 서구화된 식단에는 먹어도 되는 미생물과 MAC가 거의 없고, 세상에는 항생제와 항균 제품들이 판을 친다. 이렇게 위협적인 환경에서 장 미생물총은 다양성을 점점 잃어가고 핵심 멤버들도 하나둘씩 사라지고 있다. 이런 단조로운 장 미생물총을 가진 사람은 덜 문명화된 세상에서 살아 더 다채로운 장 미생물총을 가진 사람보다 서구형 질환에 더 잘 걸린다. 하지만 다행히도 장 미생물총은 변신의 귀재다. 그래서 이 성질을 잘 활용하면 원시시대에서 21세기로 흐르던 장 미생물총의 시계를 거꾸로 되돌릴 수 있다. 식단 조절을 통해 장 미생물을 잘 먹이고, 항생제 사용을 최대한 자제하고, 자연과 그 안에 어우러져 있는 각종 미생물을 자주 접하면 건강한 장 미생물총 사회를 재건할 수 있다.

인간은 홀로 선 존재가 아니다. 한 인간은 인체 생리와 몸속 미생물 사회 간의 복잡미묘한 상호작용을 통해 규정된다. 그런 의미에서 인간이라는 단어를 재정의할 필요가 있다. 이번에는 인체라는 퍼즐의 한 조각을 이루는 거대한 미생물 집단을 고려해서 말이다. 즉, 우리 모두는 각자 다양한 생물이 서로에게 의지하는 하나의 생태계다. 그러므로 내 몸의 건강을 생각할 때는 항상 내 안에 미생물 집단이 산다는 것과, 내가 어떤 음식을 먹고 어떤 활동을 하고 어떤 치료를 받을 때는 그들에게 어떤 영향이 갈지도 염두에 두어야 한다.

INTRODUCTION

1. Yatsunenko, T., et al. "Human Gut Microbiome Viewed across Age and Geography." *Nature* 486.7402 (2012): 222-27. Print.

2. Consumer Expenditures in 2009. U.S. Department of Labor. U.S. Bureau of Labor Statistics. May 2011. Report 1028.

CHAPTER 1

1. Robertson, K. L., et al. "Adaptation of the Black Yeast Wangiella Dermatitidis to Ionizing Radiation: Molecular and Cellular Mechanisms." *PLoS One* 7.11 (2012): e48674. Print.

2. Schnorr, S. L., et al. "Gut Microbiome of the Hadza Hunter-Gatherers." *Nat Commun* 5 (2014): 3654. Print.

3. Yatsunenko, T., et al. "Human Gut Microbiome Viewed across Age and Geography." *Nature* 486.7402 (2012): 222-27. Print.

4. De Filippo, C., et al. "Impact of Diet in Shaping Gut Microbiota Revealed by a Comparative Study in Children from Europe and Rural Africa." *Proc Natl Acad Sci U S A* 107.33 (2010): 14691-96. Print. Lin, A., et al. "Distinct Distal Gut Microbiome Diversity and Composition in Healthy Children from Bangladesh and the United States." *PLoS One* 8.1 (2013): e53838. Print.

5. Husnik, F., et al. "Horizontal Gene Transfer from Diverse Bacteria to an Insect Genome Enables a Tripartite Nested Mealybug Symbiosis." *Cell* 153.7 (2013): 1567-78. Print.

6. Thompson, J. D. "The Great Stench or the Fool's Argument." *Yale J Biol Med* 64.5 (1991): 529-41. Print.

7. Kendall, A. I. "The Bacteria of the Intestinal Tract of Man." *Science* 42.1076 (1915): 209-12. Print.

8. Salyers, A. A., et al. "Fermentation of Mucin and Plant Polysaccharides by Strains of Bacteroides from the Human Colon." *Appl Environ Microbiol* 33.2 (1977): 319-22. Print.

9. Eckburg, P. B., et al. "Diversity of the Human Intestinal Microbial Flora." *Science* 308.5728 (2005): 1635-38. Print.

10. Backhed, F., et al. "The Gut Microbiota as an Environmental Factor That Regulates Fat Storage." *Proc Natl Acad Sci U S A* 101.44 (2004): 15718-23. Print.

11. Ley, R. E., et al. "Obesity Alters Gut Microbial Ecology." *Proc Natl Acad Sci U S A* 102.31 (2005): 11070-75. Print.

12. Turnbaugh, P. J., et al. "An Obesity-Associated Gut Microbiome with Increased Capacity for Energy Harvest." *Nature* 444.7122 (2006): 1027-31. Print.

CHAPTER 2

1. Petersson, J., et al. "Importance and Regulation of the Colonic Mucus Barrier in a Mouse Model of Colitis." *Am J Physiol Gastrointest Liver Physiol* 300.2 (2011): G327-33. Print.

2. Dominguez-Bello, M. G., et al. "Delivery Mode Shapes the Acquisition and Structure of the Initial Microbiota across Multiple Body Habitats in Newborns." *Proc Natl Acad Sci U S A* 107.26 (2010): 11971-75. Print.

3. Lin, P. W., and B. J. Stoll. "Necrotising Enterocolitis." *Lancet* 368.9543 (2006): 1271-83. Print.

4. Claud, E. C., et al. "BacterialCommunity Structure and Functional Contributions to Emergence of Health or Necrotizing Enterocolitis in Preterm Infants." *Microbiome* 1.1 (2013): 20. Print.

5. Wang, Y., et al. "16S rRNA Gene-Based Analysis of Fecal Microbiota from Preterm Infants with and without Necrotizing Enterocolitis." *ISME J* 3.8 (2009): 944-54. Print.

6. Alfaleh, K., and D. Bassler. "Probiotics for Prevention of Necrotizing Enterocolitis in Preterm Infants." *Cochrane Database Syst Rev.* 1 (2008): Cd005496. Print.

7. Tarnow-Mordi, W., and R. F. Soll. "Probiotic Supplementation in Preterm Infants:

It Is Time to Change Practice." *J Pediatr* 164.5 (2014): 959-60. Print.

8. Koren, O., et al. "Host Remodeling of the Gut Microbiome and Metabolic Changes During Pregnancy." *Cell* 150.3 (2012): 470-80. Print.

9. Palmer, C., et al. "Development of the Human Infant Intestinal Microbiota." *PLoS Biol* 5.7 (2007): e177. Print.

10. De Filippo, C., et al. "Impact of Diet in Shaping Gut Microbiota Revealed by a Comparative Study in Children from Europe and Rural Africa." *Proc Natl Acad Sci U S A* 107.33 (2010): 14691-96. Print.

11. Marcobal, A. "Bacteroides in the Infant Gut Consume Milk Oligosaccharides via Mucus-Utilization Pathways." *Cell Host Microbe* 10.5 (2011): 507.14. Print.

12. Cabrera-Rubio, R., et al. "The Human Milk Microbiome Changes over Lactation and Is Shaped by Maternal Weight and Mode of Delivery." *Am J Clin Nutr* 96.3 (2012): 544-51. Print.

13. de Weerth, C., et al. "Intestinal Microbiota of Infants with Colic: Development and Specific Signatures." *Pediatrics* 131.2 (2013): e550-58. Print.

14. Koenig, J. E., et al. "Succession of Microbial Consortia in the Developing Infant Gut Microbiome." *Proc Natl Acad Sci U S A* 108 Suppl 1 (2011): 4578-85. Print.

15. Trasande, L., et al. "Infant Antibiotic Exposures and Early-Life Body Mass." *Int J Obes* (Lond) 37.1 (2013): 16-23. Print. Hoskin-Parr, L., et al. "Antibiotic Exposure in the First Two Years of Life and Development of Asthma and Other Allergic Diseases by 7.5 Yr: A Dose-Dependent Relationship." *Pediatr Allergy Immunol* 24.8 (2013): 762-71. Print.

16. Cho, I., et al. "Antibiotics in Early Life Alter the Murine Colonic Microbiome and Adiposity." *Nature* 488.7413 (2012): 621-26. Print.

17. Trasande, L., et al. "Infant Antibiotic Exposures and Early-Life Body Mass." *Int J Obes* (Lond) 37.1 (2013): 16-23. Print.

CHAPTER 3

1. Lee, Y. K., et al. "Proinflammatory T-Cell Responses to Gut Microbiota Promote Experimental Autoimmune Encephalomyelitis." *Proc Natl Acad Sci U S A* 108 Suppl 1 (2011): 4615-22. Print.

2. Strachan, D. P. "Hay Fever, Hygiene, and Household Size." *Bmj* 299.6710 (1989): 1259-60. Print.

3. Wlasiuk, G., and D. Vercelli. "The Farm Effect, or, When, What and How a Farming Environment Protects from Asthma and Allergic Disease." *Curr Opin Allergy*

Clin Immunol 12.5 (2012): 461-66. Print.

4. Savage, J. H., et al. "Urinary Levels of Triclosan and Parabens Are Associated with Aeroallergen and Food Sensitization." *J Allergy Clin Immunol* 130.2 (2012): 453-60. e7. Print.

5. Frieden, Thomas. "Antibiotic Resistance and the Threat to Public Health." *Energy and Commerce Subcommittee on Health 2010 of United States House of Representatives.* Print.

6. Kozyrskyj, A. L., P. Ernst, and A. B. Becker. "Increased Risk of Childhood Asthma from Antibiotic Use in Early Life." *Chest* 131.6 (2007): 1753-59. Print.

7. Herbst, T., et al. "Dysregulation of Allergic Airway Inflammation in the Absence of Microbial Colonization." *Am J Respir Crit Care Med* 184.2 (2011): 198-205. Print.0

8. Olszak, T., et al. "Microbial Exposure During Early Life Has Persistent Effects on Natural Killer T Cell Function." *Science* 336.6080 (2012): 489-93. Print.

9. Atarashi, K., et al. "Treg Induction by a Rationally Selected Mixture of Clostridia Strains from the Human Microbiota." *Nature* 500.7461 (2013): 232-36. Print.

10. Smith, P. M., et al. "The Microbial Metabolites, Short-Chain Fatty Acids, Regulate Colonic Treg Homeostasis." *Science* 341.6145 (2013): 569–73. Print.

11. Atherton, J. C., and M. J. Blaser. "Coadaptation of Helicobacter Pylori and Humans: Ancient History, Modern Implications." *J Clin Invest* 119.9 (2009): 2475-87. Print.

12. Song, S. J., et al. "Cohabiting Family Members Share Microbiota with One Another and with Their Dogs." *Elife* 2 (2013): e00458. Print.

CHAPTER 4

1. McGovern, P. E., et al. "Fermented Beverages of Pre- and Proto- Historic China." *Proc Natl Acad Sci U S A* 101.51 (2004): 17593-98. Print.

2. Metchnikoff, Élie, and P. Chalmers Mitchell. *The Prolongation of Life: Optimistic Studies.* London: Heinemann, 1908. Print.

3. Merenstein, D., et al. "Use of a Fermented Dairy Probiotic Drink Containing Lactobacillus Casei (DN-114 001) to Decrease the Rate of Illness in Kids: The Drink Study. A Patient-Oriented, Double-Blind, Cluster-Randomized, Placebo-Controlled, Clinical Trial." *Eur J Clin Nutr* 64.7 (2010): 669–77. Print.

4. Allen, S. J., et al. "Probiotics forTreating Acute Infectious Diarrhoea." *Cochrane Database Syst Rev.* 11 (2010): Cd003048. Print.

5. Hao, Q., et al. "Probiotics for Preventing Acute Upper Respiratory Tract Infections." *Cochrane Database Syst Rev.* 9 (2011): Cd006895. Print.

6. Sanders, M. E., and J. T. Heimbach. "Functional Foods in the USA: Emphasis on Probiotic Foods." *Food Sci Technol Bull* 1.8 (2004): 1–10. Print.

7. Cao, Y., J. Shen, and Z. H. Ran. "Association between Faecalibacterium Prausnitzii Reduction and Inflammatory Bowel Disease: A Meta-Analysis and Systematic Review of the Literature." *Gastroenterol Res Pract* 2014 (2014): 872725. Print. Fujimoto, T., et al. "Decreased Abundance of Faecalibacterium Prausnitzii in the Gut Microbiota of Crohn's Disease." *J Gastroenterol Hepatol* 28.4 (2013): 613–19. Print. Machiels, K., et al. "A Decrease of the Butyrate-Producing Species Roseburia Hominis and Faecalibacterium Prausnitzii Defines Dysbiosis in Patients with Ulcerative Colitis." *Gut* 63.8 (2014): 1275–83. Print. Balamurugan, R., et al. "Real-Time Polymerase Chain Reaction Quantification of Specific Butyrate-Producing Bacteria, Desulfovibrio and Enterococcus Faecalis in the Feces of Patients with Colorectal Cancer." *J Gastroenterol Hepatol* 23.8 Pt 1 (2008): 1298–303. Print.

8. Sokol, H., et al. "Faecalibacterium Prausnitzii Is an Anti-Inflammatory Commensal Bacterium Identified by Gut Microbiota Analysis of Crohn Disease Patients." *Proc Natl Acad Sci U S A* 105.43 (2008): 16731–36. Print.

9. Reid, R. M. "Cultural and Medical Perspectives on Geophagia." *Med Anthropol* 13.4 (1992): 337–51. Print.

10. Bittner, A. C., R. M. Croffut, and M. C. Stranahan. "Prescript-Assist Probiotic-Prebiotic Treatment for Irritable Bowel Syndrome: A Methodologically Oriented, 2-Week, Randomized, Placebo-Controlled, Double-Blind Clinical Study." *Clin Ther* 27.6 (2005): 755–61. Print.

CHAPTER 5

1. Sonnenburg, E. D., and J. L. Sonnenburg. "Starving Our Microbial Self: The Deleterious Consequences of a Diet Deficient in Microbiota-Accessible Carbohydrates." *Cell Metab* (2014). Print.

2. Russell, W. R., et al. "Colonic Bacterial Metabolites and Human Health." *Curr Opin Microbiol* 16.3 (2013): 246–54. Print.

3. Torrey, J. C. "The Regulation of the Intestinal Flora of Dogs through Diet." *J Med Res* 39.3 (1919): 415–47. Print.

4. Cleave, T. L. *The Saccharine Disease: Conditions Caused by the Taking of Refined Carbohydrates, Such as Sugar and White Flour.* Keats Publishing, 1975. Print.

5. Trowell, H. C., and D. P. Burkitt. "The Development of the Concept of Dietary Fibre." *Mol Aspects Med* 9.1 (1987): 7–15. Print.

6. Martens, E. C., et al. "The Devil Lies in the Details: How Variations in Polysaccharide Fine-Structure Impact the Physiology and Evolution of Gut Microbes." *J Mol Biol* (2014). Print.

7. Raninen, K., et al. "Dietary Fiber Type Reflects Physiological Functionality: Comparison of Grain Fiber, Inulin, and Polydextrose." *Nutr Rev* 69.1 (2011): 9–21. Print.

8. Dhingra, D., et al. "Dietary Fibre in Foods: A Review." *J Food Sci Technol* 49.3 (2012): 255–66. Print. Westenbrink, S., K. Brunt, and J. W. van der Kamp. "Dietary Fibre: Challenges in Production and Use of Food Composition Data." *Food Chem* 140.3 (2013): 562–67. Print.

9. Sonnenburg, J. L., et al. "Glycan Foraging in Vivo by an Intestine-Adapted Bacterial Symbiont." *Science* 307.5717 (2005): 1955–59. Print.

10. Johansson, M. E., et al. "Bacteria Penetrate the Normally Impenetrable Inner Colon Mucus Layer in Both Murine Colitis Models and Patients with Ulcerative Colitis." *Gut* 63.2 (2014): 281–91. Print.

11. Hehemann, J. H., et al. "Bacteria of the Human Gut Microbiome Catabolize Red Seaweed Glycans with Carbohydrate-Active Enzyme Updates from Extrinsic Microbes." *Proc Natl Acad Sci U S A* 109.48 (2012): 19786–91. Print.

12. Le Chatelier, E., et al. "Richness of Human Gut Microbiome Correlates with Metabolic Markers." *Nature* 500.7464 (2013): 541–46. Print.

13. Cotillard, A., et al. "Dietary Intervention Impact on Gut Microbial Gene Richness." *Nature* 500.7464 (2013): 585–88. Print.

14. Ridaura, V. K., et al. "Gut Microbiota from Twins Discordant for Obesity Modulate Metabolism in Mice." *Science* 341.6150 (2013): 12412–14. Print.

15. Kuoliok, K. E. *Food and Emergency Food in the Circumpolar Area. Almquist och Wiksell.* 1969. Print.

16. Russell, W. R., et al. "High-Protein, Reduced-Carbohydrate Weight-Loss Diets Promote Metabolite Profiles Likely to Be Detrimental to Colonic Health." *Am J Clin Nutr* 93.5 (2011): 1062–72. Print.

17. Koeth, R. A., et al. "Intestinal Microbiota Metabolism of L-Carnitine, a Nutrient in Red Meat, Promotes Atherosclerosis." *Nat Med* 19.5 (2013): 576–85. Print.

CHAPTER 6

1. Neufeld, K. M., et al. "Reduced Anxiety-Like Behavior and Central Neurochemical Change in Germ-Free Mice." *Neurogastroenterol Motil* 23.3 (2011): 255–64, e119. Print.

2. Diaz Heijtz, R., et al. "Normal Gut Microbiota Modulates Brain Development and Behavior." Proc Natl Acad Sci U S A 108.7 (2011): 3047–52. Print.

3. Gareau, M. G., et al. "Bacterial Infection Causes Stress-Induced Memory Dysfunction in Mice." *Gut* 60.3 (2011): 307–17. Print.

4. Bercik, P., et al. "The Intestinal Microbiota Affect Central Levels of Brain-Derived Neurotropic Factor and Behavior in Mice." *Gastroenterology* 141.2 (2011): 599–609, 09.e1-3. Print.

5. Riordan, S. M., and R. Williams. "Gut Flora and Hepatic Encephalopathy in Patients with Cirrhosis." *N Engl J Med* 362.12 (2010): 1140–42. Print.

6. Johnston, G. W., and H. W. Rodgers. "Treatment of Chronic Portal-Systemic Encephalopathy by Colectomy." *Br J Surg* 52 (1965): 424–26. Print.

7. Aronov, P. A., et al. "Colonic Contribution to Uremic Solutes." *J Am Soc Nephrol* 22.9 (2011): 1769–76. Print.

8. Wang, Z., et al. "Gut Flora Metabolism of Phosphatidylcholine Promotes Cardiovascular Disease." *Nature* 472.7341 (2011): 57–63. Print.

9. Koeth, R. A., et al. "Intestinal Microbiota Metabolism of L-Carnitine, a Nutrient in Red Meat, Promotes Atherosclerosis." *Nat Med* 19.5 (2013): 576–85. Print.

10. O'Mahony, S. M., et al. "Maternal Separation as a Model of Brain-Gut Axis Dysfunction." *Psychopharmacology* (Berl) 214.1 (2011): 71–88. Print.

11. O'Mahony, S. M., et al. "Early Life Stress Alters Behavior, Immunity, and Microbiota in Rats: Implications for Irritable Bowel Syndrome and Psychiatric Illnesses." *Biol Psychiatry* 65 (2009): 263–67. Print.

12. Bailey, M. T., and C. L. Coe. "Maternal Separation Disrupts the Integrity of the Intestinal Microflora in Infant Rhesus Monkeys." *Dev Psychobiol* 35.2 (1999): 146–55. Print.

13. Lyte, M., et al. "Induction of Anxiety-Like Behavior in Mice During the Initial Stages of Infection with the Agent of Murine Colonic Hyperplasia Citrobacter Rodentium." *Physiol Behav* 89.3 (2006): 350–57. Print. Goehler, L. E., et al. "Campylobacter Jejuni Infection Increases Anxiety-Like Behavior in the Holeboard: Possible Anatomical Substrates for Viscerosensory Modulation of Exploratory Behavior." *Brain Behav Immun* 22.3 (2008): 354–66. Print.

14. Rao, A. V., et al. "A Randomized, Double-Blind, Placebo-Controlled Pilot Study of a Probiotic in Emotional Symptoms of Chronic Fatigue Syndrome." *Gut Pathog* 1.1 (2009): 6. Print. O'Mahony, L., et al. "Lactobacillus and Bifidobacterium in Irritable Bowel Syndrome: Symptom Responses and Relationship to Cytokine Profiles." *Gastroenterology* 128.3 (2005): 54–61. Print.

15. Messaoudi, M., et al. "Assessment of Psychotropic-Like Properties of a Probiotic Formulation (Lactobacillus Helveticus R0052 and Bifidobacterium Longum R0175) in Rats and Human Subjects." *Br J Nutr* 105.5 (2011): 755–64. Print.

16. Cao, X., et al. "Characteristics of the Gastrointestinal Microbiome in Children with Autism Spectrum Disorder: A Systematic Review." *Shanghai Arch Psychiatry* 25.6 (2013): 342–53. Print.

17. Hsiao, E. Y., et al. "Microbiota Modulate Behavioral and Physiological Abnormalities Associated with Neurodevelopmental Disorders." *Cell* 155.7 (2013): 1451–63. Print.

18. Tillisch, K., et al. "Consumption of Fermented Milk Product with Probiotic Modulates Brain Activity." *Gastroenterology* 144.7 (2013): 1394–401, 401.e1-4. Print.

19. Insel, Thomas. "The Top Ten Research Advances of 2012." National Institute of Mental Health Director's Blog 2012. Web.

CHAPTER 7

1. DuPont, Herbert L. "Acute Infectious Diarrhea in Immunocompetent Adults." *New Engl J Med* 370.16 (2014): 1532.

2. McDonald, L. C. et al. "Vital Signs: Preventing Clostridium difficile Infections." *MMWR Morb Mortal Wkly Rep* 61.9 (2012): 157–62. Print.

3. Goudarzi, M., et al. "Clostridium difficile Infection: Epidemiology, Pathogenesis, Risk Factors, and Therapeutic Options." *Scientifica* 2014 (2014): 916826. Print.

4. van Nood, E., et al. "Duodenal Infusion of Donor Feces for Recurrent Clostridium Difficile." *N Engl J Med* 368.5 (2013): 407–15. Print.

5. Eiseman, B., et al. "Fecal Enema as an Adjunct in the Treatment of Pseudomembranous Enterocolitis." *Surgery* 44.5 (1958): 854–59. Print.

6. Zhang, F., et al. "Should We Standardize the 1,700-Year-Old Fecal Microbiota Transplantation?" *Am J Gastroenterol* 107.11 (2012): 1755; author reply pp. 55–56. Print.

7. Dethlefsen, L., and D. A. Relman. "Incomplete Recovery and Individualized Responses of the Human Distal Gut Microbiota to Repeated Antibiotic Perturbation." *Proc Natl Acad Sci U S A* 108 Suppl 1 (2011): 4554-61. Print.

8. Ng, K. M., et al. "Microbiota-Liberated Host Sugars Facilitate Post-Antibiotic Expansion of Enteric
   Pathogens." *Nature* 502.7469 (2013): 96–99. Print.

9. Kashyap, P. C., et al. "Complex Interactions among Diet, Gastrointestinal Transit, and Gut Microbiota in Humanized Mice." *Gastroenterology* 144.5 (2013): 967–77. Print.

10. Smith, M. B., C. Kelly, and E. J. Alm. "Policy: How to Regulate Faecal Transplants." *Nature* 506.7488 (2014): 290–1. Print.

11. Vrieze, A., et al. "Transfer of Intestinal Microbiota from Lean Donors Increases Insulin Sensitivity in Individuals with Metabolic Syndrome." *Gastroenterology* 143.4 (2012): 913-6.e7. Print.

12. van Nood, E., et al. "Fecal Microbiota Transplantation: Facts and Controversies." *Curr Opin Gastroenterol* 30.1 (2014): 34–39. Print.

13. Petrof, E. O., et al. "Stool Substitute Transplant Therapy for the Eradication of Clostridium Difficile Infection: 'Repoopulating' the Gut." *Microbiome* 1.1 (2013): 3. Print.

14. Vrieze, A., et al. "Transfer of Intestinal Microbiota from Lean Donors Increases Insulin Sensitivity in Individuals with Metabolic Syndrome." *Gastroenterology* 143.4 (2012): 913–6. e7. Print. Nieuwdorp, M., A. Vrieze, and W. M. de Vos. "Reply to Konstantinov and Peppelenbosch." *Gastroenterology* 144.4 (2013): e20-1. Print.

15. Rabbani, G. H., et al. "Green Banana Reduces Clinical Severity of Childhood Shigellosis:
    A Double-Blind, Randomized, Controlled Clinical Trial." *Pediatr Infect Dis J* 28.5 (2009): 420–25. Print.

CHAPTER 8

1. Faith, J. J., et al. "The Long-Term Stability of the Human Gut Microbiota." *Science* 341.6141 (2013): 1237439. Print.

2. Lee, S. M., et al. "Bacterial Colonization Factors Control Specificity and Stability of the Gut Microbiota." *Nature* 501.7467 (2013): 426–29. Print.

3. Claesson, M. J., et al. "Gut Microbiota Composition Correlates with Diet and Health in the Elderly." *Nature* 488.7410 (2012): 178–84. Print.

4. Mueller, S., et al. "Differences in Fecal Microbiota in Different European Study

Populations in Relation to Age, Gender, and Country: A Cross-Sectional Study." *Appl Environ Microbiol* 72.2 (2006): 1027–33. Print.

5. Devkota, S., et al. "Dietary-Fat-Induced Taurocholic Acid Promotes Pathobiont Expansion and Colitis in Il10-/-Mice." *Nature* 487.7405 (2012): 104–8. Print.

6. Evans, C. C., et al. "Exercise Prevents Weight Gain and Alters the Gut Microbiota in a Mouse Model of High Fat Diet-Induced Obesity." *PLoS One* 9.3 (2014): e92193. Print.

7. Viaud, S., et al. "The Intestinal Microbiota Modulates the Anticancer Immune Effects of Cyclophosphaide." *Science* 342.6161 (2013): 971–76. Print.

8. Iida, N., et al. "Commensal Bacteria Control Cancer Response to Therapy by Modulating the Tumor Microenvironment." *Science* 342.6161 (2013): 967–70. Print.

9. Fontana, R. J. "Acute Liver Failure including Acetaminophen Overdose." *Med Clin North Am.* 92.2 (2008): 761–94. Print.

10. Clayton, T. A., et al. "Pharmacometabonomic Identification of a Significant Host-Microbiome Metabolic Interaction Affecting Human Drug Metabolism." *Proc Natl Acad Sci U S A* 106.34 (2009): 14728–33. Print.

11. Wolf, P. "Creativity and Chronic Disease: Vincent Van Gogh (1853–1890)." *West J Med* 175.5 (2001): 348. Print.

12. Haiser, H. J., et al. "Predicting and Manipulating Cardiac Drug Inactivation by the Human Gut Bacterium Eggerthella Lenta." *Science* 341.6143 (2013): 295–98. Print.

13. Biagi, E., et al. "Through Ageing, and Beyond: Gut Microbiota and Inflammatory Status in Seniors and Centenarians." *PLoS One* 5.5 (2010): e10667. Print.

14. Cuervo, A., et al. "Fiber from a Regular Diet Is Directly Associated with Fecal Short-Chain Fatty Acid Concentrations in the Elderly." *Nutr Res* 33.10 (2013): 811–16. Print.

CHAPTER 9

1. Turnbaugh, P. J., et al. "A Core Gut Microbiome in Obese and Lean Twins." *Nature* 457.7228 (2009): 480–84.

2. Ip, S., et al. "Breastfeeding and Maternal and Infant Health Outcomes in Developed Countries." *Evid Rep Technol Assess* (Full Rep). 153 (2007): 1–186. Print.

3. Wlasiuk, G., and D. Vercelli. "The Farm Effect, or, When, What and How a Farming Environment Protects from Asthma and Allergic Disease." *Curr Opin Allergy Clin Immunol* 12.5 (2012): 461–66. Print.

4. Hesselmar, B., et al. "Pacifier Cleaning Practices and Risk of Allergy Development." *Pediatrics* 131.6 (2013): e1829–37. Print.

5. Cotillard, A., et al. "Dietary Intervention Impact on Gut Microbial Gene Richness." *Nature* 500.7464 (2013): 585–88. Print.

Alfaleh, K., and D. Bassler. "Probiotics for Prevention of Necrotizing Enterocolitis in Preterm Infants."
Cochrane Database Syst Rev. 1 (2008): Cd005496. Print.

Allen, S. J., et al. "Probiotics for Treating Acute Infectious Diarrhoea." *Cochrane Database Syst Rev.* 11 (2010): Cd003048. Print.

Alvarez-Acosta, T., et al. "Beneficial Role of Green Plantain [Musa paradisiaca] in the Management of Persistent Diarrhea: A Prospective Randomized Trial." *J Am Coll Nutr* 28.2 (2009): 169–76. Print.

Aronov, P. A., et al. "Colonic Contribution to Uremic Solutes." *J Am Soc Nephrol* 22.9 (2011): 1769–76. Print.

Atarashi, K., et al. "Treg Induction by a Rationally Selected Mixture of Clostridia Strains from the Human Microbiota." *Nature* 500.7461 (2013): 232–36. Print.

Atherton, J. C., and M. J. Blaser. "Coadaptation of Helicobacter Pylori and Humans: Ancient History, Modern Implications." *J Clin Invest* 119.9 (2009): 2475–87. Print.

Backhed, F., et al. "The Gut Microbiota as an Environmental Factor That Regulates Fat Storage." *Proc Natl Acad Sci U S A* 101.44 (2004): 15718–23. Print.

Bailey, M. T., and C. L. Coe. "Maternal Separation Disrupts the Integrity of the Intestinal Microflora in Infant Rhesus Monkeys." *Dev Psychobiol* 35.2 (1999): 146–55. Print.

Balamurugan, R., et al. "Real-Time Polymerase Chain Reaction Quantification of Specific Butyrate-Producing Bacteria, Desulfovibrio and Enterococcus Faecalis in the Feces of Patients with Colorectal Cancer."

J Gastroenterol Hepatol 23.8 Pt 1 (2008): 1298–303. Print.

Bercik, P., et al. "The Intestinal Microbiota Affect Central Levels of Brain-Derived Neurotropic Factor and Behavior in Mice." *Gastroenterology* 141.2 (2011): 599–609, 09.e1-3. Print.

Biagi, E., et al. "Through Ageing, and Beyond: Gut Microbiota and Inflammatory Status in Seniors and Centenarians." *PLoS One* 5.5 (2010): e10667. Print.

Bittner, A. C., R. M. Croffut, and M. C. Stranahan. "Prescript-Assist Probiotic-Prebiotic Treatment for Irritable Bowel Syndrome: A Methodologically Oriented, 2-Week, Randomized, Placebo-Controlled, Double-Blind Clinical Study." *Clin Ther* 27.6 (2005): 755–61. Print.

Cabrera-Rubio, R., et al. "The Human Milk Microbiome Changes over Lactation and Is Shaped by Maternal Weight and Mode of Delivery." *Am J Clin Nutr* 96.3 (2012): 544–51. Print.

Cao, X., et al. "Characteristics of the Gastrointestinal Microbiome in Children with Autism Spectrum Disorder: A Systematic Review." *Shanghai Arch Psychiatry* 25.6 (2013): 342–53. Print.

Cao, Y., J. Shen, and Z. H. Ran. "Association between Faecalibacterium Prausnitzii Reduction and Inflammatory Bowel Disease: A Meta-Analysis and Systematic Review of the Literature." *Gastroenterol Res Pract* 2014 (2014): 872725. Print.

Cho, I., et al. "Antibiotics in Early Life Alter the Murine Colonic Microbiome and Adiposity." *Nature* 488.7413 (2012): 621–26. Print.

Claesson, M. J., et al. "Gut Microbiota Composition Correlates with Diet and Health in the Elderly." *Nature* 488.7410 (2012): 178–84. Print.

Claud, E. C., et al. "Bacterial Community Structure and Functional Contributions to Emergence of Health or Necrotizing Enterocolitis in Preterm Infants." *Microbiome* 1.1 (2013): 20. Print.

Clayton, T. A., et al. "Pharmacometabonomic Identification of a Significant Host-Microbiome Metabolic Interaction Affecting Human Drug Metabolism." *Proc Natl Acad Sci U S A* 106.34 (2009): 14728–33. Print.

Cleave, T. L. *The Saccharine Disease: Conditions Caused by the Taking of Refined Carbohydrates, Such as Sugar and White Flour.* Keats Publishing, 1975. Print.

Cotillard, A., et al. "Dietary Intervention Impact on Gut Microbial Gene Richness." *Nature* 500.7464 (2013): 585–88. Print.

Cuervo, A., et al. "Fiber from a Regular Diet Is Directly Associated with Fecal Short-Chain Fatty Acid Concentrations in the Elderly." *Nutr Res* 33.10 (2013): 811–16. Print.

De Filippo, C., et al. "Impact of Diet in Shaping Gut Microbiota Revealed by a Comparative Study in Children from Europe and Rural Africa." *Proc Natl Acad Sci U S A* 107.33 (2010): 14691–96. Print.

de Weerth, C., et al. "Intestinal Microbiota of Infants with Colic: Development and Specific Signatures." *Pediatrics* 131.2 (2013): e550–8. Print.

Dethlefsen, L., et al. "The Pervasive Effects of an Antibiotic on the Human Gut Microbiota, as Revealed by Deep 16S rRNA Sequencing." *PLoS Biol* 6.11 (2008): e280. Print.

Dethlefsen, L., and D. A. Relman. "Incomplete Recovery and Individualized Responses of the Human Distal Gut Microbiota to Repeated Antibiotic Perturbation." *Proc Natl Acad Sci U S A 108 Suppl* 1 (2011): 4554–61. Print.

Devkota, S., et al. "Dietary-Fat-Induced Taurocholic Acid Promotes Pathobiont Expansion and Colitis in Il10-/-Mice." *Nature* 487.7405 (2012): 104–8. Print.

Dhingra, D., et al. "Dietary Fibre in Foods: A Review." *J Food Sci Technol* 49.3 (2012): 255–66. Print.

Diaz Heijtz, R., et al. "Normal Gut Microbiota Modulates Brain Development and Behavior." *Proc Natl Acad Sci U S A* 108.7 (2011): 3047–52. Print.

Dominguez-Bello, M. G., et al. "Delivery Mode Shapes the Acquisition and Structure of the Initial Microbiota across Multiple Body Habitats in Newborns." *Proc Natl Acad Sci U S A* 107.26 (2010): 11971–75. Print.

Eckburg, P. B., et al. "Diversity of the Human Intestinal Microbial Flora." *Science* 308.5728 (2005): 1635–38. Print.

Eiseman, B., et al. "Fecal Enema as an Adjunct in the Treatment of Pseudomembranous Enterocolitis." *Surgery* 44.5 (1958): 854–59. Print.

Evans, C. C., et al. "Exercise Prevents Weight Gain and Alters the Gut Microbiota in a Mouse Model of High Fat Diet-Induced Obesity." *PLoS One* 9.3 (2014): e92193. Print.

Faith, J. J., et al. "The Long-Term Stability of the Human Gut Microbiota." *Science* 341.6141 (2013): 237439. Print.

Fontana, R. J. "Acute Liver Failure Including Acetaminophen Overdose." *Med Clin North Am.* 92.2 (2008): 761–94. Print.

Frieden, Thomas. "Antibiotic Resistance and the Threat to Public Health." *Energy and Commerce Subcommittee on Health 2010 of United States House of Representatives*. Print.

Fujimoto, T., et al. "Decreased Abundance of Faecalibacterium prausnitzii in the Gut Microbiota of Crohn's Disease." *J Gastroenterol Hepatol* 28.4 (2013): 613–19.

Print.

Gareau, M. G., et al. "Bacterial Infection Causes Stress-Induced Memory Dysfunction in Mice." *Gut* 60.3 (2011): 307–17. Print.

Goehler, L. E., et al. "Campylobacter Jejuni Infection Increases Anxiety-Like Behavior in the Holeboard: Possible Anatomical Substrates for Viscerosensory Modulation of Exploratory Behavior." *Brain Behav Immun* 22.3 (2008): 354–66. Print.

Goudarzi, M., et al. "Clostridium difficile Infection: Epidemiology, Pathogenesis, Risk Factors, and Therapeutic Options." *Scientifica* 2014 (2014): 916826. Print.

Haiser, H. J., et al. "Predicting and Manipulating Cardiac Drug Inactivation by the Human Gut Bacterium Eggerthella Lenta." *Science* 341.6143 (2013): 295–98. Print.

Hao, Q., et al. "Probiotics for Preventing Acute Upper Respiratory Tract Infections." *Cochrane Database Syst Rev.* 9 (2011): Cd006895. Print.

Hehemann, J. H., et al. "Bacteria of the Human Gut Microbiome Catabolize Red Seaweed Glycans with Carbohydrate-Active Enzyme Updates from Extrinsic Microbes." *Proc Natl Acad Sci U S A* 109.48 (2012): 19786–91. Print.

Herbst, T., et al. "Dysregulation of Allergic Airway Inflammation in the Absence of Microbial Colonization." *Am J Respir Crit Care Med* 184.2 (2011): 198–205. Print.

Hesselmar, B., et al. "Pacifier Cleaning Practices and Risk of Allergy Development." *Pediatrics* 131.6 (2013): e1829–37. Print.

Hoskin-Parr, L., et al. "Antibiotic Exposure in the First Two Years of Life and Development of Asthma and Other Allergic Diseases by 7.5 Yr: A Dose-Dependent Relationship." *Pediatr Allergy Immunol* 24.8 (2013): 762–71. Print.

Hsiao, E. Y., et al. "Microbiota Modulate Behavioral and Physiological Abnormalities Associated with Neurodevelopmental Disorders." *Cell* 155.7 (2013): 1451–63. Print.

Husnik, F., et al. "Horizontal Gene Transfer from Diverse Bacteria to an Insect Genome Enables a Tripartite Nested Mealybug Symbiosis." *Cell* 153.7 (2013): 1567–78. Print.

Iida, N., et al. "Commensal Bacteria Control Cancer Response to Therapy by Modulating the Tumor Microenvironment." *Science* 342.6161 (2013): 967–70. Print.

Insel, Thomas. "The Top Ten Research Advances of 2012." National Institute of Mental Health Director's Blog 2012. Web. Ip, S., et al. "Breastfeeding and Maternal and Infant Health Outcomes in Developed Countries." *Evid Rep Technol Assess (Full Rep)* 153 (2007): 1–186. Print.

Johansson, M. E., et al. "Bacteria Penetrate the Normally Impenetrable Inner Colon Mucus Layer in Both Murine Colitis Models and Patients with Ulcerative Colitis." *Gut* 63.2 (2014): 281–91. Print.

Johnston, G. W., and H. W. Rodgers. "Treatment of Chronic Portal-Systemic Encephalopathy by Colectomy." *Br J Surg* 52 (1965): 424–26. Print.

Kashyap, P. C., et al. "Complex Interactions among Diet, Gastrointestinal Transit, and Gut Microbiota in Humanized Mice." *Gastroenterology* 144.5 (2013): 967–77. Print.

Kendall, A. I. "The Bacteria of the Intestinal Tract of Man." *Science* 42.1076 (1915): 209–12. Print.

Koenig, J. E., et al. "Succession of Microbial Consortia in the Developing Infant Gut Microbiome." *Proc Natl Acad Sci U S A* 108 Suppl 1 (2011): 4578–85. Print.

Koeth, R. A., et al. "Intestinal Microbiota Metabolism of L-Carnitine, a Nutrient in Red Meat, Promotes Atherosclerosis." *Nat Med* 19.5 (2013): 576–85. Print.

Koren, O., et al. "Host Remodeling of the Gut Microbiome and Metabolic Changes During Pregnancy." *Cell* 150.3 (2012): 470–80. Print.

Kozyrskyj, A. L., P. Ernst, and A. B. Becker. "Increased Risk of Childhood Asthma from Antibiotic Use in Early Life." *Chest* 131.6 (2007): 1753–59. Print.

Kuoliok, K. E. *Food and Emergency Food in the Circumpolar Area.* Almquist och Wiksell, 1969. Print.

Le Chatelier, E., et al. "Richness of Human Gut Microbiome Correlates with Metabolic Markers." *Nature* 500.7464 (2013): 541–46. Print.

Lee, S. M., et al. "Bacterial Colonization Factors Control Specificity and Stability of the Gut Microbiota." *Nature* 501.7467 (2013): 426–29. Print.

Lee, Y. K., et al. "Proinflammatory T-Cell Responses to Gut Microbiota Promote Experimental Autoimmune Encephalomyelitis." *Proc Natl Acad Sci U S A* 108 Suppl 1 (2011): 4615–22. Print.

Lewis, S. J., and K. W. Heaton. "Stool Form Scale as a Useful Guide to Intestinal Transit Time." *Scand J Gastroenterol* 32.9 (1997): 920–24. Print.

Ley, R. E., et al. "Obesity Alters Gut Microbial Ecology." *Proc Natl Acad Sci U S A* 102.31 (2005): 11070–75. Print.

Lin, A., et al. "Distinct Distal Gut Microbiome Diversity and Composition in Healthy Children from Bangladesh and the United States." *PLoS One* 8.1 (2013): e53838. Print.

Lin, P. W., and B. J. Stoll. "Necrotising Enterocolitis." *Lancet* 368.9543 (2006): 1271–83. Print.

Lyte, M., et al. "Induction of Anxiety-Like Behavior in Mice During the Initial Stages of Infection with the Agent of Murine Colonic Hyperplasia Citrobacter Rodentium." *Physiol Behav* 89.3 (2006): 350–57. Print.

Machiels, K., et al. "A Decrease of the Butyrate-Producing Species Roseburia Hominis and Faecalibacterium Prausnitzii Defines Dysbiosis in Patients with Ulcerative Colitis." *Gut* 63.8 (2014): 1275–83. Print.

Marcobal, A., "Bacteroides in the Infant Gut Consume Milk Oligosaccharides via Mucus-Utilization Pathways." *Cell Host Microbe* 10.5 (2011): 507–14. Print.

Martens, E. C., et al. "The Devil Lies in the Details: How Variations in Polysaccharide Fine-Structure Impact the Physiology and Evolution of Gut Microbes." *J Mol Biol* (2014). Print.

McDonald, L. C., et al. "Vital Signs: Preventing Clostridium difficile Infections." *MMWR Morb Mortal Wkly Rep* 61.9 (2012): 1157–67. Print.

McGovern, P. E., et al. "Fermented Beverages of Pre-and Proto-Historic China." *Proc Natl Acad Sci U S A* 101.51 (2004): 17593–98. Print.

Merenstein, D., et al. "Use of a Fermented Dairy Probiotic Drink Containing Lactobacillus Casei (DN-114 001) to Decrease the Rate of Illness in Kids: The Drink Study. A Patient-Oriented, Double-Blind, Cluster-Randomized, Placebo-Controlled, Clinical Trial." *Eur J Clin Nutr* 64.7 (2010): 669–77. Print.

Messaoudi, M., et al. "Assessment of Psychotropic-Like Properties of a Probiotic Formulation (Lactobacillus Helveticus R0052 and Bifidobacterium Longum R0175) in Rats and Human Subjects." *Br J Nutr* 105.5 (2011): 755–64. Print.

Metchnikoff, Élie, and P. Chalmers Mitchell. *The Prolongation of Life: Optimistic Studies*. London: Heinemann, 1908. Print.

Mueller, S., et al. "Differences in Fecal Microbiota in Different European Study Populations in Relation to Age, Gender, and Country: A Cross-Sectional Study." *Appl Environ Microbiol* 72.2 (2006): 1027–33. Print.

Neufeld, K. M., et al. "Reduced Anxiety-Like Behavior and Central Neurochemical Change in Germ-Free Mice." *Neurogastroenterol Motil* 23.3 (2011): 255–64, e119. Print.

Ng, K. M., et al. "Microbiota-Liberated Host Sugars Facilitate Post-Antibiotic Expansion of Enteric Pathogens." *Nature* 502.7469 (2013): 96–99. Print.

Nieuwdorp, M., A. Vrieze, and W. M. de Vos. "Reply to Konstantinov and Peppelenbosch." *Gastroenterology* 144.4 (2013): e20–21. Print.

Olszak, T., et al. "Microbial Exposure During Early Life Has Persistent Effects on Natural Killer T Cell Function." *Science* 336.6080 (2012): 489–93. Print.

O'Mahony, L., et al. "Lactobacillus and Bifidobacterium in Irritable Bowel Syndrome: Symptom Responses and Relationship to Cytokine Profiles." *Gastroenterology* 128.3 (2005): 541–51. Print.

O'Mahony, S. M., et al. "Maternal Separation as a Model of Brain-Gut Axis Dysfunction."
Psychopharmacology (Berl) 214.1 (2011): 71–88. Print.

Palmer, C., et al. "Development of the Human Infant Intestinal Microbiota." *PLoS Biol* 5.7 (2007): e177. Print.

Petersson, J., et al. "Importance and Regulation of the Colonic Mucus Barrier in a Mouse Model of Colitis." *Am J Physiol Gastrointest Liver Physiol* 300.2 (2011): G327–33. Print.

Petrof, E. O., et al. "Stool Substitute Transplant Therapy for the Eradication of Clostridium Difficile Infection: 'Repoopulating' the Gut." *Microbiome* 1.1 (2013): 3. Print.

Rabbani, G. H., et al. "Green Banana Reduces Clinical Severity of Childhood Shigellosis: A Double-Blind, Randomized, Controlled Clinical Trial." *Pediatr Infect Dis J* 28.5 (2009): 420–25. Print.

Raninen, K., et al. "Dietary Fiber Type Reflects Physiological Functionality: Comparison of Grain Fiber, Inulin, and Polydextrose." *Nutr Rev* 69.1 (2011): 9–21. Print.

Rao, A. V., et al. "A Randomized, Double-Blind, Placebo-Controlled Pilot Study of a Probiotic in Emotional Symptoms of Chronic Fatigue Syndrome." *Gut Pathog* 1.1 (2009): 6. Print.

Reid, R. M. "Cultural and Medical Perspectives on Geophagia." *Med Anthropol* 13.4 (1992): 337–51. Print.

Ridaura, V. K., et al. "Gut Microbiota from Twins Discordant for Obesity Modulate Metabolism in Mice." *Science* 341.6150 (2013): 1241214. Print.

Riordan, S. M., and R. Williams. "Gut Flora and Hepatic Encephalopathy in Patients with Cirrhosis." *N Engl J Med* 362.12 (2010): 1140–42. Print.

Robertson, K. L., et al. "Adaptation of the Black Yeast Wangiella Dermatitidis to Ionizing Radiation: Molecular and Cellular Mechanisms." *PLoS One* 7.11 (2012): e48674. Print.

Russell, W. R., et al. "High-Protein, Reduced-Carbohydrate Weight-Loss Diets Promote Metabolite Profiles Likely to Be Detrimental to Colonic Health." *Am J Clin Nutr* 93.5 (2011): 1062–72. Print.

Russell, W. R., et al. "Colonic Bacterial Metabolites and Human Health." *Curr Opin Microbiol* 16.3 (2013): 246–54. Print.

Salyers, A. A., et al. "Fermentation of Mucin and Plant Polysaccharides by Strains of Bacteroides from the Human Colon." *Appl Environ Microbiol* 33.2 (1977): 319–22. Print.

Sanders, M. E., and J. T. Heimbach. "Functional Foods in the USA: Emphasis on Probiotic Foods." *Food Sci Technol Bull* 1.8 (2004): 1–10. Print.

Savage, J. H., et al. "Urinary Levels of Triclosan and Parabens Are Associated with Aeroallergen and Food Sensitization." *J Allergy Clin Immunol* 130.2 (2012): 453–60. e7. Print.

Schnorr, S. L., et al. "Gut Microbiome of the Hadza Hunter-Gatherers." *Nat Commun* 5 (2014): 3654. Print.

Smith, M. B., C. Kelly, and E. J. Alm. "Policy: How to Regulate Faecal Transplants." *Nature* 506.7488 (2014): 290–91. Print.

Smith, P. M., et al. "The Microbial Metabolites, Short-Chain Fatty Acids, Regulate Colonic Treg Homeostasis." *Science* 341.6145 (2013): 569–73. Print.

Sokol, H., et al. "Faecalibacterium Prausnitzii Is an Anti-Inflammatory Commensal Bacterium Identified by Gut Microbiota Analysis of Crohn Disease Patients." *Proc Natl Acad Sci U S A* 105.43 (2008): 16731–36. Print.

Song, S. J., et al. "Cohabiting Family Members Share Microbiota with One Another and with Their Dogs." *Elife* 2 (2013): e00458. Print.

Sonnenburg, E. D., and J. L. Sonnenburg. "Starving Our Microbial Self: The Deleterious Consequences of a Diet Deficient in Microbiota-Accessible Carbohydrates." *Cell Metab* (2014). Print.

Sonnenburg, J. L., et al. "Glycan Foraging in Vivo by an Intestine-Adapted Bacterial Symbiont." *Science* 307.5717 (2005): 1955–59. Print.

Strachan, D. P. "Hay Fever, Hygiene, and Household Size." *Bmj* 299.6710 (1989): 1259–60. Print.

Sudo, N., et al. "Postnatal Microbial Colonization Programs the Hypothalamic-Pituitary-Adrenal System for Stress Response in Mice." *J Physiol* 558.Pt 1 (2004): 263–75. Print.

Tarnow-Mordi, W., and R. F. Soll. "Probiotic Supplementation in Preterm Infants: It Is Time to Change Practice." *J Pediatr* 164.5 (2014): 959–60. Print.

Thompson, J. D. "The Great Stench or the Fool's Argument." *Yale J Biol Med* 64.5 (1991): 529–41. Print.

Tillisch, K., et al. "Consumption of Fermented Milk Product with Probiotic Modulates Brain Activity." *Gastroenterology* 144.7 (2013): 1394–401, 401.e1–4. Print.

Torrey, J. C. "The Regulation of the Intestinal Flora of Dogs through Diet." *J Med Res* 39.3 (1919): 415–47. Print.

Trasande, L., et al. "Infant Antibiotic Exposures and Early-Life Body Mass." *Int J Obes* (Lond) 37.1 (2013): 16–23. Print.

Trowell, H. C., and D. P. Burkitt. "The Development of the Concept of Dietary Fibre." *Mol Aspects Med* 9.1 (1987): 7–15. Print.

Turnbaugh, P. J., et al. "An Obesity-Associated Gut Microbiome with Increased Capacity for Energy Harvest." *Nature* 444.7122 (2006): 1027–31. Print.

van Nood, E., et al. "Duodenal Infusion of Donor Feces for Recurrent Clostridium Difficile." *N Engl J Med* 368.5 (2013): 407–15. Print.

van Nood, E., et al. "Fecal Microbiota Transplantation: Facts and Controversies." *Curr Opin Gastroenterol* 30.1 (2014): 34–39. Print.

Viaud, S., et al. "The Intestinal Microbiota Modulates the Anticancer Immune Effects of Cyclophosphamide." *Science* 342.6161 (2013): 971–76. Print.

Vrieze, A., et al. "Transfer of Intestinal Microbiota from Lean Donors Increases Insulin Sensitivity in Individuals with Metabolic Syndrome." *Gastroenterology* 143.4 (2012): 913–6. e7. Print.

Wang, Y., et al. "16S rRNA Gene-Based Analysis of Fecal Microbiota from Preterm Infants with and without Necrotizing Enterocolitis." *ISME J* 3.8 (2009): 944–54. Print.

Wang, Z., et al. "Gut Flora Metabolism of Phosphatidylcholine Promotes Cardiovascular Disease." *Nature* 472.7341 (2011): 57–63. Print.

Westenbrink, S., K. Brunt, and J. W. van der Kamp. "Dietary Fibre: Challenges in Production and Use of Food Composition Data." *Food Chem* 140.3 (2013): 562–67. Print.

Wlasiuk, G., and D. Vercelli. "The Farm Effect, or, When, What and How a Farming Environment Protects from Asthma and Allergic Disease." *Curr Opin Allergy Clin Immunol* 12.5 (2012): 461–66. Print.

Wolf, P. "Creativity and Chronic Disease. Vincent van Gogh (1853-1890)." *West J Med* 175.5 (2001): 348. Print.

Yatsunenko, T., et al. "Human Gut Microbiome Viewed across Age and Geography." *Nature* 486.7402 (2012): 222–27. Print.

Zhang, F., et al. "Should We Standardize the 1,700-Year-Old Fecal Microbiota Transplantation?" *Am J Gastroenterol* 107.11 (2012): 1755; author reply pp. 55–56. Print.